環境政策統合

日欧政策決定過程の改革と交通部門の実践

森 晶寿

[編著]

ミネルヴァ書房

はしがき

　編者の森が環境政策統合に着目したのは，国際環境援助の比較分析を通じて，日本の環境政策・制度の「国際競争力」の低下を認識したことによる。『環境援助論』（有斐閣，2009年）で指摘したように，1990年代後半に東アジアの環境政策・制度の構築に少なからぬ影響を与えた日本の環境援助は，2000年代になると，影響力を著しく低下させてきた。そして東アジアを含めた途上国は，欧米諸国が援助を通じて支援した環境保全型の政策・制度を多く採用し，日本の支援で構築した環境保全の制度を改廃する事例も散見されるようになった。

　これは単に日本が援助供与額を減少させてきたことだけに起因するのではない。欧米の援助供与国が受取国を絞り込んだ上で戦略的提携関係を構築し，受取国にとっても導入のしやすさや経済的利益の確保の点で魅力の高い環境政策手段や制度を自国内で導入し，それをモデルとした援助を通じて，あるいは国際環境条約や合意の締結を通じて導入と実施を促していったためであった。支援する政策・制度の内容も，環境規制・基準や環境課徴金・税など，主として環境部門が担いもっぱら経済的費用を高めると認識されてきた環境政策手段だけでなく，再生可能エネルギーの固定価格買取制度や交通需要管理，生態系サービス支払など，環境省以外の省庁の政策パラダイムに影響を及ぼす環境政策手段の導入へと変えてきた。

　そして東アジアでも，「環境と経済成長の二律背反」を超克し，開発戦略の中に統合化しようとする動きが活発になってきた。国連アジア太平洋経済社会委員会（UNESCAP）は，2005年の環境開発閣僚会議で，環境開発戦略のパラダイムを，従来の都市環境の改善からグリーン成長へと転換し，環境税や持続可能なインフラの整備，持続可能な消費とビジネス活動のグリーン化を提唱するようになった。また低炭素発展を国の発展戦略の重要な要素として組み込む国も増えてきている。特に韓国や中国は政府機構改革を行い，国内の環境関連

産業の育成を視野に入れて統合的環境政策手段を導入するなど，積極的に改革を進めている。

では，環境政策統合を先導してきたEUや西欧諸国は，環境政策統合を推進したことにより，どの程度環境保全や気候変動防止，持続可能な発展を進展させ，どのような結果を得られたのであろうか。日本や東アジアでも導入することが可能で，導入した場合には同様の効果を得ることができるのであろうか。これが最初の問題意識であった。

ところが研究を進める中で，欧州では環境政策統合を，政策決定プロセスや社会の認識枠組み（パラダイム）を改革する手段として捉え，推進してきたことが明らかになった。政策決定プロセスで環境や持続性を十分に考慮する統合的意思決定を制度化すれば，環境省以外の省庁も統合的環境政策手段の導入を検討せざるをえなくなり，少なくとも環境や持続性に著しく悪影響を及ぼす政策やプログラム，事業を新たに導入・実施することは困難になる。また社会の認識枠組みが変わると，統合的環境政策手段の導入に対する社会の受容性，そして政策手段の実効性も高まって，執行の赤字，言い換えれば「上に政策あれば，下に対策有り」の状況を克服することも期待できる。

しかし，環境政策統合を推進する唯一無二（one fit for all）の手段は存在しない。欧州でも，各国はその文脈に応じた手段を用いて環境政策統合を推進してきた。このため，実際に導入された環境政策統合の推進手段は多様であり，EUが主導し各国に導入を要求した手段であってもその執行の程度は国によって異なる。またEUが推進してきた交通部門における「予測に基づいた（インフラサービスの）供給及び質の向上」から「既存の（インフラ）設備を前提とした需要管理と複数の手段の統合的利用によるアクセスの改善」へのパラダイム転換は，経済成長が著しく，交通インフラの不足が経済成長のボトルネックとなっている東アジアにそのまま適用できるわけではない。

そこで本書では，分析の焦点を政策決定プロセスの改革に置き，それを可能にした要因とその結果導入された政策手段の検討を行うこととした。そして欧州との比較の対象として，2004年から始まる第3次環境基本計画で「目標設定・達成期限・結果のモニタリング」方式を取り入れ，道路整備事業などの事

前評価の際に環境便益を組み込み，環境的に持続可能な交通（EST）モデル事業を実施するなど，環境政策統合を推進してきた日本を選定し，統合的意思決定がどこまで進展したかを検討することとした。

本書は第Ⅰ部で環境政策統合をめぐる議論と各国での展開を概観し，第Ⅱ部でその推進手段の中で，欧州で近年議論の焦点となっている政策の事前環境評価の効果を検討する。そして第Ⅲ部で，日本で先行して環境政策統合を進めてきた交通部門を取り上げ，その到達点と課題を明らかにする。

本書を読み終えた時に，1人でも多くの方が，環境や持続性の観点を十分に取り入れた統合的政策手段だけでなく，それを促す統合的意思決定の重要性を理解し，その改革に向けた研究や活動を発展させていくことができれば，望外の喜びである。

なお本書は，環境省『環境経済の政策研究』第1期（2009年9月～2012年3月）の研究課題『環境保全への政策統合（Environmental Policy Integration）導入による東アジアの経済発展方式の転換』の研究成果を踏まえつつ，特定領域研究「持続可能な発展の重層的環境ガバナンス」（代表：植田和弘京都大学教授）研究項目A-2「東アジアの経済発展と環境政策」（代表：森　晶寿）で検討して得られた成果を取りまとめたものである。特定領域研究で行った東アジアにおける環境政策統合の進展に関する研究は，前著『東アジアの経済発展と環境政策』（ミネルヴァ書房，2009年）などで公表しているが，本書はその内容を，先導国である欧州と比較を行いつつ，検討を一歩進めたものと位置づけている。本書で得られた知見は，今後の東アジアの環境政策統合の研究の中で活用していきたい。

最後に，本書刊行に当たっては，ミネルヴァ書房の梶谷修氏及び中村理聖氏にひとかたならぬお世話になった。本書を2012年度中に刊行することができたのは，ひとえにお2人の支援があればこそであった。深く感謝の意を表する。

2013年1月

著者を代表して　森　晶寿

環境政策統合
―― 日欧政策決定過程の改革と交通部門の実践 ――

目　次

はしがき

序　章　環境政策統合（EPI）とは何か………………………森　晶寿…1
　　　　──背景・目的・課題──
　　1　本書の学術的・実践的背景　………………………………………………1
　　2　交通部門における EPI　……………………………………………………5
　　3　本書の目的　…………………………………………………………………9
　　4　本書の構成　…………………………………………………………………11

第Ⅰ部　欧州と日本のEPIの到達点と課題

第**1**章　環境政策統合（EPI）の定義・目標・評価基準…森　晶寿…19
　　1　環境政策統合（EPI）とは何か　…………………………………………19
　　2　EPI の目的と期待される効果　……………………………………………24
　　3　EPI を推進するプロセスを強化する手段　………………………………27
　　4　EPI の進展の評価方法　……………………………………………………31
　　5　EPI をめぐる議論の到達点　………………………………………………35

第**2**章　EPI の国際比較分析（1）：EEAチェックリスト
　　　　に基づいた検討　…………………………………………森　晶寿…39
　　1　EEA チェックリストを用いた国際比較分析の意義　……………………39
　　2　政治的関与と戦略的ビジョン　……………………………………………40
　　3　行政文化と慣行　……………………………………………………………43
　　4　政策設計と決定を支える評価と協議　……………………………………47
　　5　統合的環境政策手段の活用　………………………………………………50
　　6　モニタリングと経験学習　…………………………………………………52
　　7　国際比較から得られた知見　………………………………………………54
　　8　EEA チェックリストを用いた国際比較からの知見　……………………56

目次

第3章　EPIの国際比較分析（2）：各国のEPIの進展 …森　晶寿…59

1　史的展開の検討の重要性 …………………………………… 59
2　オランダ：社会的認識枠組みの変化の追求 ……………… 60
3　欧州連合（EU）：加盟国間の政策調整と合意形成 ……… 64
4　英国：ガバナンス様式の転換 ……………………………… 68
5　ドイツ：部門戦略・科学的知見・産業界の合意形成 …… 73
6　日本：予算獲得による省庁政策改革 ……………………… 78
7　EPI推進要因と特徴の国際比較 …………………………… 83
8　各国におけるEPIの推進要因：まとめ …………………… 85

第II部　EUとオランダの交通政策におけるEPI

第4章　欧州委員会のインパクトアセスメント ………森　晶寿…91
　　　　　――統合的政策決定プロセス実現の政策革新――

1　なぜ欧州委員会のインパクトアセスメントに着目するのか …… 91
2　持続性影響評価とその効果的な実施の要件 ……………… 93
3　欧州委員会のインパクトアセスメントの発展 …………… 96
4　インパクトアセスメントの実際 ………………………… 103
5　到達点と課題 ……………………………………………… 109

第5章　EUにおける持続可能な交通政策形成のプロセス
　　　　　――科学的手法と合意形成―― ……………石川良文…114

1　EUにおける長期交通計画としての交通白書 …………… 114
2　EUにおける交通政策の立案と評価プロセス …………… 115
3　インパクトアセスメントの評価手法 …………………… 121
4　環境政策統合と合意形成を可能にするプロセスと体制 … 126

第6章　EUにおける交通EPIの展開 ………森　晶寿・稲澤　泉…130

1　交通部門におけるEPIの段階 …………………………… 130

2 交通政策における持続可能性概念の統合 …………………… 132
  3 リスボン戦略及びリスボン戦略改定の影響 ………………… 135
  4 気候変動政策の影響 …………………………………………… 140
  5 統合的政策・計画形成プロセスの導入 ……………………… 143
  6 EU の交通 EPI の到達点と課題 ……………………………… 144

第7章 オランダの交通・空間・環境部門の政策統合の取組み
……………………………………………………兒山真也・稲澤　泉… 148
  1 「革新的」統合政策手段 ………………………………………… 148
  2 ABC 立地政策：交通政策・環境政策・立地政策の統合 ……… 149
  3 対距離課金制度（キロメーター・プライス）による EPI …… 157
  4 漸進する EPI …………………………………………………… 162

第8章 オランダの戦略的環境アセスメントと費用便益分析…石川良文… 166
  1 オランダと日本における環境影響評価と社会経済評価の現状 … 166
  2 戦略的環境アセスメントの潮流とオランダにおける導入の経緯 … 168
  3 戦略的環境アセスメントと環境影響評価 …………………… 171
  4 オランダにおける交通プロジェクトの費用便益分析 ……… 175
  5 オランダの取組みから見た日本の評価制度への示唆 ……… 181

第Ⅲ部　日本の交通部門の EPI

第9章 日本の交通・環境政策統合 …兒山真也・石川良文・森　晶寿… 187
　　　　── 進展と課題 ──
  1 日本の交通環境政策の推進体制 ……………………………… 187
  2 自動車排出ガス対策の展開 …………………………………… 188
  3 自動車燃費基準 ………………………………………………… 193
  4 経済的誘因の活用 ……………………………………………… 196
  5 道路政策の転換 ………………………………………………… 200

6　交通・環境政策統合の到達点 …………………………… *204*

第10章　日本の道路事業における費用便益分析とEPI ……兒山真也… *209*
　　1　道路事業の評価と環境問題 ……………………………………… *209*
　　2　道路整備の展開と環境問題 ……………………………………… *210*
　　3　道路事業評価の制度的展開 ……………………………………… *212*
　　4　道路事業の費用便益分析の特徴と課題 ………………………… *213*
　　5　費用便益分析マニュアル改定前後での分析結果の比較 ……… *221*
　　6　費用便益分析はEPIに資する道具か ………………………… *224*
　　7　費用便益分析の有用性と限界 ………………………………… *228*

第11章　環境的に持続可能な交通（EST）モデル事業…稲澤　泉… *232*
　　　　　──EUと日本の取組みの比較考察──
　　1　研究の背景・目的及び分析手法 ……………………………… *232*
　　2　ESTと交通部門における部門横断的取組み ………………… *234*
　　3　日本のESTモデル事業とEUのシビタスイニシアティブの概要 …… *235*
　　4　日本とEUにおける主要都市の事例検討 …………………… *241*
　　5　日本とEUにおけるモデル事業の評価の試み ……………… *248*
　　6　日本のESTモデル事業の評価と課題 ……………………… *250*

終　章　EPIの進展に向けて ………………………………森　晶寿… *255*
　　1　欧州と日本のEPIの到達点と課題 …………………………… *255*
　　2　政策・規制の事前環境評価の効果 …………………………… *257*
　　3　交通部門におけるEPI ………………………………………… *259*
　　4　政策提言と課題 ………………………………………………… *261*

索　引…… *269*

序　章

環境政策統合（EPI）とは何か
――背景・目的・課題――

1　本書の学術的・実践的背景

　環境政策統合（Environmental Policy Integration, EPI）とは，「非」環境部門がその部門政策による環境影響を考慮し，その考慮を政策決定の早期に積極的に組み込むプロセスと定義される（Jordan and Schout, 2006）。そして，「将来環境破壊の発生を防止するために政策プロセスの早期段階において環境保護がより包括的かつ率先的に検討されるように政策の現状を自らの責任で変更する」ことを目的とする（Jordan and Lenschow, 2008：4）。言い換えれば，エネルギーや交通，農業，都市・地域開発などの部門，及びその部門を管轄する省庁において，事業（プロジェクト）やプログラムだけでなく，その上位の中長期計画や政策手段の意思決定の中に環境影響を考慮するプロセスを制度化し，各部門・省庁の中長期計画や政策そのものを環境に配慮したものに変革することを目的とした手段と定義することができる。

　EPI という統合的アプローチが提唱されるようになったのは，自然資源管理や環境保護に責任を負う省庁が経済運営に責任を負う省庁と制度的に切り離されている限り，悪化した環境の修復や被害救済しか行うことができないとの認識が広がったためである。さらに部門縦割りの環境政策や規制は，発展や経済成長の障害となるとも認識されるようになった（Bührs, 2009）。

　そこで産業社会の再構築を視野に入れた構造アプローチが着目されるようになった。ブルントラント委員会の報告書「地球の未来を守るために（Our Common Future）」では，政府の主要で中心的な経済及び部門省庁は，その政策，プログラム，予算が経済的だけでなく環境的にも持続可能な発展を支援するこ

とに直接的に責任を持ち，十分に説明責任を負うことを求めた（WCED, 1987：314）。この理念は，1992年の国連環境開発会議で国際的な支持を受けた。

　こうした国際的な持続可能な発展への政治的な賛同を背景にEPIを積極的に推進したのは，欧州，とりわけ欧州連合（EU）であった。EUは，1993年から始まる第5次環境行動計画において統合原則を主張し，工業，エネルギー，農業，交通，観光の5つを，持続可能な発展のアジェンダを追求するために統合が最も緊急でかつ対話と責任の共有が必要な部門に指定した（Lenschow, 2002）。そして1997年に締結されたアムステルダム条約の第6条で，持続可能の発展の促進の観点から，環境保護の要求の統合を法的義務とすることを明記した。さらに英国がEU議長国を務めた1998年の欧州委員会理事会において，EUの全ての政策領域に環境の視点を組み込むことを決定するとともに，カーディフ・プロセス（Cardiff process）を採択して「目標設定・達成期限・結果のモニタリング」ないし「目標と結果による管理（MBOR）」を制度化し，加盟国間に目標達成のための最善事例を普及する枠組みを構築した。さらにマーストリヒト条約締結によって推進される市場統合の悪影響の緩和策として創設された構造基金においても，持続可能な交通や持続可能な都市といった環境・社会・経済の持続性の向上を目的としたプログラムに対して，積極的に予算を配分するようになった（岡部，2003）。

　この進展状況を見る限り，EPIは，1990年代後半の欧州の市場統合をはじめとする「統合的アプローチ（integrated approach）」の熱狂の中で生まれた欧州固有のイニシアティブの1つと見なすこともできる。特に2005年のリスボン条約改正でEUの中心的な政策課題が成長と雇用にシフトして以降，環境モニタリング通じたEPIの進捗管理や科学的知見の提供でEUのEPIを支えてきた欧州環境庁（EEA）がEPIの進捗評価を行わなくなるなど，EPIに対する推進力の低下したのを見ると，なおのこと一時的な熱狂と見なされるのも不思議ではない。

　しかし，カーディフ・プロセスで採択した「目標設定・達成期限・結果のモニタリング」ないし「目標と結果による管理」は，決して欧州の文脈に固有の手段ではない。これは，長期目的・目標の設定に政治的焦点を置きつつ，目的

を効果的に実現する政策の組み合わせに関する短期の決定を実施責任主体に任せることから，社会の認識・情報能力問題を解決する手段として期待されている。また，明確かつ順序立てた目的・目標と定期的報告による透明な情報・フィードバックシステムの構築を要求することになるため，政治家や行政官に自動的な進捗判断の機会を，一般市民にも政治家や行政官の努力を判断する機会を与えるものと期待される（Lundqvist, 2004）。こうした期待から，「目標と結果による管理」は持続可能な発展戦略の基本原則に組み込まれ，2002年の持続可能な開発に関する世界サミットを経て，欧州だけでなく東アジアにも普及していった。実際に韓国は，盧武鉉政権の下で持続可能な発展戦略を策定し，それを運営する政府内の横断組織として持続可能な発展委員会を設立し，2008年に持続可能発展基本法を制定して，持続可能な発展戦略に法的根拠を付与した。また日本が2006年に閣議決定した第3次環境基本計画は，内容的には持続可能な発展戦略に相当するものとして作成された。

しかも気候変動問題の悪影響の深刻さが世界的な共通認識となり，2050年までの世界全体での温室効果ガス排出の80～90％削減が世界的なコンセンサスとなると，気候変動防止の観点から中長期計画や政策手段，技術開発の方向や内容を改革することが不可欠と認識されるようになった。そして2009年の国連気候変動枠組み条約締結国会議を経て2020年までの削減目標が先進国だけでなく新興国からも提示されると，新興国も含めて気候変動防止に向けての政策統合（climate policy integration）が推進されるようになっている。

日本でも，EPIは環境保全や持続可能な発展のために不可欠なものと主張されてきた。宮本（1989：46-48）は，政治経済体制（資本主義ないし計画の原理）よりも，むしろ「中間システム」という政治経済構造が環境問題の原因や対策に決定的な意味を持つことを指摘した。そして「中間システム」には，(1)資本形成（蓄積）の構造，(2)産業構造，(3)地域構造ないし空間利用の在り方，(4)交通体系，(5)生活様式，(6)国家の公共的介入の態様，特に(a)基本的人権の態様，(b)思想・言論・表現・結社の自由，(c)民主主義の在り方，(d)国際化の在り方が含まれると指摘した。[1] そして，公害や環境破壊を防止するためには，環境破壊型で資源浪費型の素材供給産業中心の構造とドーナツ化の進む大都市圏の

構造の変革が不可欠であり，その手段として発生源対策を社会改良的な国土計画と一体で行うことや，市民の自治体などの社会組織の変革を行うことを主張した。加えて宮本（2007）では，予防原則を基底に据え，公共政策の策定プロセスで戦略的環境アセスメントなどの環境影響の事前評価制度を，費用便益分析などの社会・経済的評価制度よりも優先して実施すべきことを主張している。

　その後日本の環境経済・政策学の中で展開されてきた議論は，環境面を統合した部門の政策手段，すなわち統合的環境政策手段の内容やその環境保全や持続可能な発展に及ぼす効果を，定性的・定量的に検討するものが中心であった。寺西・細田編（2003）は，宮本（1989：47）の「中間システムの解明こそが環境経済学の独自の領域」との問題提起を引き継ぎ，エネルギー，産業構造，土地利用，交通システム，福祉政策，情報システム，科学・技術の7つの分野における環境政策の統合について，それぞれの部門において環境保全に資する政策手段や技術とは何で，それを導入した結果どのような効果があるのかを，シミュレーション分析や欧州での経験を踏まえて論じた。また寺西編（2003）は，サステイナブル・エコノミー実現のための課題として，法的な基本的枠組みの確立，環境影響評価の制度化と環境技術の育成・発展，経済システムにおける環境配慮の徹底，及び環境配慮を促すための新たな経済原理の導入と財政・金融メカニズムの改革を挙げ，EPIを，既存の環境政策を環境経済政策に展開させる鍵として理解する。その上で，エネルギー，鉱工業，都市，交通，廃棄物，森林，海洋，技術，貿易，租税の各政策分野の環境保全型への改革について，日本を対象に，環境保全型の政策手段や制度の展開，及びその導入の可能性を検討した。さらに，環境的に持続可能な交通のモデル事業，緑の分権改革，再生可能エネルギーの固定価格買取制度，炭素税など，欧州で統合的環境政策手段やプログラムとして実施されたものと同様のものが実施されると，その環境的・経済的効果の検討も行われるようになっている。

　ところが統合的環境政策手段は，既存の部門・省庁の政策と整合的とは限らない。何らかの契機で導入されたとしても，部門政策に追加（add on）されるだけで，既存の部門政策そのものを変更するとは限らない。このため，統合的環境政策手段も環境保全効果を十分に発揮できるように設計・実施されるとは

限らず，手段がかえって環境保全に悪影響を及ぼす可能性も否定できない。また導入の推進力が失われれば，継続的な実施は期待できない。

そこで EPI に関する研究は，統合的環境政策手段がなぜ，どのように，どの範囲で導入され，発展するのかも対象とする必要がある。言い換えれば，より環境保全に効果を発揮する統合的環境政策手段を設計し，それを継続的に導入・改革・発展させやすい環境や制度，政策決定プロセスの在り方を同時に検討する必要がある。

ところが，統合的環境政策手段の継続的な導入・発展を促す制度やプロセスに関する研究は，必ずしも多くはない。坪郷（2009）は，EPI を統合的環境政策と理解した上で，統合的環境政策手段が導入・展開されていくプロセスを，ドイツと日本を対象に分析を行った。また松下（2010）も，「整合性のある財政支出と構造改革を推進できる賢い政府」の必要性に言及するなど，組織構造の在り方の重要性を指摘している。しかし，各省庁が環境保全や持続性をその計画や政策の根幹に組み込むことを確保するプロセスや制度，そしてそれらをどのように確立すべきかを十分に検討しているわけではない。

2 交通部門における EPI

欧州では，自動車利用優遇政策に伴い，(1)自動車保有・利用費用の低下による自動車とその他交通手段との間の競争条件の変化，(2)健康・資源消費・生物多様性の悪化，(3)雇用の拡散と通勤用の駐車スペースの増加，都市間移動用の自動車依存の拡大など，意図しない悪影響が無視できないほど大きくなってきたと認識されてきた（Hull, 2008）。そこで初期の EPI は交通部門を重点部門として実施された。

交通部門で EPI を具現化したものとして提示されたのは，持続可能な交通システムであった。英国のブレア内閣は，1998年に公表した『交通白書（A New Deal for Transport : Better for Everyone）』で，公共交通の再建と自動車交通の抑制を柱とする統合的交通政策を提起した。そして自動車交通量の増加に合わせて道路を整備する「需要予測に応じた供給（predict and provide）」とい

う伝統的な工学アプローチを否定し，既存の道路の「より賢明な」使い方を工夫することを道路政策の最優先事項とした。その上で，98年に道路自動車交通削減法を制定し，道路交通量が環境・社会・経済に及ぼす悪影響を削減するために，道路交通量の削減目標の設定と報告を義務づけた（西村・水谷，2003：117-118）。

　1999年に欧州委員会内に設置された交通・環境合同専門家委員会は，持続可能な交通システムを，(1)基本的アクセスを確保し，(2)効率的な運営，交通モード間の選択と経済発展をもたらし，(3)排出を地球の吸収可能な能力内に制限し，再生可能資源の活用と再生不可能資源の利用抑制を行い，土地利用と騒音発生を最小限に止めるシステムと定義した[(2)]。またOECD（2002a）は，ライフサイクルでの運営を通じて，(a)一般的に受容可能な健康や環境の質の目標，例えば世界保健機関（WHO）が提案する大気汚染物質や騒音基準を達成し，(b)生態系の完全性の保持，例えばWHOが定義する酸性化，富栄養化，地表オゾンなどの臨界値を超えず，(c)気候変動やオゾン層破壊などの地球環境への悪影響を悪化させない交通システムと定義した。そして，排ガス規制，燃料改善，エンジン効率改善等の車体当たりの影響緩和に焦点を置き，望ましい交通モードを視野に入れない従来までのアプローチや，需要予測に応じた供給アプローチからの転換を主張した。その上で，環境的に持続可能な状態での交通シナリオを設定し，交通活動及環境影響に関して長期的に達成すべき数値目標を設定し，これらの目標からバックキャスティングを行って数値目標の達成に必要な行動を決定するという目的指向のアプローチの採用を主張した（**図序-1**）。このアプローチの特徴は，持続可能な発展の特定の要件との整合性を満たし，交通部門全体の環境影響の削減を視野に入れ，最も環境に悪影響を及ぼす交通活動の成長の抑制を考慮に入れて政策手段や措置の選択を行う点にある。このアプローチの導入により，統合的環境政策手段を導入しやすい政策決定プロセスを創出することが期待されている（**図序-2**）。

　このように長期の環境目標を達成しつつアクセスのニーズを満たすには，技術開発の方向性を変更し，新たな技術を開発する必要がある。しかし短中期的には，技術開発のみで実現できるわけではない。そこで，道路空間に対する需

図序-1 バックキャスティングによる政策オプションの設定

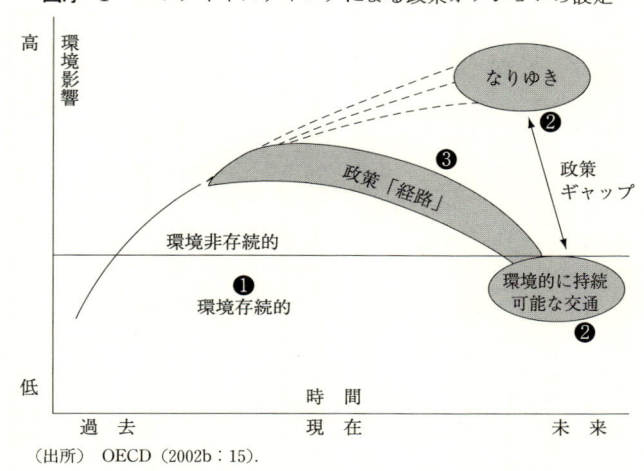

(出所) OECD (2002b：15).

図序-2 環境的に持続可能な交通と従来の交通アプローチとの間の交通政策決定の相違

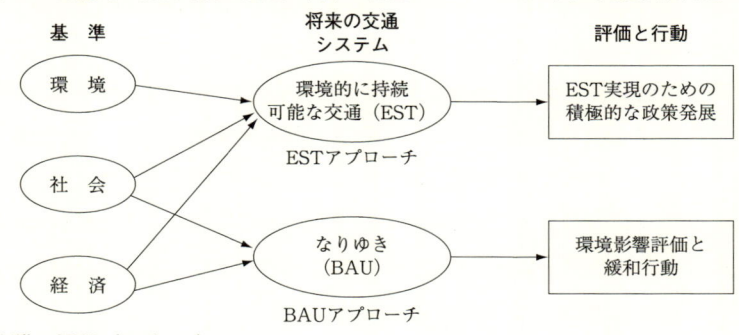

(出所) OECD (2002b：14).

要の成長管理 (demand management) や，既存の道路中心の交通インフラ整備の転換，さらにはすでに整備された複数交通手段の統合的活用 (inter-modality) を部門の中核的な政策とする必要がある。

　これらの主張をまとめたのが，**表序-1**である。持続可能な交通システムは，交通部門の中長期計画の目標として長期的な環境・健康目標を設定するため，計画・政策作成の早期段階で交通システムの環境や健康に及ぼす全ての悪影響を考慮することになり，環境悪化によって発生する外部費用を大幅に削減することを可能にする。同時に，計画作成段階で長期的な環境・健康目標の達成の

表序-1　成り行きと持続可能な交通の相違

成り行き（BAU）	持続可能な交通（ST）
移動と質の強調（より多く・早く）	アクセスの可能性と質の強調（より身近に，よりよく）
単一の交通手段の強調（自動移動）	複数の強調（複数交通手段）
交通手段間の接続の欠如	交通手段間の接続の強調
需要増加の趨勢を許容し，自らを適応	有害な趨勢への介入と反転の試み
需要予測に基づいた計画と建設（predict and provide）	望ましい将来ビジョンから回帰して計画と供給を決定（討議と決定）
旅行需要に対応した道路拡張	交通管理・需要管理
多くの社会費用・環境費用の無視	計画・供給時に全ての費用を組み込み
環境・社会その他の計画分野との切り離された交通計画	交通分野と他分野が混合した統合的計画を強調

（出所）　Schiller, Bruun and Kenworthy（2010：3）.

観点から複数の政策・行動オプションを比較検討するため，経済や雇用，交通活動への影響を最小限にすることも可能にする。

　持続可能な交通システムの構築という目標を実現するには，様々な手段を戦術として構成することが必要となる。山中・小谷・新田（2010）は，(1)様々な機能へのアクセスのより少ない移動での実現，(2)よりグリーンなモードでの移動，(3)自動車需要の削減，(4)自動車の地球環境負荷の削減，(5)効率的な道路利用，(6)事故・環境汚染・混雑・都市衰退などの悪影響の最小化，(7)ユニバーサルデザイン，の順で体系づけることを提案している。

　持続可能な交通システムの構築に向けた政策転換は，都市で先行した。Commission of European Community（1990）を契機に英国・オランダ・ドイツは持続可能な都市やコンパクトシティの理念を都市計画に取り入れ（根本〔鎮目〕，2003：140），EUが1993年に持続可能な都市プロジェクトを開始したことで，欧州では公共交通の再生・復活で中心市街地の活性化を図る都市が増えてきた（西村・水谷，2003：120）。またロンドンやストックホルムでは，中心部での自動車走行に対する渋滞税を導入した。こうした動きは，欧州のみならず世界各地に広がっている（中村・林・宮本，2004；山中・小谷・新田，2010）。

1990年代後半には，国や地域全体を対象とした取組みも開始された。英国は，1998年の『交通白書』で徒歩・自転車を含む全ての交通手段を対象とした統合的な交通政策を目指すことを公表し，補助金の道路偏重の是正，単年度の政府補助から5年単位の地方交通計画への変更，経済的手段の導入の検討を示した（根本〔鎭目〕，2003）。また欧州委員会は，欧州横断交通ネットワーク（TEN-T）のガイドラインを設定し，欧州地域開発基金（ERDF）や結束基金を活用して投資事業に対する補助率を引き上げ，複数国の国境を跨ぐ鉄道・水運への投資を促してきた。

　こうした政策転換のうち，渋滞税や都市公共交通としての軽便鉄道（LRT）の導入，アルプス縦断鉄道整備など個別の統合的環境政策手段・事業についてはすでに多くの評価が行われてきた（例えば，山中・小谷・新田，2010；Lauber, 2002）。しかしこれら個別の政策や事業が，どの程度国や地域の統合的交通政策の進展，そして持続可能な交通システムへの構造転換に寄与してきたのかについては，必ずしも十分に検討されてきたわけではなかった。

3　本書の目的

　こうした学術的・実践的背景の下に，本書は3つの課題に取り組むことを目的とする。

　第1の課題は，欧州のEPI先導国のEPIの進展と到達点を踏まえた上で，日本のEPIの到達点と課題を明らかにすることである。欧州においても，持続可能な発展を実現するにはEPIが不可欠との認識はあったものの，どのような手段を用いてEPIを進展させるかについては最初からビジョンやロードマップを持っていたわけではない。実際のところ，政府機構改革，「目標設定・達成期限・結果のモニタリング」アプローチ，統合的環境政策手段などの中で政治的に実現可能なものを自ら，あるいはEU指令の遵守を契機として導入してきたに過ぎない。しかもリスボン戦略を改定して経済成長と雇用を重視する方針を鮮明にすると，EPIの推進力は低下した。にもかかわらず，環境保全や気候変動防止は，中長期の部門計画やその決定プロセスの中に着実に統

合されつつある。EUや欧州の先導国は，どのようにこれを進展させることを可能にしたのか。また進展させる過程で，どのようにEPI推進手段を洗練させていったのか。EPIの到達点を明らかにする上で，この点の検討は不可欠である。

　日本も，個別のプログラムや施策では，欧州と同様のEPI推進手段を導入したものもある。国土交通省や農林水産省では，省独自に環境行動計画や地球温暖化対策総合戦略を作成している。これをEPIの進展との観点からどのように評価すべきか。こうした取組みを検討した上で評価を行い，EPIのさらなる進展に向けた含意を導くことが，第1の課題である。

　第2の課題は，現在欧州でEPI推進政策の議論の焦点となっている，環境や持続性の観点からの事前政策評価の到達点と課題を明らかにすることである。現在の政権は通常4～5年のサイクルで選挙の洗礼を受けねばならないため，短期的に目に見える成果を挙げることのできる政策を追及しがちである。他方で，EPIを通じて目指してきた経済成長と環境負荷のデカップリングや温室効果ガス排出の大幅削減といった野心的な環境目標は，技術開発が必要で，経済的・社会的な悪影響も大きいため，短期間で達成するのは容易ではない。経済的・社会的な悪影響を小さくしながら環境目標を達成するには，各部門の中長期計画を策定する段階から環境目標の達成を計画の中に組み込み，費用効率性を勘案した上で政策手段やプログラムを実施することが不可欠となる。そして各部門の既存の政策手段も，環境目標を組み込んだ中長期計画と整合的なものに変えていく必要がある。環境や持続性の観点からの事前政策評価は，こうした政策決定プロセスの変更を促す手段として期待されている。しかしこれは各省庁や政治家の政策決定の裁量を制約することにもなるため，その厳格な実施は容易ではないことが予想される。そこで，事前環境評価がどのように運営され，計画や政策にどのように反映されているのかを，先導的に実施している欧州委員会を事例として明らかにする。

　第3の課題は，交通部門のEPIないし持続可能な交通システムの構築について，欧州での経験を踏まえつつ，日本の到達点と課題を明らかにすることである。欧州委員会は，2050年までに交通部門で温室効果ガス排出の60％削減を

目標とし，この目標を達成する観点から2020年までの中期交通計画を立案しており，気候変動政策が交通計画の中に統合されている。しかしEUが実施可能な政策手段は，自動車排気ガス規制や炭素税の最低税率，バイオ燃料の使用割合の最低目標の設定など，欧州全域に及ぶ最大公約数的なものに限定されている。より踏み込んだ統合的交通政策を設計し執行する権限は，加盟国やその地方自治体が持っている。ところが国や地方レベルでは，必ずしも統合的交通政策が進展しているわけではない。経済的・社会的な悪影響から撤回に追い込まれた政策や，社会的合意を得られずに導入できなかった政策提案も少なからず存在する。経済的・社会的効果が重視され環境改善効果が小さかったプログラムや事業も存在する。他方で，交通インフラの整備計画や事業の立案に環境や持続性に対する配慮をより優先的に統合する政策決定プロセスも導入されている。この状況を，交通部門におけるEPIの限界と捉えるのか，あるいは制約を乗り越えるための試金石と捉えるべきなのか。改めて問い直す必要がある。

　日本も，自動車排気ガス規制や環境ロードプライシング，環境的に持続的な交通（EST）モデル事業など，欧州と類似の政策やプログラムを実施してきた。また道路特定財源を一般財源化し，財源上道路整備を優先することを困難にした。さらに国土交通省は環境行動計画や中期地球温暖化対策を作成するなど，環境や気候変動を自らの政策の中に統合しようとしてきた。しかし，こうした取組みは，日本の交通政策の中心である，道路に重点を置いた交通社会資本整備と，運輸業への需給調整規制（西村・水谷，2003）をどのように，どの程度統合的交通政策へと転換させたのか。また欧州ほどに転換していないとすれば，何が要因なのか。これらの点を明らかにする。

4　本書の構成

　本書は，序章とそれに続く11章及び終章で構成される。第1章は，EPIの定義と範囲を改めて議論した上で，EPIの進展により何が実現するのかを，エネルギー部門を事例に提示する。そしてEPIを推進する手段に関する議論を紹介した上で，EPI進展を評価する基準を検討する。

第2章と第3章は，本書の第1の課題である，欧州と日本のEPIの到達点と課題を比較検討の中で明らかにする。第2章は，欧州環境庁が開発したチェックリストを用いて，EU（欧州委員会），欧州のEPI先導国であるオランダ・英国・ドイツ，及び日本におけるEPIの進展を比較検討する。そして各国のEPIを推進する政策の内容及び進展の相違と，その相違が統合的環境政策手段，すなわち，環境保全を統合した部門の政策手段の導入や内容にもたらした影響を明らかにする。第3章は，なぜ各国のEPIの内容及び進展が大きく異なっているのか，そしてある時期以降欧州ではEPI推進政策の内容が収斂していったのかを，各国の政治的・経済的・制度的文脈を分析することで明らかにする。

　第4章と第5章は，本書の第2の課題に掲げた，環境・持続性の観点からの政策の事前評価について，先導的に実施している欧州委員会を対象に，実際に計画・政策の決定プロセスをどのように変え，計画・政策への環境・持続性の観点の統合をどの程度進展させたのかを明らかにする。第4章は，持続性の観点から計画・政策の事前評価を行う持続性影響評価（sustainability impact assessment）と経済的費用の観点から規制の在り方を検討する規制影響評価（regulatory impact assessment）の妥協の産物として欧州委員会が導入したインパクトアセスメントが，どのように欧州委員会内部の政策決定プロセスを変え，環境・持続性の政策提案への統合をどの程度進展させてきたのかを検討し，日本での導入に向けての示唆を与える。第5章は，欧州委員会が2011年『交通白書』（中期計画）の作成プロセスで実施されたインパクトアセスメントにおいて要求された定量分析を取り上げ，具体的にどのような分析手法を用いてインパクトアセスメントを行ったのか，そしてそれがどの点で従来の事前評価方法と異なるのかを明らかにする。

　第6章から第11章は，第3の課題として掲げた，欧州と日本の交通部門のEPIないし持続可能な交通システムの到達点と課題を明らかにする。このうち第6・7・8章は先導国であるEUとオランダの，第9・10・11章は日本の交通部門におけるEPIを検討する。

　第6章は，EUの交通部門におけるEPIの進展を概観した上で，それが成

序　章　環境政策統合（EPI）とは何か

長と雇用を最重要課題に掲げる改定リスボン条約の下でいかに変容させられながら制度として定着するに至ったかを検討する。第7章は，交通部門のEPIに早期から取り組んできたオランダを取り上げる。オランダはABC立地政策という世界的に見ても画期的な交通・空間・環境統合政策を法制化し，地方自治体に実施を求めた。さらに自動車走行の外部性の内部化を根拠に対距離課金の導入を検討してきた。しかも熟議的民主主義に象徴されるコンセンサス方式でEPIを推進し，定着を図ってきた。そこでこの2つの「革新的」政策手段の実際の展開を明らかにするとともに，コンセンサス方式が導入と執行に及ぼした影響を検討する。第8章は，戦略的環境アセスメントもいち早く導入したオランダが，どのように交通インフラ整備計画・事業の立案及び決定プロセスに環境や持続性を統合し，どのような効果をもたらしてきたのかを明らかにする。

　第9章は，日本がどのように統合的交通政策への移行を進め，どこまで到達したかをEUや欧州各国との比較検討を通じて明らかにし，なぜEUや欧州各国と比較すると進展が遅いのかを考察する。第10章は，道路整備の意思決定に重要な影響を及ぼす費用便益分析に着目に着目し，環境面を考慮するように改定されたガイドラインが道路整備にどのような影響を及ぼすのかを明らかにする。第11章は，国土交通省と環境省が共同で2004年から全国26地域で実施した環境的に持続可能な交通（EST）モデル事業を取り上げ，モデル事業がいかに地方自治体における交通部門のEPIを後押しし，またモデル事業の実施過程や成果が中央政府レベルでの交通政策のEPIにどのような影響を及ぼしたのかを，EUでの経験と広島市を対象とした事例研究に基づいて検討する。

　終章は，第11章までの検討で得られた知見を整理するとともに，日本でEPIをさらに進展させ，持続可能な交通システムを実現するための課題と提案を提示する。

注
(1) 宮本（2007：56-71）は，この6つの構成要素に，廃棄と物質循環を加え，さらに国家の公共的介入の態様の中の6-(b)思想・言論・表現・結社の自由，及び6-(d)国際化の在

り方を独立の構成要素と捉えなおしたことから，合計9つの要素で構成されると指摘している。
(2) これがEUにおける持続可能な交通の定義として使用されている（南，2009）。

参考文献
岡部明子『サステイナブルシティ――EUの地域・環境戦略』学芸出版社，2003年。
坪郷實『環境政策の政治学――ドイツと日本』早稲田大学出版部，2009年。
寺西俊一編『新しい環境経済政策――サステイナブル・エコノミーへの道』東洋経済新報社，2003年。
寺西俊一・細田衛士編『環境保全への政策統合』岩波書店，2003年。
中村英夫・林良嗣・宮本和明編著『都市交通と環境――課題と政策』運輸政策研究機構，2004年。
西村弘・水谷洋一「環境と交通システム」寺西俊一・細田衛士編『環境保全への政策統合』岩波書店，2003年，97-124頁。
根本（鎮目）志保子「交通政策――道路と自動車の利用転換に向けて」寺西俊一編『新しい環境経済政策――サステイナブル・エコノミーへの道』東洋経済新報社，2003年，113-153頁。
松下和夫「持続可能性のための環境政策統合とその今日的政策含意」『環境経済・政策研究』第3巻第1号，21-30頁，2010年。
南聡一郎「サステイナブルな都市交通における計画と財政の統合――フランスとイギリスを例に」『KSI Communications 2009-02』2009年。
宮本憲一『環境経済学』岩波書店，1989年。
宮本憲一『環境経済学［新版］』岩波書店，2007年。
山中英生・小谷通泰・新田保次『［改訂版］まちづくりのための交通戦略――パッケージアプローチのすすめ』学芸出版社，2010年。
Bührs, Ton, 2009, *Environmental Integration: Our Common Challenge*, Albany: State University of New York Press.
Commission of European Community, 1990, *Green Paper on the Urban Environment*, COM（90）218 final, Brussels, 27 June.
Hull, Angela, 2008, "Policy integration: What will it take to achieve more sustainable transport solutions in cities?," *Transport Policy*, Vol. 15: 94-103.
Jordan, Andrew J. and Adriaan Schout, 2006, *The Coordination of the European Union: Exploring the Capacities of Networked Governance*, Oxford: Oxford University Press.
Jordan, Andrew J. and Andrea Lenschow, 2008, "Integrating the environment for sustainable development: An introduction," in Jordan, Andrew J. and Andrea Lenschow（eds.）, *Innovation in Environmental Policy?: Integrating the Environment for Sustainability*, Cheltenham: Edward Elgar, 3-23.
Lauber, Volkmar, 2002, "The sustainability of freight transport across the Alps: European Union policy in controversies on transit traffic," in Lenschow, Andrea

(ed.), *Environmental Policy Integration: Greening Sectral Policies in Europe*, Cheltenham: Edward Elgar, 153-174.

Lenschow, Andrew, 2002, "Greening the European Union: An introduction," in Lenschow, Andrea (ed.), *Environmental Policy Integration: Greening Sectoral Policies in Europe*, London: Earthscan, 3-21.

Lundqvist, Lennart J., 2004, "Management by objectives and results: A comparison of Dutch, Swedish and EU strategies for realizing sustainable development," in Lafferty, William M. (ed.), *Governance for Sustainable Development: The Challenge of Adapting Form to Function*, Cheltenham: Edward Elgar, 95-127.

OECD, 2002a, *Improving Policy Coherence and Integration for SD: A checklist*, Paris: OECD (http://www.oecd.org/gov/1947305.pdf 2013年1月4日アクセス)。

OECD, 2002b, *OECD Guidelines towards Environmentally Sustainable Transport*, Paris: OECD.

Sciller, Preston L., Eric C. Bruun and Jeffery R. Kenworthy, 2010, *An Introduction to Sustainable Transportation: Policy, Planning and Implementation*, London: Earthscan.

The World Commission on Environment and Development (WCED), 1987, *Our Common Future*, Oxford: Oxford University Press. (大来佐武郎監訳『地球の未来を守るために』福武書店, 1987年)。

(森　晶寿)

第 I 部

欧州と日本の EPI の到達点と課題

第1章
環境政策統合（EPI）の定義・目標・評価基準

1　環境政策統合（EPI）とは何か

　序章で述べたように，EPIは，「非」環境部門がその部門政策による環境影響を考慮し，その考慮を政策決定の早期に積極的に組み込むプロセスと定義される。EPIは，持続可能な発展を実現するためには産業社会の再構築，すなわち政治・行政システム，企業の生産システム，市民のライフスタイルの転換が必要であり，そのためには，産業社会の中に汚染者負担原則（polluter pays principle），予防原則（precautionary principle），全ての利害関係者による責任共有（shared responsibility），危険物質の代替を義務化する代替原則（substitute principle）を組み込むことを主張するエコロジー近代化論（坪郷，2009）の言説に理念的基盤を置いていると言っても過言ではない。そして予防的なアプローチを制度化するという観点から，各部門・省庁の政策決定の早期段階で環境や持続性を統合的に決定する統合的意思決定が求められるようになった。

　このようにEPIは，目標を持続可能な発展という曖昧で多義的な概念に置いており，原則も上記のように複数のものが提示されるなど曖昧で弱かった。このため，具体的に各省庁の部門政策の中に環境や持続性を統合していく程度・範囲・手段をめぐって，学術的にも実践においても論争が行われ，さらに環境や持続性を統合すること自体の正統性も疑問視されるようになった（Lenschow, 2002：7）。

　初期の議論では，「強い」EPI，すなわち，部門政策の中核を環境配慮の観点から変更し，環境政策と各部門・省庁の政策との間で対立が生じた場合には環境政策を優先することが主張された（Jordan and Lenschow, 2008）。OECD

(2002) は，部門目標と環境目標の間で相乗作用のある分野はそれを追求し，ない分野でも必要なところでは環境目標に高い優先順位を置いた上で，部門目標と環境目標を早期段階で協調させることを主張した。また Lafferty and Hovden（2003）も，(1)非環境部門の政策形成の全ての段階に環境目標を組み込み，これを政策立案及び実施の指導原理とすること，(2)環境面での帰結を政策評価の中に総合化し，環境政策を他の政策よりも原則的に優先することで環境政策と部門政策の間の矛盾を最小化することを主張した。これは，環境政策の優先度は「超民主主義的」な命令ではないものの，環境担当省庁から因果関係の立証責任を外し，環境問題の原因を起こす省庁や部門に責任を移すように予防原則を導入するなど，意思決定プロセスの中で環境以外の目的を持つ政策も環境保全に資するように変えることを意味する。

　これらの「強い」EPI の主張は，「環境目的や価値を最底辺に置かれてきた伝統的な政策目標のヒエラルキーを抜本的に変革する」（Lafferty and Hovden, 2003：2）という点で，革新的と言える。しかし現在の部門政策・制度は，過去の技術・経済・政策決定の積み重ねの上に成り立っており，その背後には政治的パラダイムとそれを体現した原則，原則に基づいて構築された制度・政策手段・ルール・誘因という「鉄の結束」が存在する（Mitchell, 2008：202）。このため，「強い」EPI という革新的な手段を短期間で導入すると，システム全体の崩壊を招きかねない。

　そこで，究極的には「強い」EPI を目指すとしても，当面は漸次的な変化を積み重ねていくことが重要となる。この漸次的な変化を促そうとするのが，「弱い」EPI である。これは，非環境部門が環境配慮に「原則的優先」を与えず，部門政策の核心には触れないものであったとしても，政策・政策執行・政策のアウトカムが全般的に持続可能な発展の方向に向かって継続的に改善することと定義される（EEA, 2005a）。

　「弱い」EPI を実現する方法としてまず挙げられるのは，「環境部門以外の政策決定者（省庁）がその決定の環境影響を認識し，持続可能な発展を損なう場合には環境影響を適切な量だけ調整する」（Jordan and Lenschow, 2000：111）政策手段である。具体的には，再生可能エネルギーの固定価格買取制度に代表

される統合的環境政策手段や，税・課徴金，排出枠取引などの経済的手段，自発的環境協定，ラベリングや認証などの情報的手段などの「革新的」環境政策手段の導入が挙げられる（坪郷，2009；Jordan, Wurzel and Zito, 2003）。こうした政策手段は，意思決定の際に環境保護の費用と便益を明示的に組み入れ，投資の方向性に影響を及ぼすためである。そしてその影響が経済や社会全体に拡大するにつれて，産業社会の再構築，すなわち政治・行政システム，企業の生産システム，市民のライフスタイルの転換が進み，持続可能な発展の実現が可能になる。

ところが現実には，統合的環境政策手段や「革新的」環境政策手段の導入すら，「ゲームの枠組み」を変更することになるため，政治的には容易ではない。例えば再生可能エネルギーの固定価格買取制度は，既存の電力・エネルギー企業の利益，及び電力自由化によって得られるようになった需要家の便益を損なうことから，多くの国で適用範囲の拡大には困難を伴ってきた。また経済的手段も，企業の競争力低下や所得分配への悪影響に対する懸念から，導入されないか，強化されてこなかった。

しかもこうした個別の政策手段は，「非」環境部門の省庁が環境や社会に深刻な悪影響を及ぼす計画や政策を保持したまま実施することも可能である。Underdal（1980：159）は政策統合を，「政策の帰結が意思決定の前提として認識され，総合的な評価として集計され，全ての政策及び政策実施に関わる政府機関に整合的に組み込まれること」と定義する。この定義では環境については言及していないものの，敷衍すれば，全ての省庁が部門政策の根幹に環境目標を組み込まないまま，部門政策の1つとして統合的環境政策手段を導入しても，政策統合が実現したと言うことにはならない。

そこで環境保全の観点からの政策統合を実現するには，「環境政策の焦点を環境問題からその原因へ，『末端処理』省庁から『駆動力』部門省庁に調整するプロセス」（EEA, 1999：283）を制度化することが必要となる。言い換えれば，各省庁が環境保護や持続可能な発展の実現を省庁自身の主要目的として掲げ，計画や政策立案の早期段階からそれらを考慮した統合的意思決定を行うことを制度化することが必要となる。

表1-1　学習のタイプ

	政策の学習			政治の学習
	技術の学習	概念の学習		
		政策統合	環境政策統合	
学習内容	手段の実現可能性と有効性	問題の定義・目的・戦略	問題の定義・目的・戦略	所与の目的に対して支持を獲得する戦略
枠組み	安定的	進化	持続性に向けての進化	安定的
政策面での表示	手段のレベルでの政策の修正	新たな問題と目的に対応した政策の修正	持続性の問題と目的に対応した政策の修正	象徴的な政策修正で長期には持続しない
議論上の表示	評価と経験の記述と例証	新たな問題・目的とシステムによる処方箋	持続性に関する問題・目的とシステムによる処方箋	議論における新たな戦術

（出所）　Nilsson（2005：211）．

　しかし実際には，縦割り文化と部門への特化から，「非」環境担当省庁は，自らの目的を調整してまで環境問題に主体的に対応しようとはしない。加えて，省庁間での情報交換の不足，「非」環境省庁の環境情報を扱う能力の不十分さ，取引費用・協調費用の高さのために，省庁間の連携や協議は強化されず，国家環境計画や持続可能な発展戦略といった省庁横断型の計画も執行の実効性を確保するのは容易ではない。

　この制約を克服するためには，規制・慣習・組織といった省庁の活動を規定している制度の変化が重要となる。行政制度の変更は，縦割り行政の慣行を弱め，上位目標を受け入れやすくするためである。

　ところが社会制度が変化しても，環境部門に監視や執行の権限がなく，既存の各省庁が部門目的から離れて計画・実施に問題解決志向のアプローチを採用しなければ，政策決定プロセスの変更を保障するわけではない（Sgobbi, 2010）。

　そこで，社会制度の基盤を構成する認識枠組み，すなわち知見，想定，情報，環境管理が基盤とする観念（パラダイム）の変化が重要となる（Lenschow, 2002；Bührs, 2009）。これは，問題の捉え方や言説を所与とせず，むしろ現状評価や政策評価などの学習を通じてそれらを転換することをも視野に入れる（**表1-1**）。そしてその捉え方の転換に応じて目標を変更し，目標を達成するた

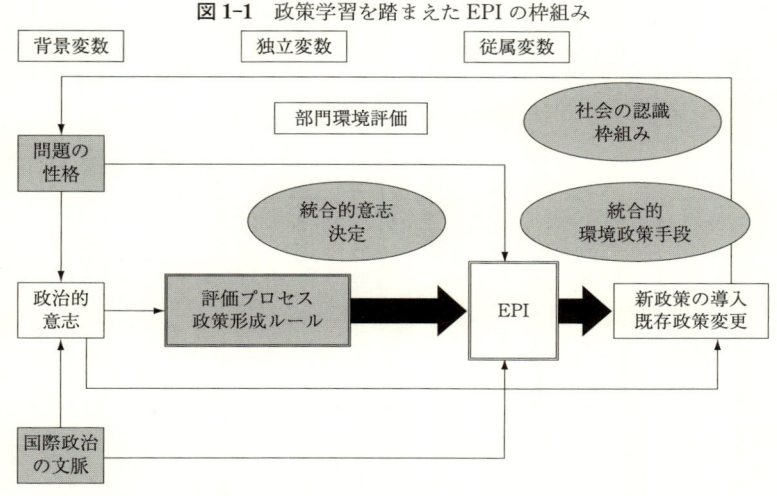

第1章　環境政策統合（EPI）の定義・目標・評価基準

図1-1　政策学習を踏まえたEPIの枠組み

背景変数　　独立変数　　従属変数

問題の性格 → 部門環境評価 → 社会の認識枠組み
統合的意志決定　　統合的環境政策手段
政治的意志 → 評価プロセス・政策形成ルール → EPI → 新政策の導入・既存政策変更
国際政治の文脈

（出所）　Nilsson and Persson（2003：354）.

めの制度枠組みを進化させることを要求する（Nilsson, 2005）。認識枠組みが変われば，政策評価プロセスや意思決定プロセスも環境保全の観点から変更・調整されるため，EPIを推進する政策手段も持続的に定着することが期待される。

もちろん認識枠組みは，国際政治の文脈の変化や環境危機の深刻化——原子力発電所の事故など——などの多様な外部要因にも影響を受ける。しかしEPIにおいて重要なのは，こうした認識枠組みの変化をいかに部門政策目標，政策決定プロセス及び政策手段の変更に反映させるかである。この意味で，大統領や首相，閣僚といった政府首脳のEPI推進に対する政治的関心及び意思の強さも重要な要素となる。

議論をまとめると，EPIは，環境政策手段と各省庁の政策の整合性を取ることはない。環境問題の原因となる「非」環境担当省庁の政策体系を環境保全型のものに変えることである。そしてそれは，単に環境保全型の部門政策（統合的環境政策手段）を既存の政策に付加するにとどまらない。意思決定プロセスや，社会の認識枠組みに環境保全を統合することも視野に入れたものである。認識枠組みの変更は統合的意思決定プロセスの制度化を促し，統合的意思決定

プロセスの確立は統合的環境政策手段の導入を容易にするが，同時に統合的環境政策手段の導入が目に見える改善をもたらせば，社会の認識枠組みも変わっていく。この関係を図式化したのが，図 1-1 である。

2　EPI の目的と期待される効果

　現在 EU 及びその加盟国は，EPI を持続可能な社会に移行するための鍵と認識するようになっている（Jordan and Lenschow, 2008：4）。これは，EU 及びその加盟国が持続可能な交通システムや持続可能な都市，持続可能なエネルギーシステムなど，部門をそれぞれ持続可能性の観点から捉え直し，また持続可能性を確保するように部門の目的を調整してきたことと大きく関係している。
　このうち，気候変動政策と密接な関連性を持つエネルギー部門では，EPI を持続可能なエネルギーシステムの構築の手段として用いてきた。ところが，持続可能なエネルギーシステムに関する広範に合意された定義は存在しない。H・デイリーの 3 原則を敷衍すると，枯渇性資源である化石燃料を全て再生可能エネルギーに転換し，かつ再生可能エネルギーの消費量をその再生率以下に抑制するエネルギーシステムと定義することができる。この定義を適用すれば，既存のエネルギーシステムの再生可能エネルギーの割合の高いエネルギーシステムへの転換と，エネルギー効率の向上による需要抑制は，持続可能なエネルギーシステムへの大きな一歩と評価することができる。
　ところが，技術革新がなければ，持続可能なエネルギーシステムはおろか，再生可能エネルギーの割合の向上すら実現は困難である。技術革新を推進するには，短期的に最小の費用で効果をもたらすように市場原理を機能させるのではなく，短期的には費用が高くても政府が特定の技術を取り上げて技術革新の「仲介」を行う政策を許容することが必要となる。
　同時に，分散型・熱利用を含めた多様なエネルギー利用，顧客の選択を含めたエネルギー需給システム全体の改革が求められる。集中型で選択の余地の少ない電力供給システムを残したままでは，既存の大規模事業者が化石燃料及び原子力発電による電力供給を大規模な再生可能エネルギー由来の電力供給に代

替するだけとなるため，技術革新の原動力となる新規参入は進まない。またエネルギー需給の地域間のミスマッチも残されるため，遠距離輸送に伴う送配電ロスは改善されない。さらに東日本大震災後に顕在化したように，震災やテロといったリスクが発生すると，広範囲での停電が発生し，それに伴う経済的混乱も大きくなる。

　この課題を克服するためには，特に気候変動などの持続可能性に直結する課題については，環境的観点からの選択肢を優先させるようにすることが不可欠となる。そして電力・エネルギー政策の目的も，従来の短期的な費用最小化目的を前提とした中で持続可能性を追求するのではなく，長期的な費用最小化を視野に入れつつ，持続可能性そのものを追求するものへとシフトさせる必要がある。

　しかしこのようなパラダイムのシフトは一足飛びに実現するわけではない。そこでパラダイムのシフトを促進する主体を促しつつ，その原則を漸次的にシフトさせる必要がある。具体的には，以下のことが必要となる（Mitchell, 2008：212-213）。

(1)投資リスクを減少させる政策・ルール・誘因の実施，目標設定・実施によって長期の持続性の達成を支援する政治的意志の確実性を向上させ，新規参入と参加の促進，開かれた選択肢と参加などの技術革新を促す環境を構築する。

(2)政府や他の機関，企業，個人が，行動を長期的な視点から行い，定量的・定性的に費用と便益を評価する。

(3)政府や他の機関，企業，個人が，現行の政策・経済規制分野で経済効率性を最優先する原則からシフトし，技術革新のためのシステムアプローチを支持する。

(4)政府や他の機関，企業，個人が，持続可能性を実現するためには構造的な経済変化だけでなく，パラダイムの他の領域の変化も急所であることを受け入れる。

(5)事前評価（assessment）を通じて政策や制度に柔軟性を確保する。

(6)計画認可，送電網へのアクセス，政策発展において全てのアクターが重要

表 1-2 従来型のエネルギーシステムと持続可能なエネルギーシステムの相違

通常の電力システム	持続可能な（低炭素）エネルギーシステム
エネルギーに対する態度	
スイッチを押せばエネルギーが存在	エネルギーの環境に対する重要性とその効率的な利用の必要性を人々に認識させるための，エネルギーとの関係の変更
全　般	
エネルギーを投入と見なす	エネルギー利用の削減と環境影響の最小化の必要性が，技術革新の基礎
環境への懸念は最小限	環境が補佐的な政策の推進力
エネルギー安全保障に対する懸念の答えは供給サイドにあると認識され，従来型技術で対処	エネルギー安全保障に対する懸念の答えは，技術の多様化と，需給両方でのガス依存の低下，交通燃料の石油依存を減少させる代替燃料による
社会への影響に対する懸念は最小限	社会に対する考慮が重要な政策の推進力
経済・技術主導	技術革新主導
技　術	
硬直的な発電：燃焼に時間を要する石炭とオン・オフ式の性格を持ち，ベースロード電源にしかなれない原子力	柔軟な発電：複合サイクルガスタービン（CCGTs），多様な再生可能及び配給用電熱技術
技術は少数で供給支配型	多くの技術が存在し，供給・需要・貯蔵・管理に焦点
高信頼度：全ての発電所が停止時間を持つものの，原則として発電するといった量を発電	高信頼性のものから断続的なものまで産出の特徴の異なるものが混在
送電システムに持続された少数の大規模発電所	送配電ネットワークに接続している技術・規模の異なる多くの熱供給及び発電所，及び時々に応じてグリッドの双方向のやりとりを行う自家発電
費用とリスクの計測及び技術革新の促進は，必要でも立ち向かっているわけでもない	サービス・リスク・技術革新ないし費用の計測は意思決定の基本
経済規制	
競争的な手段による可能な場所全てでの顧客の利益の保護が政府の他のエネルギー政策目標に優越	経済規制は重要だがその境界はより明瞭で，気候変動に関しては，政府の目標の間で二律背反が生じた際には，環境目標を優先
市場と市場ルール	
独占的・政府所有	自由化・民営化
合理的・簡潔で，革新を阻害	全てのアクター間でのより複雑な市場の促進
顧客の選択の余地なし：提供されるサービスの数は少なく，顧客は望むものを入手する明確な手段はない	自らの望みを知らせることのできる顧客に対して費用と製品の両方を差別化して提供されるマルチサービスに対する顧客の選択
企業にとってのリスクは最小限：顧客が請求額を支払	企業にとってより大きなリスク
独占的には政府によるアドホックな規制，1990年以降は RPI-X メカニズム	収入の大きな割合が実績ベースの規制に連動
ネットワーク内部の費用は不明確	環境外部性を含めたネットワーク利用とサービス供給の費用の明確化
技術革新や学習曲線は重要でない	技術革新と学習曲線が技術選択とビジネスリスクの重要な要因

ネットワークとシステムのデザイン・運営	
ネットワークとのデザインと運営は受身的で上意下達	ネットワークの運営は積極的で多面的
同じことをより効率的に実施することが基本で，革新を阻害	サービスと望ましい産出に誘因付けを行っているため，革新を支援

（出所）　Mitchell（2008：4-65）.

な役割を果たす。

　この議論をまとめたのが，**表1-2**である。持続可能なエネルギーシステムへの転換は，最終的には技術の転換という形で現れるが，これを実現するには，経済規制や市場構造，市場のルールを転換し，ネットワークのデザインや運営も変更する必要がある。これらの転換を促すには，エネルギーに対する態度や政治パラダイムのシフトが不可欠である。同時に，態度や政治パラダイムは，経済規制や市場構造，市場のルールが変わり，導入される技術が転換するにつれて進むという相互作用を持つ。

3　EPIを推進するプロセスを強化する手段

　EPIを推進するプロセスとして，Lafferty and Hovden（2003）は，経済運営担当省庁がその責任分野の中で環境目的の実施を目的のポートフォリオの中核として採用し追求すること，及び包括的で省庁横断型の戦略を発展させることの2つを提示した。これはいずれも経済運営担当省庁が計画や政策決定の早期段階から環境や持続性を考慮する統合的意思決定を促すものである。

　そこで課題となるのが，誰がどのように統合的意思決定を促すかである。まず誰が，すなわち政策決定が行われる文脈（ルールや枠組み）については，2つのアプローチがある。1つは，環境担当省庁が省庁横断型の戦略を発展させて経済運営担当省庁の管轄領域に介入する，水平的な協調である（図1-2）。他の1つは，国会や内閣などの中央機関が経済運営担当省庁に部門の環境戦略や持続可能な発展戦略・行動計画の作成，進捗管理，及び報告書の提出を義務づけ，その結果を監視して改善を要求する形態で介入する，ヒエラルキーのある水平的な協調である[1]（図1-3）。

図 1-2　ヒエラルキーのない水平的 EPI

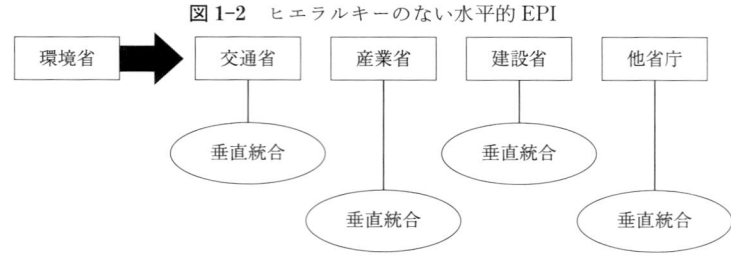

環境省 → 交通省　産業省　建設省　他省庁
　　　　　　↓　　　　　↓　　　　　↓　　　　　↓
　　　　　垂直統合　垂直統合　垂直統合　垂直統合

（出所）　Jacob and Volkery (2003).

図 1-3　ヒエラルキーのある水平的 EPI

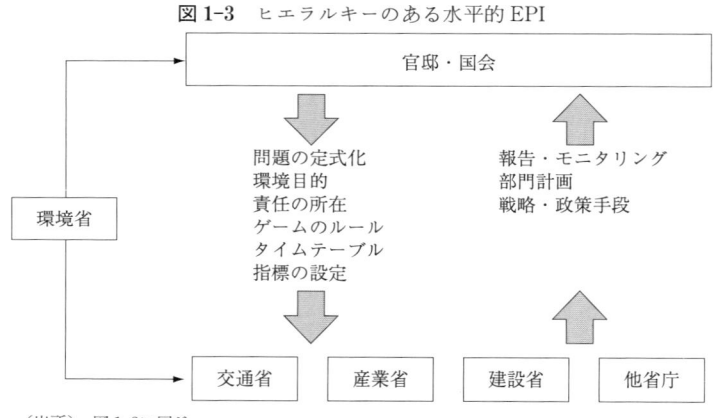

官邸・国会

　↓　　　　　　　　　　　↑
問題の定式化　　　　　　報告・モニタリング
環境目的　　　　　　　　部門計画
責任の所在　　　　　　　戦略・政策手段
ゲームのルール
タイムテーブル
指標の設定
　↓　　　　　　　　　　　↑

環境省

交通省　産業省　建設省　他省庁

（出所）　図 1-2に同じ。

　水平的な協調は，各省庁の独立・高い自立性から始まり，情報共有や対立回避のためのコミュニケーション・協議を経て，共通のパラメータの設定や戦略及び優先順位の共有へと程度が上がっていく（**表 1-3**）。そして協調の度合いが上がるにつれて，協調を行う主体も，デスクオフィサーから課長・局長・大臣へと立場が上がっていく（Russel and Jordan, 2008）。その一方で協調の程度が共同決定に近くなるほど，環境担当省庁は経済運営担当省庁を説得するために，知見・資金・人材などの面で非常に高い能力を備えることが必要となる。

　しかし現実には，情報の欠如や能力・資金不足などのため，環境担当省庁と経済運営担当省庁が行政上の地位で同列にある場合ですら，経済運営担当省庁が計画や政策手段を作成する早期段階から，情報共有を超えて計画や政策の内容に踏み込んだ協議や協調を持ちかけることは容易ではない。しかも多くの場

第 1 章 環境政策統合（EPI）の定義・目標・評価基準

表 1-3 Metcalfe による省庁間協調の尺度

レベル 1	独 立	各省庁は省庁横断型の事項に一定の責任を負うことを認めつつ，自らの政策分野の自立性を保持
レベル 2	コミュニケーション	許可されたコミュニケーション経路を通じて相互に情報伝達
レベル 3	協 議	重複や不整合性を回避するために，政策形成のプロセスで相互に協議
レベル 4	政策乖離の回避	積極的に政策の収束を追求
レベル 5	コンセンサスの追求	合同委員会やチームを結成して，単なる省庁間の相違隠しや重複・波及回避を超えた共同作業の実施
レベル 6	調 停	中立的（できれば集権的）な団体が仲介団体として対立する省庁の間に介入・影響力を行使。ただし省庁間の合意形成の責任は省庁にある
レベル 7	仲 裁	中央ないし中立的機関が強力な役割を果たし，自主的なアプローチでは困難な対立を克服
レベル 8	共通のパラメータの設定	省庁が独自の政策決定領域の中でできることとできないことを区分けしたパラメータの事前設定
レベル 9	戦略と優先順位の共有	内閣・首相・閣僚委員会は，意思決定サイクルの早期段階で政策の主要なラインを設定，協調された行動を通じて確保

（出所） Russel and Jordan（2008：261）．

合，環境担当省庁は経済運営担当省庁よりも遅い時期に設立されたため，行政上の地位は低く，政治的な優先度も決して恒常的に高いわけではない。このため，縦割り行政の伝統と制度が強い国ほど，実質的な成果を上げるのは容易ではない。

これを克服する手段として，環境担当部局の権限を拡大し，他省庁が政策提案を行う際に環境担当部局への事前相談を義務づけ，さらに他省庁の政策提案に対して拒否権を行使する権限を付与することが考えられる。しかし，環境や持続性に対する政治的優先度が高い場合でも，経済的・社会的影響を考慮すると，環境担当部局の大幅な権限拡大は政治的に困難である。

代替的な手段として，省庁再編を行って，環境担当省庁と他の省庁を1つの省に統合する手段も考えられる。しかしこの手段も，環境担当省庁の方が行政上の地位が低く権限や予算が小さい場合には，環境目的の実現はかえって困難となり，同等の場合でも省庁内で統合的意思決定が行われるわけではない。

そこで水平的協調の限界を克服する手段として，ヒエラルキーのある水平的

協調が期待されるようになった。この協調形態の下では，国会や内閣，官邸が目標・期限の設定とモニタリング・評価を主導する。しかし国会や内閣，官邸は専門的知見の蓄積が不十分で，「過度な」政治介入を招き，かえって制度を混乱させる懸念もある。そこで環境省や持続可能な発展諮問委員会などの独立外部機関が専門的知見の提供やそれに基づいた提言を行う役割を果たすことが期待されている。言い換えれば，環境省や持続可能な発展諮問委員会は各省庁と直接協議を行って協調を求めるのではなく，国会や内閣，官邸の諮問機関の役割を果たす。このような組織体制を制度化すれば，経済運営担当省庁も政策協調や統合の要求を無視することは困難になり，期限内の目標達成の責任を負わざるをえなくなる（Jacob and Volkery, 2003）。このことが目標達成の当事者意識を高め，少なくとも指標で監視の対象となっている範囲の内容に関しては政策統合を進めることが期待できる。

　もっとも，協調のための組織構造のみを変更しても，それを促す手段の変更と制度化が伴わなければ，実質的には何も変わらない。そこで，組織構造の変更に加えて2つのカテゴリーの手段（Jacob, Volkery and Lenschow〔2008〕）が導入される必要がある。

　1つは，法律作成や予算編成に関する政策決定の核心的な手続きの変更，すなわち手続き手段の導入である。具体的には，戦略的環境アセスメント，新たな計画や政策・規制に対する持続性影響評価，環境財政改革，及び環境や持続性を考慮した予算配分が挙げられる。これらは全て中長期計画や政策手段，中期財政計画の作成の早期段階での環境や持続性を組み込んだ統合的意思決定を手続きとして制度化するものである。

　他の1つは，経済運営担当省庁や地方自治体に改革努力を促すためのビジョンや長期目標の設定，すなわちコミュニケーション手段の導入である。具体的な手段としては，国家環境計画・戦略や持続可能な発展戦略，部門や省庁の環境戦略の作成・実施・監視が挙げられる。これを実効的に行うには，環境担当省庁ないし外部の独立機関が環境状況の評価や指標の開発・監視を行い，アドバイザーとして各省庁に改善案を提案する他，国会や内閣に報告してその環境保全に対する強い政治的コミットを継続させる必要がある。

また憲法で,例えば基本的人権の一部として環境権を明記することも,この手段に含まれる。憲法に明記されれば,政府活動は全て憲法規定にある環境保護に一致させることが必要となり,潜在的には環境保護を主導するアクターの活動強化を政治的に保障することになるためである。そしてこれらの手段に基づいて「目標設定・達成期限・結果のモニタリング」が実施され,市民が情報を入手した上でコメントを述べることができれば,社会の認識枠組みの変更をももたらしうる。

しかし実際には,日本のように憲法改正の要件が厳しい国では,憲法に環境権を明記することは至難の業である。また環境担当省庁や外部の独立機関の監視・提言能力を強化しても,国会や内閣が環境や持続性の確保に関心を持たなければ,各省庁も持続可能な発展戦略や部門環境戦略に提示した目標を達成する誘因を失い,ヒエラルキーのある水平的協調も機能しない。

4 EPI の進展の評価方法

EPI の進展の評価枠組みを最初に提示したのは,EEA (1999) であった。これは,EU の第5次環境行動計画の下での進展を分析し,部門分析に情報を提供する目的で作成されたチェックリストで,制度(文化の変化),市場(価格改革),管理(変化のための手段),モニタリングといった政策手段とその効果に焦点を当てたものであった。

他方 Lafferty and Meadowcroft (2000) 及び OECD (2002) は,EPI の進展に不可欠な統治プロセスとして,明確なコミットとリーダーシップ,EPI を推進する特別な制度メカニズム,効果的な利害関係者の参加,効果的な知識管理の4つを挙げ,それぞれについて5～10個のチェックリストを提示した。ところがこのチェックリストは,政策手段や省庁内部の慣行をあまり考慮せず,またプロセスの変化との間の関係もあまり明確ではなかった。このため,高い評価結果は必ずしも EPI の進捗度の高さを意味するわけではなかった。

そこで Lafferty and Hovden (2003) は,環境目的を部門省庁の活動に統合させる政策手段と,部門における環境目的を優先させる政策手段の導入・運用

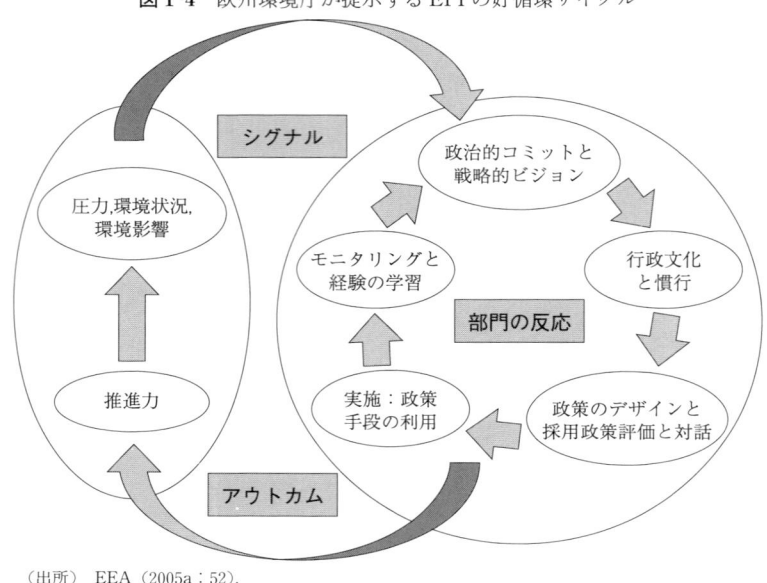

第 I 部　欧州と日本の EPI の到達点と課題

図 1-4　欧州環境庁が提示する EPI の好循環サイクル

（出所）　EEA（2005a：52）．

状況を評価するチェックリストを提案した．

　このチェックリストを，「駆動力・圧力・環境状況・インパクト・反応」（DPSIR）枠組みに関連づけて作成ししたのが，欧州環境庁（EEA）のチェックリストである（EEA, 2005a；2005b）．これは，EPI の統治プロセスを，(1)政治的コミットと戦略ビジョン，(2)行政文化・慣行，(3)政策デザイン決定を支える評価・協議，(4)政策手段，(5)モニタリングと経験学習の 5 つのカテゴリーに整理し，認識枠組みや文脈の変化がこのように分類した EPI の統治プロセスにどのように影響を及ぼすのか，また意思決定プロセスの変化が政策手段やその部門横断的目標や部門環境目標の達成を通じて認識枠組みや文脈の変化にどのように反応をもたらしたかを検討する枠組みを提供するものである（**図 1-4**）．そして 5 つのカテゴリーの評価項目を部門横断型と部門特定型に分けて提示し，行政文化と慣行に関しては EPI の進展の強弱を定性的に評価できるチェックリストを公表した（**表 1-4**）．

　この評価枠組みは，チェックリスト方式のため，経済学の分析枠組みが得意

第1章 環境政策統合（EPI）の定義・目標・評価基準

表1-4 EEAが考案したEPIの評価基準のチェックリスト

EPIの文脈	部門横断型		部門特定型	
1 推進力・圧力・環境及び環境影響の現状	1a	行政にとって主要な経済的・社会的推進要因は何か	1a	部門の主要な経済的・社会的推進要因のトレンドは何か
	1b	社会経済影響の大きさと経年変化はどの程度か	1b	社会経済影響の大きさと経年変化はどの程度か
	1c	経済活動・産出と、環境圧力・影響との切り離しは進行しているか	1c	経済活動・産出と、環境圧力・影響との切り離しは進行しているか
	1d	鍵となる持続可能な発展ないし環境目標・目的の実現は進展しているか	1d	部門は鍵となる持続可能な発展ないし環境目標・目的の実現の進展に寄与しているか
			1e	部門は部門自身の環境目標・目的の達成に向かっているか

EPIのカテゴリー	部門横断型		部門特定型	
2 政治的関与と戦略的ビジョン	2a	EPIに対する高い水準の要求は存在するか（憲法や法律で規定されているか）	2a	部門においてEPIに対する高い要求は存在するか（憲法や法律で規定されているか）
	2b	首相ないし大統領が承認・検討を行う部門横断型EPIないし持続可能な発展戦略は存在するか	2b	部門は部門横断型EPIないし持続可能な発展戦略に含まれているか
	2c	EPIないし持続可能な発展に対する政治的リーダーシップは存在するか	2c	部門は独自のEPIないし持続可能な発展戦略を持っているか
			2d	部門内にEPIに対する政治的リーダーシップは存在するか
3 行政文化と慣行	3a	行政の政策立案、予算編成、監査活動はEPIの優先順位を反映しているか	3a	部門行政の使命（ミッションステートメント）に環境の価値が反映されているか
	3b	環境責任は部門行政の内部管理体制に反映されているか	3b	環境責任は部門行政の内部管理体制に反映されているか
	3c	部門横断的にEPIに協力・指導を行う戦略的部局・課・委員会は存在するか	3c	部門と環境担当省庁の間での協力メカニズムは存在するか
	3d	上位（地域協力体）ないし下位（地方政府）のガバナンスレベルと協力するメカニズムは存在するか	3d	上位（地域協力体）ないし下位（地方政府）のガバナンスレベルと協力するメカニズムは存在するか

4 政策設計と決定を支える評価と協議	4a	部門は提案する政策やプログラムを事前に環境面から評価するプロセスを持っているか	4a	部門は提案する政策やプログラムを事前に環境面から評価するプロセスを持っているか
	4b	環境担当省庁及びステークホルダーが協議メカニズムに参加し，部門の政策形成プロセスに参加しているか	4b	環境担当省庁及びステークホルダーが協議メカニズムに参加し，部門の政策形成プロセスに参加しているか
	4c	政策形成の際に利用可能で情報提供に資する環境情報は存在するか	4c	政策形成の際に利用可能で情報提供に資する環境情報は存在するか
5 EPI実現の政策手段の利用	5a	経済的手段は環境目的の実現を支援しているか（例えば環境に悪影響を及ぼす補助金の撤廃や環境価値を含めた価格付けを行っているか）	5a	部門の財政支援プログラムは環境目的を支援しているか（排出削減に積極的な誘因を与え，環境に悪影響を及ぼす補助金の撤廃を行っているか）
	5b	空間計画を部門と環境問題の統合に使っているか	5b	他の経済的手段（税や排出枠取引）を環境外部性を内部化するために用いているか
	5c	環境マネジメント手段（EMAS, EIA, SEA, エコレベル，情報へのアクセス）をEPI推進のために用いているか	5c	技術標準や他の基準を部門の環境目的を促進するために用いているか
	5d	他の政策手段をEPIの促進のために用いているか	5d	他の政策手段をEPIの促進のために用いているか
6 モニタリングと経験の学習	6a	部門及び部門横断型のEPI目的や目標の進展を定期的にモニターしているか	6a	部門のEPI目的や目標の進展を定期的にモニターしているか
	6b	実施された政策の効果を体系的に評価しているか	6b	実施された政策の効果を体系的に評価しているか
	6c	好事例を普及するメカニズムは存在するか	6c	好事例を普及するメカニズムは存在するか

（出所） EEA（2005a：54-55）．

とするEPIの環境的・経済的な効果を定量的に評価することにはならない。しかしその一方で，経済学の分析枠組み，特にその定量分析の方法のみでは十分に評価を行うことの困難な環境・経済・社会面でプラスの効果をもたらす統合的環境政策手段が導入されない要因の検討を可能にする。しかもこのチェックリストに基づいて実際にEUが制度改革を勧告すれば，加盟国のEPIの進展に大きな影響を及ぼすと期待されていた[2]。そこでEEAでの研究は，長期にわたる政策枠組みの変化，及びその要因となる主要アクターとその認識枠組み

の変化の検討を通じた，部門政策の枠組みの転換をもたらした条件の抽出に限定されている。[3]

5　EPIをめぐる議論の到達点

本章で得られた知見は，以下のように要約することができる。

第1に，EPIは，経済学的観点から理解されているような統合的環境政策手段の導入のみを指すのではない。長期の環境目標や持続性目標を設定し，その達成の観点から部門政策を変更し発展させていくことも視野に入れている。さらに，こうした政策の発展を可能にする政策評価及び決定プロセス，すなわち統合的意思決定の制度化，及び社会の認識枠組みや政治的パラダイムの変化をもその範疇に入れたものとして理解すべきである。

第2に，EPIを進展させるには，ヒエラルキーのある水平的協調が機能するように政府機構を改革し，同時にEPIの推進手段もそれを効果的に機能させるとの観点から理解して，導入することが重要である。この意味で，Jacob, Volkery and Lenschow（2008）のようにEPIの政策手段をどれも同じ重みで捉えるのではなく，ヒエラルキーのある水平的協調の制度化に資しているかの観点を持つことが重要となる。

第3に，EPIを政策手段の変更や導入だけでなく，政策決定プロセスの変更・発展，社会の認識枠組みや政治的パラダイムの変化を含むものとして理解すると，経済学の分析枠組み，特にその定量分析の方法のみで十分にEPIの進展を評価することは容易ではない。経済学の分析枠組みは，EPIのうち，統合的環境政策手段の導入や既存の政策手段の変更の経済的・環境的効果を定量的に明らかにすることに長所を持つものの，意思決定方法や社会の認識枠組み，政治的パラダイムといった大きな枠組みの変化を分析する手法を持たないためである。このため，EPI進展の評価は，当面，EEAの開発したチェックリストを活用しつつ，EPIの先導国で何をどのように変えて，どのような効果をもたらしたのかを記述的・定性的に検討することから始め，可能な範囲で定量効果を提示することにせざるをえない。

注

(1) 先行研究では，この形態の協調を垂直的協調と定義するものもある。しかし垂直的協調は部門や省庁内の統合，中央政府と地方政府・自治体の間の協調を指すものとしても頻繁に用いられている（例えば，Lafferty〔2004〕）。このため，本報告書では，中央政府内部の協調を水平的協調と定義し，その上でLafferty and Hovden（2003）に依拠してヒエラルキーのあるなしに基づいた区別を行った。

(2) EEAでの聞き取り調査（2010年2月）に基づく。逆説的ではあるが，2005年にリスボン戦略が改定され成長と雇用が強調され，EPIの政治的推進力が弱くなると，EUはEEAにこのチェックリストを用いてEPIの進展評価を行うことを中止させた。

(3) Nilsson and Eckerberg（2007）は，スウェーデンのエネルギー及び農業部門の政策枠組みの転換の要因として，(1)政府外の利害関係者からの意思決定プロセスとガバナンスに対する信頼，(2)部門アクターが環境問題への対応能力を持ち，結果に対して責任を負うというオーナーシップ，(3)知識の普及や解釈，戦略的試行や異なる利害関係者と折衝する能力，(4)部門がその戦略や活動の環境上の結果を理解している程度，の4つを指摘する。

参考文献

坪郷實『環境政策の政治学——ドイツと日本』早稲田大学出版部，2009年。

Bührs, Ton, 2009, *Environmental Integration: Our Common Challenge*, Albany: State University of New York Press.

European Environmental Agency (EEA), 1999, "Monitoring progress towards integration, a contribution to the global assessment of the fifth environmental action programme of the EU, 1992-99," *Working paper*, Copenhagen: European Environment Agency.

European Environmental Agency (EEA), 2005a, "Environmental Policy Integration in Europe: State of Play and an Evaluative Framework," *EEA Technical report No 2/2005*, Copenhagen: European Environment Agency.

European Environmental Agency (EEA), 2005b, "Environmental Policy Integration in Europe: Administrative Culture and Practices," *EEA Technical report No 5/2005*, Copenhagen: European Environment Agency.

Jacob, Klaus and Axel Volkery, 2003, "Instruments for policy integration: Intermediate report of the RIW Project Point," *FFU-report 06-2003*, Berlin: Environmental Policy Reseach Centre, Freie Universität Berlin.

Jacob, Klaus, Axel Volkery and Andrea Lenschow, 2008, "Instruments for environmental policy integration in 30 OECD countries," in Jordan, Andrew J. and Andrea Lenschow (eds.), *Innovation in Environmental Policy?: Integrating the Environment for Sustainability*, Cheltenham: Edward Elgar, 24-45.

Jordan, Andrew J. 2008, "The governance of sustainable development: Taking stock and looking forwards," *Environment and Planning C*, 26 (1): 17-33.

Jordan, Andrew J. and Adriaan Schout, 2006, *The Coordination of the European*

Union: *Exploring the Capacities for Networked Governance*, Oxford: Oxford University Press.

Jordan, Andrew J. and Andrea Lenschow, 2000, "'Greening' the European Union: What can be learned from the 'leaders' of EU environmental policy," *European Environment,* Vol. 10: 109-120.

Jordan, Andrew J. and Andrea Lenschow, 2008, "Integrating the environment for sustainable development: An introduction," in Jordan, Andrew J. and Andrea Lenschow (eds.), *Innovation in Environmental Policy?: Integrating the Environment for Sustainability*, Cheltenham: Edward Elgar, 3-23.

Jordan, Andrew J., Rüdiger K. W. Wurzel and Anthony R. Zito (eds.), 2003, *'New' Instruments of Environmental Governance? National Experiences and Prospects*, London: Frank Cass.

Lafferty, William M., 2004, "From environmental protection to sustainable development: the challenge of decoupling through sectoral integration," in Lafferty, William M. (ed.), *Governance for Sustainable Development: The Challenge of Adapting Form to Function*, Cheltenham: Edward Elgar, 191-220.

Lafferty, William M. and James M. Meadowcroft, 2000, *Implementing Sustainable Development: Strategies and Initiatives in High Consumption Societies*, Oxford: Oxford University Press.

Lafferty, William M. and Eivind Hovden, 2003, "Environmental policy integration: Towards and analytical framework," *Environmental Politics*, 12 (3): 1-22.

Lenschow, Andrew, 2002, "Greening the European Union: An introduction," in Lenschow, Andrea (ed.), *Environmental Policy Integration: Greening Sectoral Policies in Europe*, London: Earthscan, 3-21.

Mitchell, Catherine, 2008, *The Political Economy of Sustainable Energy*, Hampshire: Palgrave Macmillan.

Nilsson, Måns, 2005, "Learning, frames and environmental policy integration: The case of Swedish energy policy," *Environment and Planning C: Government and Policy*, Vol. 23: 207-226.

Nilsson, Måns and Åsa Persson, 2003, "Framework for analyzing environmental policy integration," *Journal of Environment Policy and Planning*, 5 (4): 333-359.

Nilsson, Måns and Katarina Eckerberg (eds.), 2007, *Environmental Policy Integration in Practice: Shaping Institutions for Learning*, London: Earthscan.

OECD, 2002, *Improving Policy Coherence and Integration for SD: A checklist*, Paris: OECD, 2010. (http://www.oecd.org/dataoecd/60/1/1947305.pdf 2012年9月14日アクセス)。

Russel, Duncan and Jordan, Andrew J., 2008, "United Kingdom," in Jordan, Andrew J. and Andrea Lenschow (eds.), *Innovation in Environmental Policy?: Integrating the Environment for Sustainability*, Cheltenham: Edward Elgar, 247-267.

Sgobbi, Alessandra, 2010, "Environmental policy integration and the nation state:

What can we learn from current practices?," in Goria, Alessandra et al (eds.), *Governance for the Environment: A Comparative Analysis of Environmental Policy Integration*, Cheltenham: Edward Elgar, 9-41.

Underdal, Arild, 1980, "Integrated marine policy: What? why? how?," *Marine Policy,* 4 (3): 159-169.

（森　晶寿）

第 2 章
EPI の国際比較分析 (1)：EEA チェックリストに基づいた検討

1 EEA チェックリストを用いた国際比較分析の意義

　第1章で述べたように，EPI の進展を評価する枠組みは複数の観点から構築が試みられてきた。しかし実際に国際比較を行ったのは，Jacob, Volkery and Lenschow (2008) などごくわずかに過ぎない。そして検討内容も，EPI 推進手段をコミュニケーション手段，組織的手段，手続き的手段に分類して導入の有無をチェックし，それに基づいて EPI 推進手段の導入の全般的な傾向を導き出すにとどまっている。すなわち，

- 持続可能な発展戦略や環境報告書の作成といった情報収集や問題提起に基づいた手段は採用・実施しているものの，資源の再分配を目的としたアプローチや意思決定プロセスの中で環境部局の権限を大きく強化する手段はあまり採用していない。
- 既存の制度に介入し変更する手段よりも，独立の環境省庁や省庁横断型ワーキンググループの設立といった既存の制度に付加 (add on) する手段を採用してきた。

(Jacob, Volkery and Lenschow, 2008：39)

　ところが同じ EPI 推進手段を導入している国でも，その具体的内容や活用度，EPI 進展への貢献度は異なる。例えば同じように持続可能な発展戦略を導入している国でも，カナダは立法・国会が主導する「国会様式 (Parliamentary Mode)」を，ドイツは連邦政府レベルでは水平的な協調を行いつつ，中央・地方政府関係では連邦政府のレベルを超えた行政の協調を行う「取締役様式 (Executive Mode)」を，オランダは計画立案とターゲットグループを対象

とした実施で立法及び行政上の革新を行う「行政運営様式（Administrative Mode）」を採用する（Lafferty, 2004）など，その内容や推進体制は少なからぬ相違が見られる。

　しかも，国によってEPI推進手段の選択も異なる。ある国は政府機構改革を重視し，別の国では意思決定プロセスの変革を優先し，また統合的環境政策手段の導入・強化を突破口とする国があるなど，EPI推進手段は当該国の政治的・経済的・制度的制約の中で選択的に導入されてきた。

　本章では，第1章で提示した欧州環境庁（EEA）のチェックリストを活用して，欧州のEPIの先導国——オランダ，英国，ドイツ——及び欧州連合（EU）と日本で，EPIの進展に向けてどのような改革が行われてきたのかを検討する。EEAのチェックリストは，EPIの統治プロセスを，(1)政治的コミットと戦略ビジョン，(2)行政文化・慣行，(3)政策デザイン決定を支える評価・協議，(4)政策手段，(5)モニタリングと経験学習の5つのカテゴリーに整理し，EPIはこの順序で構成されるサイクルを何重にも経ることで進展していくものと想定している（第1章，図1-6）。そしてこのうち(1), (2), (3)はJacob, Volkery and Lenschow（2008）が分類したコミュニケーション手段，組織手段，手続き手段に対応する。そこで，EEAのチェックリストを活用することで，Jacob, Volkery and Lenschow（2008）の分析結果を超えて，EPI推進手段の導入を促進ないし阻害する要因を分析することが可能となる。

　そこで本章は，EEAで提示されたこの4つの評価項目に基づいて国際比較制度分析を行い，EPIの推進手段に関する含意を得ることを目的とする。

2　政治的関与と戦略的ビジョン

　政治的関与と戦略的ビジョンの程度は，EPIや環境保全に関する憲法上の規定，首相ないし大統領が承認・検討を行う部門横断型のEPIないし持続可能な発展戦略の存在，及びEPIに対する政治的リーダーシップの存在の3つの項目で評価される。

　EPIや環境保全に関する憲法上の規定に関しては，EUはアムステルダム条

第2章　EPIの国際比較分析（1）：EEAチェックリストに基づいた検討

約で持続可能な発展の促進の観点からの環境保護を，オランダとドイツは憲法に国家の環境（権）保護義務を明記することで，EPI推進の基盤を構築している。英国は憲法では明記していないものの，人権法に健康な環境に対する権利を規定することで，環境権を普遍的な権利と位置づけている。日本は，憲法で環境保護や環境権を明確に規定していない。憲法改正論議の中で環境権規定の加筆が議論されてきたものの，第9条改定をめぐる厳しい対立や憲法改正の要件の未整備などから，一度も改定されていない。このため，環境基本法で国家の環境保護責任を規定するにとどまっている。

次に首相ないし大統領が承認・検討を行う部門横断型のEPIないし持続可能な発展戦略は，EU及び4ヶ国は全て作成・実施されている。オランダは，1989年に国会承認した第1次国家環境政策計画で，住宅・国土計画・環境省が中心となって目標と達成期限（1995年ないし2000年）を決め，既存の規制を補完する協定（covenants）を締結した。そして第2次国家環境政策計画では，作成プロセスにターゲットグループを巻き込み，各省やターゲットグループに執行の責務と説明責任を持たせた。

EUは，カーディフ・プロセスを主導した当初は，環境総局以外の部局はEPI推進に必要な本質的な改革を何も行わなかった。そして2001年に作成した持続可能な発展戦略では，目標値も達成期限も設定できなかった。さらに2005年のリスボン戦略改定以降，持続可能な発展戦略の推進への政治的コミットは低下した。その一方で気候変動・エネルギー部門に関しては，英国やドイツなどの加盟国の動きや，域内の市民・NGOの働きかけを受けて，2020年までの1990年比で30％の温室効果ガス削減目標を設定し，再生可能エネルギー利用促進指令を公布するなど，政治的コミットを強化してきた。

英国は，首相が持続可能な発展戦略を積極的に活用してEPIを進展させようとした。しかし，当初は目に見える成果を挙げることはできず，政権の関心も雇用へシフトしていった。こうした中で，米国の離脱により京都議定書の発効が危ぶまれると，気候変動防止行動を他国に先駆けて実施しつつ，「スターン・レビュー」を公表して気候変動問題が将来の人類に深刻な影響を及ぼす重要な課題であるとの言説を全世界に普及させた。このことが英国の世論を喚起

し，気候変動法の制定や低炭素移行戦略の作成を促して，政府機構改革や持続可能な発展戦略では推進が難しかった多くの部門の政策変更を促すことを可能にした。ドイツは，連邦議会が主導して政府に対して戦略作成と戦略を進展させるための機構の設立を求め，連邦議会自身も2004年に持続可能な発展委員会を設立した。これを受けて社会民主党と緑の党の連立政権は，2001年に持続可能な発展諮問委員会（German Council for Sustainable Development）を設立し，その下に様々な利害関係者の参加を経て2002年に持続可能な発展戦略を作成し，長期の国の発展ビジョンとして国民に公表するとともに，その進捗を21のヘッドライン指標で評価を行って持続可能な発展報告書を4年ごとに公表することにした。さらに実施機関として，首相と11省の副大臣から構成され官房長官が主宰するグリーン内閣，及び各省の課長補佐クラスの官僚から構成される省庁横断型作業グループを設立した。そして2007年にエネルギー・気候変動統合計画を作成し，2008年に進捗報告書を公表して以降，事務次官会議を頻繁に開催し，グリーン内閣の地位を昇格させて各省に進捗報告義務を課すなど，首相が持続可能な発展戦略とそれを推進する機構を活用して，それまで専門特化と独立性の強かった各省に気候変動政策の推進の観点から政策の変更を促している。

　これに対して日本は，環境基本法に基づいた環境省が策定する環境基本計画の枠組みを超えることはできず，議会や首相官房，独立環境諮問委員会といった省庁以外の横断型組織が策定・管轄する持続可能な発展戦略は作成されなかった。第3次環境基本計画では，各省庁の環境配慮の方針や環境行動計画の寄せ集めを超える試みも行われた。すなわち，各省庁だけでなく事業団体・NGOなどから意見聴取を行い，目標として環境・経済・社会的な側面において可能な限り高い質の生活を保障する社会の構築を掲げ，10分野を重点分野に設定して2050年を展望した超長期ビジョンを策定し，6分野に関しては，具体的な数値目標や総合的環境指標を設定して計画や政策の進捗を点検することにした。ところが実際の運営は，「政策調整」プロセスを経て各省庁が自ら策定した環境配慮の方針や環境行動計画をおおむね取り入れたにすぎなかった。第4次環境基本計画でも，環境政策の重視すべき方向として政策領域の統合による持続可能な社会の構築を掲げているものの，その内容は各省庁共通の関心と

なるグリーンイノベーションの推進を前面に押し出し，EPI に関しては，「引き続き分野間の連携を図っていく必要がある」（中央環境審議会総合政策部会，2011：16）と述べるのみで，各省庁の既存の計画や政策の変更を視野に入れているわけではない。

　EPI に対する政治的関与は，気候政策統合に関しては部分的・一時的には強まった。2007年に21世紀環境立国戦略を閣議決定し，2009年には「温室効果ガス排出の2020年までの1990年比25％削減」の中期目標設定など，戦略ビジョンを打ち出して気候変動政策と産業政策・エネルギー政策の統合を推進した。しかし，経済的負担の大きさを理由とした経済界からの反対などにより，議論の中心はいかに国際的に容認可能な方式で温室効果ガス排出削減目標を引き下げるか，及びいかに原子力発電を推進するかとなった。

3　行政文化と慣行

　行政文化と慣行に関しては，行政の政策立案・予算編成における EPI の優先順位，各省庁の環境責任の内部管理，部門横断的に EPI を推進する戦略的機関の存在，上位ないし下位のガバナンスレベルと協力するメカニズムの存在の4つを評価項目に挙げている。

（1）　行政の政策立案・予算編成における EPI の優先順位
　温室効果ガス排出削減に関しては，EU 及び4ヶ国全てが大幅な削減目標を設定している。その上で EU，オランダ，英国，ドイツは，削減目標を効率的に達成する観点から部門ごとの削減目標を設定し，部門政策の変更を促し，可能な範囲で移行に必要な費用を予算化してきた。特に英国は2050年の1990年比80％削減を法的に義務づけるとともに，各省庁に炭素排出枠の遵守と未達成時の外国からの購入を義務づけるなど，他国よりも踏み込んだコミットを行ってきた。

　これに対して日本は，京都議定書目標達成に向けては，各省庁が予算の獲得を前提に自らの管轄の範囲内で実現可能な対策を積み上げることで計画を立案

してきた。このため，個別の技術的対応が中心となり，各省庁の既存の政策の中核に影響を及ぼす対応はほとんどなされなかった。

（2） 各省庁の環境責任の内部管理

　各省庁に環境責任を内部管理させる体制の構築は，環境省を総括責任部門として推進すべく頻繁に政府機構改革を行ったオランダ・英国と，それを行わなかったEU・ドイツ・日本に分けることができる。オランダは，当初環境担当部局は福祉スポーツ省内に設置されていたが，1982年に公共住宅・空間計画省に移管されて住宅・空間計画・環境省となり，2009年の政権交代後に交通・公共事業・水管理省と統合して，インフラ環境省となった。そしてクリーン・効率プログラム（Clean and Efficient Programme）など省庁横断型プログラムで構造物や再生可能エネルギーなどの分野ごとに具体的な政策手段，予算と炭素削減効果，及び担当省庁を記し，担当省庁の責任を明確にしている。

　英国は，1997年に省庁を再編して交通・地域・環境省を設立したが，2001年に狂牛病対策が喫緊の課題となると，環境・食糧・農村省に再編され，気候変動政策を本格化させた2008年にはエネルギー・気候変動省を設立するなど頻繁に政府機構改革を行ってきた。さらに省庁横断型の調整メカニズムを構築して，優先課題に対応しようとしてきた。

　これに対して欧州委員会は気候変動総局の新設，ドイツは経済省の再生可能エネルギー業務の環境省への移管，日本は廃棄物行政と原子力安全規制の環境省への移管のみを行っただけで，政府機構改革は小規模なものであった。

　英国でこのような政府機構改革が行えたのは，省庁設置法が存在せず，内閣が政令で政府機構を改革できるためである。英国は，伝統的にEU加盟国の中で最も強力で効果的な省庁横断型調整システムを持っていた（Wallace, 1997）。その基礎の上に，ブレア政権は水平的省庁横断型調整メカニズムの改善を主要な優先課題に掲げた。そこで既存省庁の機能の強化や改編，議会委員会や省庁横断型機関の新設などを比較的容易に行うことができた。

　これに対してドイツは，省庁が高い専門性と独立性を持ち，首相は担当大臣を通じて間接的に省庁内部を統治する形態を取っている。このため，省庁の頻

繁な再編・統合・新設や，省庁横断型の意思決定の促進は制度的・政治文化的に困難であった。このため，ハイテク戦略と連邦気候変動・エネルギープログラムを除くと，省横断型の戦略はほとんど作成も採用もされず，縦割り行政を前提としたボトムアップの意思決定プロセスを尊重せざるをえなかった。そこでEPIもエネルギーや農業，交通などの部門戦略に大きく依存したものとなった（Wurzel, 2008）。

しかも連邦参議院に議席を持つ州が連符政府から高い独立性を持っている。このため，連邦政府が環境政策の強化を提案しても，州政府の反対により進められなくなることも少なくなかった。2006年の連邦制改革により，州の権限拡大と引き換えに連邦参議院による立法阻止の可能性を減少させたものの，既存の省庁の再編や省庁横断型の機関の新設はEPIの議論の遡上に登ることはなかった。この制度的制約の下でEPIを推進するには，各省庁が当事者意識を持ち，ボトムアップで部門政策に環境への関心を統合するという手法を取らざるをえなかった。そこで政策統合に反対する省庁と，省庁の管轄下にある産業界を説得することが必要となった。

日本では，省庁設置法が縦割り行政を助長してきた。日本国憲法では内閣総理大臣は強大な権力を持っており，第68条で国務大臣の任命と罷免の権限を規定する他，第72条で行政各部の指揮監督権限を規定している。この条文を強く解釈すると，内閣総理大臣は内閣を代表して議案を国会に提出し，各省庁官僚を使って行政事務を実施する権能が与えられていると読むことはできる（飯尾，2007）。ところが内閣法と国家行政組織法では，内閣に行政権が属すと規定しつつも，中央行政機構の基本単位である府と省はそれぞれ主任の大臣によって所轄されるという所轄の原則，すなわち「分担管理原則」を定めている。この「分担管理原則」を強く解釈すると，内閣総理大臣は分担管理大臣として，内閣府の長としての権能しか持たず，各省への指揮監督権を行使することはできない。また閣議も，独自の意思を持つ国務大臣の意思を変更させる上位の権威を持たなかった（新藤，2002）。

しかも長期にわたる自民党政権の継続は，議院内閣制で最も重要な政権選択という意味での総選挙と，政権基盤となる院における首相指名選挙を名目化し，

議院内閣制を脆弱化した。民意の支持に基づいて成立したという強い正当性を持たないために，政策を統合化して社会をどこに導くかを明確にして，トレードオフのある政策の中から選択する権力核を持つことを困難にし，大きな改革の実施に大きな限界をもたらした（飯尾，2007）。

　こうした制度的・政治的制約のために，首相は各省庁に自ら環境配慮の方針や環境行動計画の作成を要求し，それを遵守させる以上のことを行うことは困難であった。

　欧州委員会では，全ての総局（Directorate-General, DG）が環境責任を内部管理する体制を構築しているわけではない。しかし，移動・交通総局（DG Mobility and Transport）が，温室効果ガス排出を2050年までに80％削減するという長期目標の設定を受けて交通部門で60％削減することになったことから，この目標を達成する観点から『交通白書』（中期計画）を作成し，ロードマップと政策を再構築して公表するなど，EU全体の目標を各DGが内部管理する体制を構築しつつある。

（3）　部局横断型 EPI の推進体制

　英国は，部局横断型 EPI の推進体制の構築も同時に積極的に行ってきた。環境閣議を格上げし，副首相を議長に据えた。同時に各省庁の「環境大臣」ネットワークも格上げして環境閣議の副委員会とし，省庁の EPI や持続可能な発展目標の達成に関する年次進捗報告書を作成する責任を負うこととした。

　欧州委員会とドイツは，政府機構改革は小規模ながらも，部局横断型 EPI の推進体制は強化してきた。欧州委員会は，事務総局に規制政策・影響評価課を設置し，インパクトアセスメント委員会の運営事務局を担うなど，事務総局の権限と機能を強化してきた。またドイツも，グリーン内閣などハイレベルの環境意思決定プロセスや省庁横断型の作業グループを構築して，首相の気候変動政策に対するイニシアティブを支援できる機構を整備した。さらに持続可能な発展戦略の進捗を監視し，勧告する独立の委員会を設立するだけでなく，国会も持続可能な発展戦略の進捗を監視する組織を設立し，進捗を後押ししてきた。

対照的にオランダは，首相が部局横断型EPIを推進する体制は構築せず，公衆衛生・環境研究所，経済省，農業漁業省，交通・公共事業・水省，財務省など関係省庁の長で構成されるハイレベルグループ（Rijks Milieuhygienische Commissie）で関係省庁間の調整を行うだけであった。このため，省庁間の協調は進まず，環境省と統合した以外の省は，環境目標を真剣に達成すべき目標とは認識しなかった（Jordan and Schout, 2006）。

日本は，官邸に地球温暖化対策推進本部を設置して，各省庁の地球温暖化対策の進行管理を行うようになった。ところが地球温暖化対策推進本部は，目標達成の観点から各省庁に具体的な政策対応を指示することはなかった。

福島第1原発事故後には，内閣官房の国家戦略室に閣僚級のエネルギー・環境会議といった統合的意思決定を行う政府機構を設置した。しかしエネルギー・環境会議で閣僚がエネルギー基本計画について実質的な議論を行うことはなかった。従前通り，経済産業省の下に設置され，エネルギー政策を否定しない者が半数以上委員に任命される総合エネルギー調査会の意見を聞いた上で資源エネルギー庁が作成し，閣議決定をするという方式（田中，2011）が踏襲された。また原子力政策の根幹も，従前通り経済産業省の下に設置された原子力政策大綱策定会議やその核燃料サイクル小委員会が，エネルギー・環境会議の決定とは独立して審議するなど，必ずしも政府機構の内部での政策の整合性は確保されなかった。このため，閣議決定されたエネルギー戦略に基づいて中央環境審議会が審議するという気候変動政策の意思決定方式も，変わることはなかった。

4 政策設計と決定を支える評価と協議

政策設計と決定を支える評価と協議では，各省庁の政策・プログラム提案の事前環境評価，ステークホルダーとの協議メカニズム，環境情報の利用可能性が評価対象となる。

（1） 政策や法規制の事前環境評価

オランダは，1994年にビジネス影響テスト（B-Test）と環境テスト（E-Test）の実施を義務づけるなど，環境の観点からの政策の事前評価を最も早期に導入した。しかし実際には，ほとんどの省庁はE-Testを実施せず，実質的な効果を持たなかった。

欧州委員会は，環境や持続性の観点からの評価を重視する持続性影響評価と，規制の行政的費用の分析を重視する規制影響評価の両方の要素を持った折衷的なものとして，インパクトアセスメントを導入した。インパクトアセスメントは，カーディフ・プロセスや持続可能な発展戦略の推進への政治的コミットが低下し，政策手法を裁量的政策調整から規制・指令などのEU立法へと回帰させる中で，環境や持続性への関心を規制・指令に統合する手段として重視されるようになった。そこでインパクトアセスメント委員会やインパクトアセスメント支援グループを設立し，ガイドラインを改定して洗練させ，各DGに支援組織を設置しつつ研修を行うなど，関連する部門が積極的に政策形成プロセスに参加して，より合理的で環境に配慮した政策を構築する体制を整備してきた。そしてインパクトアセスメントの初期段階で利害関係者の意見を反映させつつ，科学的根拠を示して計画や政策の合理性・目的整合性を示すという政策設計の手法を制度化した。

英国とドイツの政策の事前評価は，規制影響評価の中で環境や持続性を考慮するものであった。このため，評価の際には，データの収集が容易で分析方法が存在する規制の行政的費用に焦点が当てられ，データや分析方法の整備されていない環境や持続性は必ずしも十分に評価されてこなかった（Achtnicht, Rennings and Hertin, 2009）。ただしドイツは，2009年に規制影響評価の中に持続性影響評価を導入したことにより，例えば環境に悪影響を及ぼす補助金ないし財政支出の影響の事前評価を行うなど，科学的知見に基づいた事前評価結果を公表し，議会や市民団体に知見を提供して，議論を喚起するようになった。これを受けて他省庁も，自らの責任で規制や予算を持続可能性の高いものに変えていこうとしている。

日本でも，総務省が2003年に規制の事前評価制度を法制化し，行政機関に規

制の新設や改廃に伴う費用と便益を事前に評価することを求めた。そして2007年には規制影響分析を義務づけ，2010年度税制改革大綱では租税特別措置などの抜本的な見直しの際に政策評価を厳格に行うようにするなど，政策調整機能を果たす制度を構築してきた（山谷, 2012）。しかしこの改革は規制の行政的費用の検討が主眼であり，環境や持続性に及ぼす影響の評価を義務づけることはなかった。

（2） 利害関係者との協議メカニズム

オランダは，政治的制度的伝統として，あらゆるステークホルダーとの協議と包括的合意形成を重視してきた。そこで第1次国家環境政策計画の作成時から，市民や農業，交通，産業・石油精製，電気・ガス，建築・流通，消費者・小売といったターゲットグループごとに交渉を行い，既存の規制を補完する協定を締結するという包括的合意形成手法を用いて実効性を確保しようとした。1993年の環境政策法ではオランダの政治的制度的伝統に則った包括的合意形成手法を規定し，あらゆる関連する政府の部局，利害関係者，産業と産業団体，非政府組織間の調整が図られることとなった。これを受けて第2次国家環境政策計画は，作成プロセスにターゲットグループを議論に巻き込んで作成された。

ドイツは，政策専門家が環境政策の形成に重要な役割を果たしてきた。1971年に設立された「環境問題専門家委員会（SRU）」は，自然科学的問題分析と社会科学的政策手段に関する議論を踏まえ，審議中のテーマに対して，政府，経済団体，環境団体，議会などに意見を述べ，意見書を公表してきた。しかも制度的に独立性が保障されているために，政府の環境政策提案に対して明確に批判することも可能であった（坪郷, 2011）。

その一方で，伝統的に計画や政策の作成プロセスで利害関係者と協議を行う制度は持っていなかった。このため，他のEU加盟国と比較すると，環境影響評価や情報公開など市民やNGOとの協議を規定する制度の導入は遅れた。しかしEU指令を受けて，戦略的環境アセスメントの立法化や持続可能な発展戦略の作成プロセスで住民との協議が規定されたことを契機に，連邦環境省は住民との協議を制度化し，住民やNGOに環境情報を公表することで環境政策を

押し進めようとした。

　欧州委員会は，制度上，欧州理事会など特定の利害関係者との協議は不可欠であった。その上で，インパクトアセスメントが制度化されたことから，インパクトアセスメントの早期段階で多様な利害関係者が意見表明を行い，協議を行うことが定着していった。

　これに対して日本は，計画・政策策定プロセスで利害関係者との協議メカニズムは法制化されていない。1997年に環境影響評価を法制化した後には，国土交通省が公共事業の構想段階における住民参加手続きガイドラインを作成するなど，公共事業に関しては実施の早期段階で利害関係者との協議を促すようになった。また小泉政権では政策決定プロセスに地方での公聴会（タウンミーティング）が導入されたものの，必ずしも環境や持続可能な発展に関する協議を行い，協議結果を政策提案に反映させるものではなかった。

　福島第1原発事故後のエネルギー戦略の見直し過程では，エネルギー・環境会議は総合エネルギー調査会で決めた選択肢を提示して国民的議論を行い，その結果を踏まえて「革新的エネルギー・環境戦略」を策定するなど，政策決定にいたる協議メカニズムに変化が見られた。ところが，こうした協議を経て作成された「革新的エネルギー・環境戦略」は閣議決定されなかった。

5　統合的環境政策手段の活用

　統合的環境政策手段を最も早期に導入したのはオランダであった。1987年に戦略的環境アセスメントを法制化し，計画やプログラムの事前評価を，住民の参加や環境担当機関との相談などの方法を通して，開かれた形で，また一定の手順を踏んで実施する慣例を確立してきた。これは後にEU指令となり，全ての加盟国が国内法を整備することになった。さらに空間計画と環境政策の統合も積極的に推進し，1993年の第4次国土政策文書補正版でABC立地政策を導入した。その一方で，経済的手段はあまり導入せず，導入を検討してきた対距離課金は1990年代から数度にわたり国会審議にかけられながら導入には至っていない。

EUは当初,環境マネジメント・監査要綱や統合的製品政策通達等の統合的環境管理を自発的に促す政策手段を,拘束力のない形態で導入していった。また指令も,修正環境影響評価指令や戦略的環境アセスメント指令等,開発政策を環境政策に統合化する手続き的手段が中心であった。ところが,気候変動政策を強化するにつれて,重量貨物車両課金指令の導入・改定や排出枠取引制度の導入といった,EU域内に関わる経済的手段の導入を進めてきた。

ドイツは,エネルギー部門で集中的に統合的環境政策手段を導入した。すなわち,鉱油税率引き上げ・電力税導入・社会保険料引き下げをパッケージとしたエコロジー税制改革,再生可能エネルギーの固定価格買取制度の導入・改良,熱電併給所からのプレミアム価格での買取制度の導入を相次いで実施した。

これに対して英国は,統合的環境政策手段をあまり迅速には導入してこなかった。1997年に「環境税導入意向声明」を公表し,環境税導入に向けた包括的戦略を作成した。しかし,気候変動税（climate change levy）を導入したのは,環境・交通・地域省が財務省に圧力をかけた後の,2001年のことであった。また再生可能エネルギー政策も,2002年までは競争入札制を実施しており,固定価格買取制度を導入したのは,EUの再生可能エネルギー利用促進指令を受けて,2020年15％の再生可能エネルギー供給割合目標を達成する戦略を作成した後のことであった。

日本は,石炭・石油税の創設・税率引き上げや自動車諸税のグリーン化などの経済的手段は導入してきたものの,税率は低く設定された。むしろ環境保全型の技術や商品の販売促進を目的とした減免税や補助金を前面に打ち出すなど,政策の変更ではなく政府支出の増加で対策を推進してきた。2009年の政権交代後には,2020年までの温室効果ガス排出25％削減目標を実現すべく,地球温暖化対策基本法案を閣議決定し,排出枠取引と炭素税の導入を目指した。しかし法案は成立させることができず,排出枠取引の導入も断念した。炭素税の導入や再生可能エネルギーの固定価格買取制度が法制化されたのは,東日本大震災・福島第1原発事故後のことであった。

6 モニタリングと経験学習

　オランダは，中間組織を活用するなどの改善を行うことで，目標遵守を確保しようとしてきた。ところがこの方式はあまりうまく機能しなかった。そこで，ターゲットグループを計画策定の議論に参加させ，NOVEM（Netherlands Agency for Energy and the Environment，オランダエネルギー・環境庁）のような政府とターゲットグループの間を仲介する中間組織が，長期環境自主協定の進行管理及びモニタリングに重要な役割を果たすことで，その合意内容を遵守させ，国家環境政策計画を達成しようとした。

　EU は当初，カーディフ・プロセスを通じて加盟国に進捗報告書を毎年に提出させることで，その政策の体系的な評価と戦略の更新を促そうとしてきた。ところがリスボン戦略導入後は，加盟国からの報告書は提出されなくなった。そこで EEA が EU 全域の環境汚染や悪化の状況のモニタリングを行って公表することで，EU や加盟国に政策強化を促している。他方 EU 自身の計画・戦略に関しては，交通部門では，白書（中期計画）の中間レビューを行い，その結果を政策の変更や次期白書に反映させている。

　英国は，2005年に環境容量の枠内での生計と公正な社会の達成を目的とした新たな持続可能な発展戦略 "Securing the Future" を公表し，これを実現する観点から政府機構・機能の再構築と省庁に対する政策提言を活発化した。そして下院環境監査委員会は，会計検査院の支援と省庁職員への直接アクセス権限の付与を受けて，下院の調査権限を活用して政府の低炭素移行計画を検証し，エコラベルを通じた持続可能な消費の実現や航空分野の炭素抑制策，森林での炭素吸収など，既存政策で欠けている政策や炭素排出枠の設定方法などについて，科学的及び事実に基づいて，政策の事前環境評価を行った上で提起するようになった。また持続可能な発展委員会も，下院環境監査委員会からの政策や予算計画に関する調査を受けて，科学的知見や事実に基づいた知見を報告書として提供し，政策や予算の実現に協力するようになった。そして政府活動による環境負荷や持続可能な公共調達の指数を設定してその結果を経年別及び省庁

別に公表し、その改善方法を提案することで、各省の排出上限の遵守と排出削減、自然資源の合理的利用による消費削減、財政赤字の拡大防止などを促してきたのであった。

この結果、各省に設定されたリサイクル目標と再生可能エネルギー目標は達成された。しかし炭素排出は民営化された部門を持つ国防省を除くと増加し、水消費量も2010年の削減目標を達成する水準までは減少しなかった（Sustainable Development Commission, 2007）。また低炭素技術への投資や、職場におけるグリーンな技能の発展を目的とした公共調達改革もあまり進展していない（Environmental Audit Committee, 2009a）。また世界同時不況の中で打ち出された財政面での景気刺激パッケージも、必ずしも環境面を十分に考慮したものとはならなかった（Environmental Audit Committee, 2009b）。

ドイツは、持続可能な発展戦略の進捗を21のヘッドライン指標で評価し、その結果を積極的に市民に公表することで市民の関心を高めてきた。同時に、事務次官会議がレビューを行うことで、環境や気候変動政策の目標を各省庁の政策に反映させようとしてきた。またエネルギー削減や再生可能エネルギー拡大などの個別分野の目標も、中立的な研究機関がロードマップに沿って進捗評価を定量的に行っている（梶山・歌川・田中、2011）。

ただしこのヘッドライン指標は、必ずしも科学的な知見を踏まえて体系的な指標が選択されたわけではなかった。指標の選択には市民も参加したものの、結果的には改善は困難ではあっても各省の政策を正当化するものや、改善の見込みが高く市民から批判を受けにくいものが選択された（坪郷、2009）。

これに対して日本では、各省庁が自ら行う政策評価が中心であった。しかも実際の政策活用の議論の中で単なる行政の現場における業務活動の業績評価に変容したため、政策評価の本来の機能である政策調整や評価を通じた学習は弱められた（山谷、2012）。環境基本計画の年次進捗報告書の結果や提言は各省庁の自主的点検の結果に基づいて行われ、各省庁の計画や政策の中核に影響を及ぼすことはなかった。気候変動政策に関しては、各省庁だけでなく、官邸に設置された地球温暖化対策推進本部も点検しているものの、点検結果に基づいた具体的な提言や勧告は必ずしも行われているわけではない。このため、各省庁

が次年度概算要求の根拠として活用するなどのメリットがない限り，進捗を阻害している政策や計画を特定し変更を求める根拠として点検結果が活用されることはなかった。

7　国際比較から得られた知見

上記の検討結果は，表2-1のようにまとめることができる。この表から，オランダ・EU・英国・ドイツのEPIを次のように整理することができる。

第1に，戦略ビジョンは，環境保全を焦点とした環境政策計画から，経済・社会の持続性も含めた持続可能な発展戦略へと深化してきた。また同時に，環境省が管轄ないし官邸が省庁間の調整を行うものから，英国やドイツのように首相が特定の環境上の課題を克服するための手段として活用するものへと変化してきた。

第2に，政府機構改革に関して，当初オランダや英国が行った環境省を総括責任部門とする省庁融合は，必ずしも統合的環境政策手段の導入を促したわけではなかった。英国でもドイツのように首相及び官邸を総括責任部門として推進する方式を取り入れて以降，統合的環境政策手段の導入・改善が進展するようになった。

第3に，政策・計画・法規制の事前評価は，次第に制度として定着してきた。しかし，必ずしも環境や持続性の観点からの評価のみが行われるわけでなく，むしろ政策の導入に伴う経済的費用を抑制する観点からの評価の方が積極的に行われている。

第4に，多様な利害関係者との協議メカニズムは，程度の差こそあれ，戦略的環境アセスメントの法制化や持続可能な発展戦略の作成を通じて次第に制度化されてきた。

第5に，統合的環境政策手段のうち，自発的な取組みを促す手段や戦略的環境アセスメントのような手続き手段は，EU指令の影響もあり，多くの国で導入された。他方，最もEPIを推進する政策手段として期待されていた環境税などの経済的手段は，必ずしも多くの種類のものが国主導で導入されてきたわ

第 2 章　EPI の国際比較分析 (1)：EEA チェックリストに基づいた検討

表 2-1　欧州環境庁チェックリストによる EPI の評価の要約

	オランダ	E U	英国	ドイツ	日本
政治的関与と戦略ビジョン	✓✓	✓✓✓	✓✓	✓✓✓	✓
憲法規定		✓		✓	
持続可能な発展戦略	(✓)	✓	✓	✓	(✓)
政治的リーダーシップ	(✓)	✓	✓	✓	(✓)
行政文化と慣行	✓	✓✓	✓✓	✓✓	✓
行政活動における優先順位		(✓)	(✓)	(✓)	(✓)
各省庁の環境責任の管理	✓	(✓)	(✓)	(✓)	(✓)
部門横断型取組みの司令塔		✓	✓	✓	
政策設計と決定を支える評価と協議	✓	✓✓✓	✓	✓✓	
事前環境評価	(✓)	✓	✓	✓	
多様な利害関係者との事前協議メカニズム	✓	✓	✓	✓	(✓)
統合的環境政策手段	✓✓	✓✓✓	✓✓✓	✓✓✓	✓✓
経済的手段		(✓)	✓	✓	(✓)
戦略的環境アセスメント	✓	✓	✓	✓	
環境マネジメント手段	✓	✓	✓	✓	
モニタリングと政策学習		✓	✓	✓✓	(✓)

（注）（　）は部分的，ないし政権によって異なることを表す。
（出所）　筆者作成。

けではなかった。

　第 6 に，環境政策計画や持続可能な発展戦略などで設定された指標のモニタリングは，各国とも行っている。ところがモニタリング結果に基づいて計画や政策手段の見直しを行っているのは，EU の交通政策やドイツの再生可能エネルギー普及政策など政権が特に高い関心を持っている一部の分野に限定されている。

　こうした欧州の進展と比較すると，日本は，統合的環境政策手段の導入に関しては，程度の差こそあれ進展させてきていると評価することはできる。また政府機構改革はほとんど行わなかったものの，地球温暖化対策に対する政治的関与が高まった際には，各省庁は優先順位を上げて予算獲得を目指し，温室効果ガス排出削減状況をチェックしながら京都議定書目標の達成の施策を強化するなどの対応をしてきた。しかし首相や官邸，議会が環境省以外の省庁に環境

保全責任を負わせ，設定した環境目標の達成を義務づけ，部門横断型の取組みを促すような政府機構を構築することはできなかった。また，「目標と結果による管理」を運用することもなかった。しかも計画・政策・法規制の事前環境評価も，多様な利害関係者との協議メカニズムも，EPIを推進するものとしては制度化されなかった。この結果，各部門の政策決定方式は，各省庁が環境や持続性への懸念をほとんど考慮せずに決定する従前の方式を継続しており，EPIに向けた取組みは，環境や持続性の観点から部門政策の中核を変更することにはならなかった。

8　EEAチェックリストを用いた国際比較からの知見

　本章は，EEAのチェックリストを用いて，オランダ・EU・英国・ドイツ・日本のEPIの進展を評価した。この結果，以下の3点の知見を得た。

　第1に，欧州では政治的関与と戦略ビジョンを明確にし，首相及び官邸を総括責任部門とする政府機構改革を行ってきたのに対し，日本では政治的関与は一時的で，必ずしも首相や官邸が各省庁の環境保全に対する責任を強化するように政府機構を改革したわけではなかった。

　第2に，計画や政策を環境や持続性の観点から設計できるようにする事前環境評価や多様な利害関係者との協議は，欧州で導入されている国でも必ずしも環境や持続性の観点から十分に検討されているわけではないが，日本は導入そのものに対する反対が大きく，導入に至っていない。

　第3に，統合的環境政策手段は，欧州も日本も導入されてきているものの，その内容，程度，国民の受容度，環境改善や気候変動防止への効果は同一ではない。

注
(1)　2005年には首相が議長となることで，政治的立場はさらに強化された。
(2)　実質的な議論を行ったのは，総合エネルギー調査会の下に設置された基本問題委員会である。
(3)　NOVEMは他の組織と統合し，経済省の部局NL Agencyとなった（2010年2月現

第2章　EPIの国際比較分析（1）：EEAチェックリストに基づいた検討

在）。

参考文献

飯尾潤『日本の統治構造――官僚内閣制から議会内閣制へ』中公新書，2007年。
梶山恵司・歌川学・田中信一郎「エネルギー消費削減の可能性とリアリティ」植田和弘・梶山恵司編『国民のためのエネルギー原論』日本経済新聞社，2011年，137-164頁。
新藤宗幸『技術官僚――その権力と病理』岩波新書，2002年。
田中信一郎「エネルギー行政をいかに改革するか」植田和弘・梶山恵司編『国民のためのエネルギー原論』日本経済新聞社，2011年，273-302頁。
中央環境審議会総合政策部会『第四次環境基本計画策定に向けた考え方（計画策定に向けた中間とりまとめ）』2011年（http：//www.env.go.jp/press/file－view.php?serial＝18122&hou－id＝14110　2012年9月21日アクセス）。
坪郷實「ドイツにおける環境ガバナンスと統合的環境政策」足立幸男編『持続可能な未来のための民主主義』ミネルヴァ書房，2009年，127-146頁。
坪郷實「ドイツにおける環境ガバナンスと統合的環境政策」長峰純一編『比較環境ガバナンス――政策形成と制度改革の方向性』ミネルヴァ書房，2011年，214-238頁。
山谷清志『政策評価』ミネルヴァ書房，2012年。
Achtnicht, Maryin, Klaus Rennings and Julia Hertin, 2009, "Experiences with integrated impact assessment: Empirical evidence from a survey in three European member states," *Environmental Policy and Governance*, Vol. 19: 321-335.
Environmental Audit Committee, 2009a, *Greening Government: Six Report of Session 2008-09. HC503*, London: The Stationary Office Limited.
Environmental Audit Committee, 2009b, *Pre-Budget Report 2008: Green Fiscal Policy in a Recession: Third Report of Session 2008-09. HC202*, London: The Stationary Office Limited.
Jacob, Klaus, Axel Volkery and Andrea Lenschow, 2008, "Instruments for environmental policy integration in 30 OECD countries," in Jordan, Andrew J. and Andrea Lenschow (eds.), *Innovation in Environmental Policy? Integrating the Environment for Sustainability*, Cheltenham：Edward Elgar, 24-45.
Jordan, Andrew J. and Adriaan Schout, 2006, *The Coordination of the European Union: Exploring the Capacities of Networked Governance*, Oxford: Oxford University Press.
Lafferty, William M., 2004, "From environmental protection to sustainable development: The challenge of decoupling through sectoral integration," in Lafferty, William M. (ed.), *Governance for Sustainable Development: The Challenge of Adapting Form to Function*, Cheltenham: Edward Elgar, 191-220.
Sustainable Development Commission, 2007, *Sustainable Development in Government 2007*, London: Sustainable Development Commission.
Wallace, H., 1997, "At odds with Europe," *Political Studies*, Vol. 45: 677-688.
Wurzel, Rüdiger K., 2008, "Germany," in Jordan, Andrew J. and Andrea Lenschow

(eds.), *Innovation in Environmental Policy? Integrating the Environment for Sustainability*, Cheltenham： Edward Elgar, 180-201.

〔森　晶寿〕

第 3 章
EPI の国際比較分析 (2)：各国の EPI の進展

1 史的展開の検討の重要性

　第2章では，オランダ，EU，英国，ドイツ，日本の EPI の進展を EEA のチェックリストを用いて比較検討を行い，共通して導入した，あるいは導入が進展しない EPI 推進手段や，各国の間で実施に大きな相違の見られる手段の存在など，いくつかの示唆を得た。

　ところが，各国は必ずしも同じ経路をたどって EPI を進展・深化させてきたわけではない。オランダのように1980年代後半から EPI 推進手段を導入し，それを EU の共通政策にすべく働きかけてきた国もあれば，英国やドイツのように一時期までは EU 指令・規制を遵守するために EPI 推進手段を導入させられてきた国も存在する。また日本は，EU の動向を学習し，部分的には取り入れてきたとはいえ，EU 指令・規制を遵守する義務を負っているわけではない。

　また国により，EPI を実現可能な形で推進する際に直面する政治的・経済的・制度的制約も異なる。第2章で述べたように，省庁の再編・融合に対する制度的制約の大きい国では，EPI を進展させるには別の手段を用いるか，手段を独自に深化させる必要がある。そしてこのことが，EPI 推進手段を洗練させ，EPI の進展・深化を促す可能性もある。他方で EPI の効果的な実施に社会の認識枠組みの変化を必要とする国では，時間をかけてコンセンサスを形成していく必要がある（Sgobbi, 2010）。

　そこで本章では，第2章で取り上げたオランダ，EU，英国，ドイツ，日本の EPI を対象に，なぜ各国の EPI の内容及び進展が大きく異なっているのか，

そしてその相違が経済・社会状況や政策統合すべき環境・持続性問題の焦点の変化とともにどのように変化していったのかを，各国のEPIの史的展開を検討し，その政治的・経済的・制度的文脈を分析することで明らかにする。

2　オランダ：社会的認識枠組みの変化の追求

（1）　EPIの推進力

オランダは，国土の多くが海抜ゼロメートル以下にあり，13世紀ごろから海や川による洪水から土地を守るために堤防を築き，農業のために開墾を行ってきた。このため，歴史的に空間の効率的な配分と水管理に対する政府・国民の関心が高かった。都市拡張が模索された時期においても，国・州・自治体のそれぞれのレベルで長期的視野に立った空間計画を作成し，それに基づいて住宅の整備を行い，都市の成長を管理してきた（角橋，2009）。

そして小国ゆえの交渉力の小ささを克服するとともに，近隣諸国からの悪影響を最小化するために，国内で実施してきた先進的な環境政策ないしEPIの推進方式を積極的にEUに売り込んできた（Jordan and Schout, 2006）。

（2）　EPIの特徴

オランダのEPIは，省庁融合，目標と結果による管理，包括的合意形成手法，ターゲットグループ・アプローチに特徴を持つ（Lafferty, 2004）。省庁融合とは，1つの省の中に複数の部門の責任を混ぜ合わせる組織形態にすることで，「象徴的な」相互作用を起こすことを目指すもので，住宅・国土計画・環境省（VROM），農業・自然管理・漁業省，交通・公共事業・水管理省（VenW）が挙げられる。そして各プログラムも各省の環境目標と達成期限を明記して作成されるようになった。

オランダは目標と結果による管理を，国家環境政策計画の中で推進してきた。1989年に国会承認を受けた第1次国家環境政策計画では，住宅・国土計画・環境省が中心となって目標と達成期限（1995年ないし2000年）を決めた。ところが，達成手段を明確にせずに目標を形成したことや，交渉過程で目標や要件を

引き下げたために,必ずしも望ましい結果を得たわけではなかった (Lundqvist, 2004)。そこで93年環境政策法でオランダの政治的制度的伝統に則った包括的合意形成手法を規定し,あらゆる関連する政府の部局,利害関係者,産業と産業団体,非政府組織間の調整を図ることとした。そして第2次国家環境政策計画では,作成プロセスでの議論にターゲットグループを巻き込み,各省やターゲットグループに責務と説明責任を持たせることで,執行の実効性を高めようとした。

さらに地方分権を進め,より低いレベルの行政区分に権限を委譲している。オランダの政策形成は,コンセンサスに基づく民主主義と呼ばれ,政策形成に当たって,国家行政は州や地方自治体だけに助言するだけでなく利益団体もまた,インフォーマルに政策形成過程に取り込まれるようになっている。コンセンサスに基づく民主主義は,地方分権と相まって特に地域レベルの政策統合を補強している。高いレベルの組織・政府は明確な決定は避け,地方に決定を委ねるようにしている。(1)

例えば現在の水管理政策では,中央政府,省,地方自治体,水管理委員会の4つが水管理について責任があり,国全体の調整は交通・公共事業・水管理省の担当である。公共事業・水管理総局はこの省の一部であるが,大規模河川,運河,沿岸水域,河口の水管理に責任があり,住宅・国土計画・環境省は,国土計画と環境政策を調整する。水管理は国土計画に影響をもたらすため,この調整は水管理に影響をもたらす。地域レベルでは,12の州が水管理と国土計画に重要な役割を担う。どちらの政策においても,国家政策を水管理委員会の政策に移す責任がある。水管理委員会は地域において比較的大きな行政組織であり,27の水管理委員会が地域の水管理を担当している。この水管理委員会は水の量も質も両方の問題を扱い,地方自治体は都市部の水管理に重要な役割を担っている。同時に地方自治体は空間計画に重大な役割も行っているが,行政間の役割と職務の複雑な区分のため,多くのプロジェクトに協働して取り組まざるをえないようになっている。

その上で2007年に *Climate Policy integration in relation to Water Vision 2007* を公表し,水管理政策への気候変動政策の統合を目指すようになった。

そして政策手段として National Water Agreement（NWA），Water Test，Area-based Policy を用いて統合を推進している。NWA は中央政府，州，自治体，水管理委員会間の合意であり，2015年までの水管理の主な問題を解決する目的で2003年に締結されている。これは協定であり法的拘束力はないが，気候変動への対応がこの合意の主要な動機となっている。Water Test は空間計画に水管理を補強するための重要な政策であり，水管理の観点が中央政府，州，自治体の空間計画とプロジェクトにおいて考慮されるようになっている。Area-based Policy は，実際には政策手段ではないが，これまでオランダの環境，国土と地方政策に展開されてきた政策形成と実行に対するアプローチである。これは，国家レベルでは欠如していた部門の政策統合が地域レベルでは取り組まれたことを意味し，国家は一般的な政策を一方的に押し付けるのではなく，地域，地方当局，利益団体，経済団体，市民と交渉して政策内容を決定する。

（3）　気候変動政策における政策統合

①京都議定書目標達成計画

オランダは，京都議定書における目標値として2012年までに1990年比で6％の排出削減を掲げ，目標達成計画として，気候政策実行計画（Climate Policy Implementation Plan）を策定した（VROM, 1999）。

国内政策は，基本パッケージ（Basic Package），予備パッケージ（Reserve Package），革新パッケージ（Innovation Package）の3つから構成される。基本パッケージはすぐに行うことができる政策で，2010年時点（2008年から2012年の中間年）で削減しなくてはならない排出量5000万（二酸化炭素換算）トンの半分の削減を見込んでいた。

基本パッケージは，全てのターゲットグループからの削減を期待するものである。計画書での優先分野は交通部門である。交通部門の排出は1990～97年に17％増大し，2010年には1990年比で30％増加すると予測する。そして二酸化炭素排出の主な要因は自動車交通であることから，燃費のよい車の購入を促す燃費水準に応じた自動車購入税の導入，ロードプライシング，自動車から公共交

通へ移行するための税制政策，速度管理，タイヤ空気圧の適正化などが計画された。次の分野は，家計や企業における省エネ対策，再生可能エネルギー，石炭火力発電所の対策，森林蓄積である。省エネでは，特にエネルギー集約型産業の省エネ政策，家電製品の省エネ対策，園芸・農業部門での削減政策，建物の省エネなど多岐にわたり，その手段もエネルギー規制税の適用，自主協定など多様である。二酸化炭素以外の温室効果ガスであるメタン，窒素酸化物，フロンなどについては，2010年までに減少することが予測されていたが，自動車の触媒からの窒素酸化物の排出削減，アルミニウム生産からのフロンの削減など個別具体的な産業をターゲットとした削減政策が計画された。

予備パッケージは，基本パッケージによって望ましい結果が得られなかった場合のセーフティネットとして計画されたものである。そして革新パッケージは，将来に対する長期戦略に目を向けたものであり，新技術や新しい政策手段である。新技術はこれまでのような伝統的な再生可能エネルギー源とともに，全ライフサイクルで温室効果ガスをほとんど排出しない，新しい気候中立的エネルギーキャリアの発展を促すような政策を示している。

②クリーン・効率プログラム（Clean and Efficient Programme）

2007年にEUが2020年までに温室効果ガス排出量を1990年比20％削減することを法的拘束力のある目標として設定したことを受けて，オランダは，住宅・国土計画・環境省を含む6つの省が共同で *The Clean and Efficient Programme: New Energy for Climate Policy* を作成した。この白書では，2020年までの温室効果ガス排出の30％削減，2020年までの再生可能エネルギーの割合の20％への引き上げ，今後数年間でのエネルギー効率の改善割合の1％から2％の引き上げ，持続可能なエネルギー構築の4項目を主要目標に掲げた。そして，この目標を達成するための経済的手段，規範，補助，技術改革，気候外交などの手段を示した上で，政策を実施した場合の効果と，しなかった場合の排出量の推移をシミュレーション分析を行って国民に提示した。

3　欧州連合（EU）：加盟国間の政策調整と合意形成

　EUは超国家的地域統合体として，国横断型の性格を持つ問題に対応する指令や規制を制定し，それを直接執行する，あるいは加盟国に法制化を促して執行を推進してきた。しかし第5次環境行動計画の作成，マーストリヒト条約の締結，アムステルダム条約の締結を経てEPIの強化が法的拘束力を持つようになると，経済的手段や環境予算，戦略的環境アセスメント，環境面からの政策評価などの法規制以外の政策手段を活用し，また加盟国に対しても裁量的政策調整（open method of coordination）手法を用いてEPIを推進するようになった。[2]

（1）　EPIの進展及び推進力

　EUにおけるEPIの展開と変容には，いくつかの重要な推進力が存在した。第1は，欧州統合である。1987年の単一欧州議定書で単一欧州市場と欧州政治協力を正式に設立し，環境に関する章にEPIの実施を組み込んだ。ところが，EPIを実施する正式なメカニズムは構築されなかった。そこで92年の第5次環境行動計画で，農業・エネルギー・産業・観光・交通の5つの部門でのEPIの推進を明記し，汚染物質削減の中長期的目標を掲げるとともに，適切な政策手段に関する提言を行った。これを受けて93年のマーストリヒト条約は，汚染者負担原則，予防原則，発生源における改善原則を規定し，環境保護の要件がEUの他の政策領域の構成要素となることを明記した。

　第2の推進力は，スウェーデン・オーストリア・フィンランドというEPIの主導国のEU加盟である。これらの新規加盟国は，環境保全の部門業務やEU機関の日常業務の中への統合化や，農業・エネルギー・交通などの部門での環境目標を組み込んだ戦略の採用とその進捗の報告を要求した。こうした動きを受けて，1997年に締結されたアムステルダム条約の第6条で，持続可能の発展の促進の観点からの環境保護の要求を，欧州委員会の政策の形成と実施に統合することを法的義務として明記した。そして英国がEU議長国を務めた

1998年の欧州委員会理事会で，EU の全ての政策領域に環境の視点を組み込むことを決定するとともに，カーディフ・プロセス（Cardiff process）を採択した。

第3の推進力は，リスボン戦略の開始である。リスボン戦略は，政治的な優先順位を持続可能な発展から国際競争力強化による持続的な経済成長と雇用増加・社会連帯といった「古典的」な課題にシフトさせた。この結果，リスボン戦略の進捗を図る指標には環境面では炭素排出量しか含まれないなど，環境持続性の確保への推進力を失った。(3) そこで欧州委員会環境総局は，EPI 推進の手段として，持続可能な発展戦略，第6次環境行動計画，及び規制の合理化に重点を置くようになった。

（2） EPI の内容

EU は，EPI の進展にも市場統合と同じ手法を用いた。1つは，共同決定手続きなどにより，規制・指令などの EU 立法を採択して加盟国で統一的な法整備を図り，欧州司法裁判所や国内裁判所で遵守の確保を図る手法である。マーストリヒト条約で適切なレベルの政府が適切な行動を行う補完性原則が承認されたことで，欧州委員会は国横断型の問題に対する立法権限が原則として認められた。さらにアムステルダム条約では，環境政策分野での加盟国の影響力を限定し，欧州委員会に制度設計の権限が付与された（坪郷，2009）。そこで第1～4次環境行動計画では，この手法を用いて200以上の法律を導入し（Connelly and Smith, 2003），予防原則の観点から化学物質の登録・評価・認可・制限に関する規則（REACH）を採択し，指令を通じて加盟国に環境影響評価及び戦略的環境アセスメントの法制化や，電力供給に占める再生可能エネルギーの割合目標の設定を要求した。

ところが補完性原則は，加盟国に，行動をしないことを正当化する根拠と，EU 指令の執行に対する裁量の余地を与えた。そこで多くの加盟国は，EU 指令以外の環境法規制を強化し，制定した法規制の執行を厳格に行う誘因を持たなかった。この結果，EU 指令の実効性は低下し，EU はより拘束力の弱い枠組み指令や勧告に依存せざるをえなくなった（Connelly and Smith, 2003）。

そこで，加盟国に法制化を強制せず，結果に対する制裁を行わない裁量的政策調整を多く用いるようになった。この手法を最初に用いたのが，カーディフ・プロセスであった。これは，各加盟国に環境への関心を統合した部門戦略の作成と進捗報告を求め，その作成・点検・目標設定の実施責任を欧州委員会環境総局から欧州理事会（European Council），欧州議会，及び欧州連合閣僚会議（Councils of Ministers）に移すことで，各閣僚に部門改革の責任を負わせるようにするものであった（Jacob, Volkery and Lenschow, 2008）。そして2001年のヨーテボリ首脳会議で持続可能な発展戦略の導入を採択し，持続的でない趨勢に取り組むための目標と政策手段の導入と，EUの経済・社会・環境政策を互いに強化する政策形成のアプローチの採用を要求した。さらに欧州委員会に対して新たな政策提案へのインパクトアセスメントの実施を義務づけた。

（3）　EPI推進手段の立て直し

　ところがカーディフ・プロセスは，欧州委員会の中でも環境総局以外には本質的な変化をもたらさなかった。このため，環境総局すら2004年にはカーディフ・プロセスへの言及をやめざるをえなくなった。欧州議会は，カーディフ・プロセスにもリスボン・プロセスにも部分的にしか関与してこなかった。また欧州理事会は，議長国が主導性を発揮した時には積極的に関与したものの，議長の任期は半年間のため，継続的に関与し続けることは事実上困難であった。そこで欧州委員会の各部門総局も自らの政策を所与とし，EPI推進に必要な本質的な改革を何も行わなかった。加盟国もカーディフ・プロセスを欧州理事会に提出する年次報告書に環境を加筆するものとしか認識せず，市民に公開されてその進展に関する議論が喚起されるわけでもなかった（CEC, 2003）。このため，誰も進展の結果に関心を示さず，部門政策の本質的な改革はほとんどなされなかった。

　さらに2001年のEUの東方拡大とリスボン・プロセスの開始は，カーディフ・プロセスへの関心を低下させた。そこで2002年末には，欧州委員会の各部局は新たな部門戦略の作成も既存の戦略の更新も行わなくなった（Jordan and Schout, 2006）。

2002年に採択された第6次環境行動計画では、新たな法律や規制の制定ではなく、加盟国の当事者意識を高めて既存の政策の執行を強化することに重点が置かれた。また、産業界と消費者への情報提供と参加促進による持続可能な生産・消費パターンの確立、ないし市場のグリーン化を戦略的アプローチに据え、同時に科学的知見と政策の経済的側面の評価、政策の事前・事後評価による政策プロセスの改善を進めることで、経済成長と資源消費拡大の切り離し（デカップリング）を政策原則として実現しようとした。しかし新たな目標値と目標達成期限の設定はなく、他の総局からは政策の引き下げ圧力を受けたために、行動計画の公表も遅れた。

　この事態を受けて、EUは持続可能な発展戦略の改定に着手し、長期目標、明確な目的、効果的なモニタリングメカニズム、補完的行動と政策の間の相乗効果の向上、域内及び域外側面の統合を盛り込むことにした（CEC, 2005）。そして2006年に改定した持続可能な発展戦略では、政策間の相乗効果を発揮できる分野に焦点を絞り、政策の整合性を高める手段として、社会・環境・経済の側面をバランスよく評価し、EU域外への影響及び不作為の費用を考慮した政策の事前評価や政策影響の事後評価、市民・利害関係者の参加を組み込んだ（European Council, 2006）。その上で、加盟国に持続可能な発展戦略の作成とその2年ごとの指標を用いたレビューの実施を促した。

　ところが2006年改定の持続可能な発展戦略も、環境に悪影響を及ぼす補助金には言及せず、新たな目標値と達成期限の設定を落とすなど、部門政策間の調整を行った上で作成されたものではなかった。またカーディフ・プロセスやリスボン戦略、第6次環境行動計画など、他のEUのプログラムとの調整も十分には行われなかった（Jordan, Schout and Unfried, 2008）。

　そこで気候変動及びエネルギー部門では、野心的な目標を共同決定手続きに基づいて設定し、規制や指令を改定する方式へと再度転換することでEPIを進捗させてきた。2007年に気候エネルギーパッケージを採択し、2020年までに温室効果ガス排出量を1990年比で20%削減する目標を設定し、国連気候変動枠組み条約第15回締約国会議で包括的な国際合意が締結されることを条件に、削減目標を30%に引き上げることを宣言した。この目標を達成するために、EU

排出枠取引指令を改定して航空機を対象に加え，炭素吸収貯留（CCS）指令を導入し，再生可能エネルギー源指令を改定してエネルギー源に占める再生可能エネルギーの割合を20％に引き上げる目標を設定した。またエネルギー効率性パッケージを導入して，エコデザイン指令の適用範囲のエネルギー関連製品への拡大や，欧州地域開発基金による資金支援の住宅部門への拡大を後押しした。さらに，バイオ燃料に持続性基準を設定した上で，交通燃料に占める再生可能エネルギー割合目標を2020年までに10％へと引き上げた。

4　英国：ガバナンス様式の転換

（1）　EPIの推進要因

　英国は，1990年代中葉までは環境政策の後進国であった。設置された環境局の政治的地位や権限は弱く，職務は地方政府の再編や都市政策，住宅政策に限定されていた。環境汚染政策は産業界と関連する省庁の間での協調と個別交渉によって決定され，特にサッチャー政権下の規制緩和重視政策の中では優先順位も低かった。

　欧州委員会からの外圧が，こうした状況を変える最初の契機となった。欧州委員会指令を受けて1990年に環境保護法を制定し，91年に欧州委員会が欧州の共通汚染管理政策として推進していた統合的汚染管理（integrated pollution control）を導入した。また，包括的で全省庁承認の省庁横断型の国家環境計画を作成し，環境政策での省庁間協調を追求する機構としての環境閣議（Environment Cabinet Committee）と各省庁内の環境問題に責任を負う「環境大臣」を各省庁に設置し，国家環境計画の点検と目標修正を行うプロセスを導入した。さらに環境面からの評価を政策決定の前に行う省庁横断型の手続き（政策の事前環境評価，environmental policy appraisal）や，環境税の導入による環境歳入の増加に着手した。1990年代までに英国が制定した環境法制のうち80％は，欧州委員会指令を国内法としたものであった（Russel and Jordan, 2008）。

　第2の契機は，国連環境開発会議以降の環境に関する一連の国際会議であった。英国はこれらの国際会議で主導力を発揮するために，国連持続可能な発展

委員会(CSD)が機能を発揮できるようにG7や欧州連合を説得するとともに,いち早く持続可能な発展戦略を作成した。そしてその作成過程で,省庁や地方政府,非政府組織,産業界などを招聘するなど,初めて参加型プロセスを導入した。

第3の契機は,1997年の総選挙でのブレア労働党政権の誕生である。ブレア政権は,より統合的で事実に基づいた政策形成を目指したが,この方針がEPIを大きく前進させた。政府機構を改革し,既存機関の強化・再編と新設機関の設立を行った。既存機関の強化では,環境閣議を格上げし,副首相を議長に据えた。同時に各省庁の「環境大臣」ネットワークを格上げして環境閣議の副委員会とし,省庁のEPIや持続可能な発展目標の達成に関する年次進捗報告書を作成する責任を負うこととした。また既存機構の再編成では,国民の高い支持を背景に,交通及び地方政府の意思決定の中核に環境配慮を組み込むことを目的として,環境・交通・地域省(DETR)を設立した。そして環境・交通・地域省の中に,環境大臣を支援し好事例の促進と他省庁の実施監視する機関として,持続可能な発展ユニットを設立した。さらに,下院に省庁の持続可能な発展への貢献度の監視・監査を目的とした環境監査委員会(House of Commons Environmental Audit Committee)を,また内閣が資金を拠出するものの既存省庁からは独立した省庁横断型機関として持続可能な発展委員会(Sustainable Development Commission)を新設した。

第4の契機は,気候変動政策のメインストリーム化である。2003年エネルギー白書での低炭素経済達成の長期目標の設定や,2006年に公表されたスターン・レビューでの知見を受けて,首相府は気候変動政策を持続可能な発展戦略や環境政策の中心に据えるようになった。そこで2007年エネルギー白書で,気候変動対応の国際的枠組みの確立,法的拘束力を持つ炭素目標を通じた排出削減,競争的で透明性の高い国際エネルギー市場の発展,情報・インセンティブ・規制の改善による省エネ推進,低炭素技術への支援の拡大,投資環境の整備を戦略として掲げた。そして2008年には気候変動法(Climate Change Act)を制定して,2050年に1990年比で温室効果ガスの80%の削減を法的義務とするとともに,官房長官が5年の中期財政期間における法的拘束力のある炭素排出

枠（carbon budget）を設定し，それを達成するための提言を行う機関として気候変動委員会（Climate Change Committee）を新設した。そして企業・規制改革省（Department of Business, Enterprise & Regulatory Reform）のエネルギーグループと環境・食糧・農村省（DEFRA）の気候変動緩和グループを統合してエネルギー・気候変動省（Department of Energy and Climate Change）を新設し，目標の執行機関とした。さらにEUの再生可能エネルギー利用促進指令を受けて，2020年における15％の再生可能エネルギー供給割合目標を達成する戦略を公表するとともに，発電容量5MW以下の設備を対象とした固定価格買取制度を導入した。

（2） 持続可能な発展戦略の展開

　英国はEPIを，主に政府機構改革と戦略の策定によって推進してきた。そして国家環境計画を推進戦略の中核に位置づけた。

　ところが1990年に制定した国家環境計画は，直面する環境問題を十分に理解して作成されたわけではなかった。また政府機構改革も，必ずしも総理大臣や官邸が主導したわけではなかった。このため，必ずしも各省庁をEPIに積極的に関与させることはできなかった（Russel and Jordan, 2008）。

　そこで1994年に作成された持続可能な発展戦略は，その作成過程で省庁以外の利害関係者の参加プロセスを導入し，運輸政策の再考を促すとともに，各省庁に環境問題を部門政策の中で考慮することを強制させた。この結果，96年に各省庁に分散していた権限を統合化して環境庁を設立するなど，環境局の行政上の地位を向上させた。そしてエネルギー・水・鉱物資源及び交通分野において需要管理原則を認めるなど，持続可能な発展の政策ネットワークに対する影響力を高めることができた（Connelly and Smith, 2003）。

　しかしこの戦略は，問題に対応するための新たな政策や目的・目標を持たず，環境に焦点を当てた部門アプローチでしかなかった。このため，例えば財務省は，上院に設置された持続可能な発展委員会の要求にもかかわらず，具体的な政策を立案しなかった（Connelly and Smith, 2003）。

　ブレア政権が誕生した1997年に改定された戦略では，社会的排除の削減，都

市再生,積極的な国際指向といった社会的公正を強調し,目的・政策原則・指標と広範なコミットを明記した。そして歳出の優先順位の戦略的計画を改善するために,下院環境監査委員会が2年ごとに省庁横断型で歳出を環境面から点検するプロセスを導入した。

しかし,戦略に具体的な目標と期限を明記したわけではなかった。また環境閣議や省庁横断型「環境大臣」会合が戦略の実施に深く関与したわけではなく,下院環境監査委員会も各省庁の提出した報告書に基づいてしか監査を行うことはできなかった。さらに指標には経済・社会・環境に関するものが並列され,それらの指標も必ずしも政策と単純かつ直接的な関係を持つものではなく,政策・制度の改革や行動の結果が反映されるには時間を要するものが多かった。このため,年次進展報告書を作成・提出したものの,部門戦略にインパクトを及ぼすことはできず,省庁の権限や責任の中に持続可能な発展を統合することはできなかった。特に政策の優先順位が環境よりも雇用問題に置かれるようになると,首相や首相府の進展への関与も低くなっていった。この結果,特に公共調達やエネルギー政策でのEPIの進展は困難となった(Environmental Audit Committee, 2004)。

そこで2005年に *Securing the Future* を公表し,持続可能な発展戦略の目的を,持続可能な経済,グッドガバナンス,科学的な事実に基づいた政策の形成と実施を通じた環境容量の枠内での生計と公正な社会の達成とするように再定義した。この目的の下に,持続可能な生産・消費,気候変動とエネルギー,自然資源保護と環境回復,持続可能なコミュニティを優先分野に掲げ,ウェールズ・スコットランド・北アイルランドの地域政府にも同じ目的と優先分野を掲げる持続可能な発展戦略の作成と実施を求めた(5)(HM Government, 2005)。さらに2008年に「持続可能な建設戦略」を公表し,環境政策ないし気候変動政策との統合の範囲を建築部門に拡大した。さらに物的消費の成長を経済安定化の基礎とする前提の廃止と持続可能なマクロ経済の構築,不生産的な奢侈品の消費を促す誘因の廃止,人々が社会生活に有意義かつ創造的に参加する能力を開花させる機構の新設を,環境容量の枠内での生計と公正な社会への移行戦略として公表した(Jackson, 2009)。そしてこれらの戦略を社会の中で具現化してい

く組織として，革新・技術チームを創設した。

（3） EPI 進展のインパクト

　EPI 推進の結果として導入された個別の政策，例えば気候変動税やロンドン交通混雑税は，炭素排出の削減や再生可能エネルギー由来の電力の拡大をもたらしたと評価されている（例えば，Cambridge Econometrics〔2005〕）。また DETR の創設は，需要予測に基づいた供給（predict and provide）という従来の工学アプローチを持続可能な交通へと転換する大きな契機となった。

　しかし DETR はわずか数年後に交通局と環境・農業・食料局に再編成された。しかも地域の交通インフラに対する投資は，依然として高速道路局，ネットワーク鉄道，地域開発局といった中央政府の機関が決定している。このため，地方政府が自動車優先でない代替的な交通システムに投資しようとしても，資金調達の困難さから断念せざるをえない状況が続いている（Hull, 2008）。

　また EPI 全体でも，改革は必ずしも全省庁に浸透したわけではなく，環境パフォーマンスを急速に向上させるほどに力強いものにもならなかった（Russel and Jordan, 2008）。その要因の1つは，省庁内の日常的な意思決定を行う際に省庁横断的に情報が共有される仕組みが構築されていなかったために，政策決定が及ぼす潜在的な環境影響の推計が困難なことにあった（Schout and Jordan, 2005）。そこで持続可能な発展委員会は，2005年に省庁の EPI 及び持続可能な発展の進捗報告書の作成権限が移譲されたことを受けて，政府活動による環境負荷や持続可能な公共調達の指数を経年別及び省庁別に公表し，その改善方法を提案する等，各省庁への情報提供を行うようになった。また，1990年に導入されたものの，各省庁の政策意思決定プロセスの中に制度化されなかった政策の事前環境評価を，規制の経済・社会影響を評価する規制影響評価と統合して実施するようにした。

　ところが，規制影響評価との統合による政策の事前環境評価の活性化も，規制影響評価自体が必ずしも省庁の手続きとして定着していなかったことに加え，規制影響評価が規制による経済的負担の緩和の観点から実施されてきたことから，かえって環境面への関心が考慮されなくなることが懸念された（Russel and Jordan, 2007)。

　そこで2008年の気候変動法の制定を契機に，EPI の焦点を気候変動政策に移し，低炭素移行計画を作成して，温室効果ガス排出削減目標を達成する観点から部門ごとの排出削減量を設定し，発電・住宅・雇用・交通・農業を持続可能な形態に転換することを求めた。そして省庁別に炭素排出枠を設定してその遵守を要求するとともに，未達成時には外国からの購入を義務づけた。この中で，持続可能な消費の範囲を建築や住宅などに拡大し，エネルギー効率の高いものへの更新を促すことで，エネルギー使用量及び炭素排出量の削減と新たな産業の創出を同時に目指すようになった。[6]

5　ドイツ：部門戦略・科学的知見・産業界の合意形成

(1)　EPI の推進要因

　ドイツは，1980年代には環境政策の先進国であった。しかし1990年の東西ドイツ統合後は環境政策の進展は停滞した。しかもドイツの環境政策は直接規制，特に最良技術に基づいた個別排出源の排出基準の設定と遵守を主としており，環境アセスメントや情報公開などの手続き的手段はほとんど導入してこなかった。[7] こうした状況の下で，3つの要因が EPI を推進させてきた。

　①政権交代：脱原発と再生可能エネルギー

　1998年の総選挙で社会民主党と緑の党の連立政権が誕生すると，連立協定において脱原発が決定された。そして実際に2002年に「電力生産における原子力利用からの撤退のための法律」が成立し，原発の新設と核燃料再処理の禁止，全ての原発の操業開始から32年での閉鎖，損害事故の場合の補償額の10倍の引き上げなどが決定された。このことにより，ドイツは電力供給量の3分の1を他の電源で調達することが必要となった。

　ところが経済省（Federal Ministry of Economic Affairs）や研究技術省（Federal Ministry of Research and Technology）は，1980年代初頭まで再生可能エネルギー支援を増加させたものの，それ以降は減少させ，大規模石炭火力発電と原発の研究開発と実証への支援を増加させてきた（Jacobssona and Lauber,

2006)。そこで経済省は，政権交代当初は再生可能エネルギー促進政策に抵抗し，経済大臣も割当基準制度（quota system）を推奨した。

しかし連立政権与党の議員団体からの激しい抗議を受けて氷解し，1999年に経済省令として再生可能エネルギー促進プログラムを創設し，設備設置補助を開始した（Jacobssona and Lauber, 2006）。2001年に環境税制が成立し，石油税引き上げと電力税導入が実現すると，これを促進プログラムの財源とするようになった。さらに連立政権与党の議員団体が主導権を握って固定価格買取制度の導入を推進した結果，2000年に「再生可能エネルギー法」が制定された。この結果，電力網事業者は再生可能エネルギー由来電力の電力網への接続義務と，この電力の固定価格での優先的買取義務を負うこととなった。そして2002年の総選挙で緑の党が議席数を増やし，政権内での発言力を強化すると，再生可能エネルギー担当を社会民主党が管轄する経済省・研究技術省から緑の党が管轄する環境省（Federal Ministry of Environment）へと移管し，議会の環境委員会が再生可能エネルギー政策を推進できるようにした。そして2004年に再生可能エネルギー法を改定し，発電全体に占める再生可能エネルギー割合目標を2010年に12.5％，2020年に20％と設定した。

②欧州委員会による外圧

まず，欧州委員会の修正環境影響評価指令や戦略的環境アセスメント指令を国内法として制定することが必要となった。ところが，ドイツはそれまでこうした手続き的手段をほとんど導入していなかったため，法制化は混乱を招き，州政府の代表で構成される連邦参議院で阻止されるほどであった。しかし最終的には，欧州委員会が設定した期限から1年以上遅延して戦略的環境アセスメントを法制化した。

また温室効果ガス排出削減に関しては，京都議定書で2012年までに1990年比で21％の削減に合意した。しかし2012年以降の枠組みへのEU提案では，ドイツは2020年までに40％の削減目標を要請された。そこで，原発代替を天然ガスタービンなどの費用は低いものの温室効果ガス排出を増加させる方法で行うことは困難になり，省エネ，エネルギー効率化，熱電併給と再生可能エネルギーの普及で行わざるをえなくなった。

③国内の推進力

　国内の推進力としてまず挙げられるのは，連邦議会である。社会民主党と緑の党の連立政権は連立協定に持続可能な発展のための戦略策定を明記したが，当初はあまり進捗しなかった。そこで連邦議会が主導して政府に対して戦略作成と戦略を進展させるための機構の設立を求めた。これを受けて社会民主党と緑の党の連立政権は，2002年に持続可能な発展戦略を作成し，実施機関としてグリーン内閣と省庁横断型作業グループを設立した。そして連邦議会も，2004年にも持続可能な発展委員会を設立した。

　連邦議会はさらに，経済技術省に，ドイツ経済研究所（German Institute for Economic Research, DIW）やエコロジー研究所（Institute of Ecology, Öko-Institut）などの傘下の研究機関への調査研究委託を，独立な立場で客観的な事実に基づいて行うことを指示し，監視を行った。このことで，経済技術省が既存の不利益を被る産業に有利な調査報告書を作成するのを防止した。

　第2の国内推進力は，州政府や地方自治体である。バイエルン州などの州政府は連邦政府に先駆けて多様な利害関係者との間の協議を経た上で，持続可能な発展戦略を作成してきた。そして，州政府と連邦政府の間，及び州政府間の環境政策の調整を行う州環境大臣会議も，持続可能な発展を環境政策の主導原理として採用するなど，持続可能な発展戦略や政策の導入に積極的であった。そこで，連邦議会が持続可能な発展戦略の作成を要求すると，それを積極的に支持し，作成プロセスへの関与を求めた（坪郷，2011）。

　またアーヘン市では，1991年に国レベルで実施された再生可能エネルギーの固定価格買取制度の価格設定方法を実施した結果，北海やバルト海沿岸の風力発電以外では採算割れを起こしたことを受けて，市独自で種類別・出力別・設置場所別に費用を算定し，それに内部収益率を上乗せした買い取り価格を設定する方式を導入した。この方式は，連邦政府が2000年に再生可能エネルギー法制定の際に全面的に取り入れられた。

　第3の国内推進力は，企業である。環境省は，EPIや気候変動政策統合から利益を得られる企業を組織化して政治的な圧力団体に仕立てた。政策統合は環境産業にとっての新たな市場を生み出すことで，中小企業や革新企業などの

企業群に利益をもたらす。しかしこれらの企業の多くは小規模で分散的なため，政策統合から不利益を被りうる既存の産業と比べて，政治的影響力は非常に弱い。このため，政策統合を推進するように政府に圧力をかけることは容易ではなく，その影響力も小さい。そこで環境省は，こうした中小の革新的企業群と政党政治家，ジャーナリスト，そして政策統合による市場創出や革新効果に関する科学的な実証分析を行った学識経験者から構成される会合を開催し，科学的知見の供与とネットワーク化を促進する枠組みを提供することで，推進力を高めてきた。

（2） EPIの特徴

ドイツのEPIの推進政策の特徴は，部門戦略への依存（Wurzel, 2008），環境影響評価・戦略的環境影響評価，持続可能な発展戦略の活用に要約することができる。

部門環境戦略として特筆すべきなのは，エネルギー政策と環境政策・気候変動政策の統合である。その中核を担ったのが，再生可能エネルギーとコジェネレーションの普及政策及び住宅・建築における省エネ推進政策であった。

再生可能エネルギー普及政策は，社会民主党と緑の党の連立政権の下で，固定価格買取制度を導入・改良し，まず2010年まで，後に2020年までの発電全体に占める再生可能エネルギー割合の目標を設定した。ところが2002～2005年の第2期社会民主党・緑の党連立政権は，高失業率に直面して環境政策に対する優先順位を落とし，石炭産業の保護に力を注ぐようになった。そして京都議定書発効が危ぶまれたこともあいまって，キリスト教民主同盟も固定価格買取制度への反対を強めた。さらに2005年の総選挙で与党連立政権は敗北し，キリスト教民主同盟と社会民主党の連立政権となるなど，政策の揺り戻しがあってもおかしくない状況となった。ところが世論だけでなく，雇用者数の3分の2を抱えるドイツ中小企業連合（BVMW）とサービス部門労働組合が，再生可能エネルギー普及による経済的利益と雇用増加の便益を実感したことから，固定価格買取制度への支持を表明するようになった。しかも再生可能エネルギーの普及は，産業連関を通じて鉄鋼などエコ税制改革から不利益を被る産業にも一

定の経済的利益をもたらした。この産業界からの支持の拡大と不支持の減少が追い風となって固定価格買取制度は維持され，さらに2009年の改定時には再生可能エネルギー由来の電力の導入目標が明記され，風力及び太陽光発電により有利となるように修正された（Jacobssona and Lauber, 2006）。

　コジェネレーション普及政策は，気候変動対策・エネルギー効率向上・環境保全の観点から2002年にコジェネレーション法を制定し，2020年までにエネルギー供給割合の25％をコジェネレーションとする目標を設定するとともに，プレミアム価格での買取制度を導入した。その後普及促進の観点から数度にわたり改定し，2012年には小規模施設での発電に対するプレミアム価格の引き上げや，充電技術の開発・応用の支援を目的とした改定を進めてきた。さらに新築建物に関しては，第1次石油危機後に一定水準以上の断熱性能を法律で義務づけていたが，2000年代半ばより「建物エネルギー証書」と低利融資制度を導入し，省エネリフォームを促してきた。さらに2009年の省エネ法改定では，省エネリフォーム時に規定レベル以上の断熱施行を義務づけた（池田，2012）。

　次に，環境影響評価及び戦略的環境アセスメントの法制化により，科学的知見に基づいた経済・社会・環境面の統合的評価と，住民との協議（consultation）を制度的に定着させた。そして経済・社会・環境面の統合的評価は，政策や財政支出に対しても持続性影響評価として行われるようになった。特に環境税への税シフトや，環境に悪影響を及ぼす補助金ないし財政支出は，他省庁の支出であっても，環境省が独立の民間研究所や大学に影響評価の調査を委託し，その科学的知見及び客観的事実に基づいた結果をメディアに公表して議論を喚起することで，議会や市民団体に知見を提供した。また住民との合意形成制度は，情報公開の制度化とあいまって，市民に民主主義制度を活用して環境政策の強化を求める手段を増やした。そこで市民は議会や裁判所を通じて政策変更を求める運動を行うようになり，議会や経済省がエネルギー・環境・気候変動政策の統合を後退させるのを阻止し，統合を内発的に推進せざるをえない環境を構築する効果をもたらした。また持続可能な発展戦略の作成プロセスで，市民や NGO は関心を高め，積極的に意見を展開した。

　第3に，持続可能な発展戦略は，各省の専門特化と独立性が高く省横断型戦

略の作成が困難な中で，首相の優先課題となった気候変動問題を推進する手段として活用された。2008年の進展報告書の結果を受けて，2009年に規制影響評価の一部として法律や政策に対する持続性影響評価を導入し，議会での議論を経て評価された結果，立法プロセスが再考された場合には，法律の修正や撤回をできるようにした（Jacob et al., 2009）。

　その一方で，持続可能な発展戦略を進展させるためのより具体的な政策や措置は設定されなかった。交通や住宅など土地利用に関わる政策は州政府が権限を持っており，連邦政府の介入は困難であった。こうした分野では，州政府の既存の利害や政策と合致しない限り，政策統合を具体的に実施することは困難であった。持続可能な発展戦略は，こうした政策統合の核心的な分野の政策に触れることはほとんどできず，政策分野横断型の問題を長期的な視点から調整することは非常に困難であった。この結果，各省が推進する象徴的な環境持続性や社会持続性の配慮政策を後押しするものにしかならなかった。

6　日本：予算獲得による省庁政策改革

　1990年代の一連の統治機構改革は，結果的にEPIを推進する制度的基盤を構築することになった。「政治とカネ」をめぐる不祥事を契機に政治資金規制が強化されたが，これが不祥事の根源的な原因とされたカネのかかる選挙制度と，利益誘導をもたらす権限と財源の中央省庁集中の改革をもたらし，2000年の省庁再編へと結実した。この省庁再編では，環境庁を環境省へと格上げし，厚生省の廃棄物管理の権限を環境省に移管した。同時に，首相が各省からの積み上げではなくトップダウンで政策を決定できる体制を強化した。具体的には，内閣法を改正して首相が予算編成など重要政策の基本方針を自ら発議できることを明記し，それを支える機構として経済財政諮問会議を設置し，さらに政府内調整だけでなく独自に基本方針を企画立案できるように内閣官房の権限を強化した。

（1） EPIの推進要因

EPIを直接的に推進することになった直接的要因としては，下記の2つを挙げることができる。

第1は，ヨハネスブルクで開催された世界持続可能な発展サミット（WSSD）である。欧州ではこの会議に向けて国レベルの持続可能な発展戦略の作成が進んでいたが，日本もこの動きに対応することとなった。2000年の環境基本計画の改定（第2次環境基本計画の策定）時に，持続可能な社会への転換の必要性を踏まえて，各省庁に環境基本計画を踏まえながら自主的に環境配慮の方針を策定することを義務づけた。そこで各省庁とも方針を策定して実施体制を構築した。そして第3次環境基本計画では，省庁横断型の課題を「目標設定・達成期限・結果のモニタリング」方式で取り組むことにした。

第2は，気候変動への対応である。1997年に京都議定書が採択され，2008～12年の間に90年比で温室効果ガス排出の6％削減に合意すると，翌年に京都議定書目標達成推進法を制定するとともに，地球温暖化対策推進大綱を決定して緊急に推進すべき対策を取りまとめた。しかしこの中には，部門や省庁ごとに担うべき具体的な削減活動は示されず，遵守できなかったことに対する罰則も規定されなかった。2002年に京都議定書への批准に向けて地球温暖化対策推進法を改定すると，温暖化防止対策推進大綱を制定して産業・業務・交通・家庭の部門ごとに具体的な削減の裏付けのある対策・施策のパッケージを示し，目標の達成状況，個別対策の導入目標量・排出削減見込量の達成状況等を評価し，追加的に対策を講じていくこととした。ところが2004年の進捗評価では，産業部門の自主行動計画を除くと，実施された対策の内容が記述されるのみで，対策によって実現した削減量は定量的に評価されなかった。この評価結果と京都議定書発効を受けて，2005年に地球温暖化対策推進大綱に代えて京都議定書目標達成計画を導入し，官邸に設置された地球温暖化対策推進本部が進捗状況を毎年評価することとした。

ところがその後も排出量は増え続け，京都議定書の目標達成が厳しくなったことから，追加対策が必要となった。さらにIPCC第4次報告書の公表を受けて，安倍首相は2007年に「2050年までの世界全体の排出量の半減」という長期

目標を提案し，洞爺湖サミットで合意された。さらに2009年のラクイラ・サミットでは，「2050年までの先進国全体の排出量の80％以上削減」が支持された。そこで気候変動対策への取組みを強化するために，21世紀環境立国戦略を閣議決定するとともに，2008年に地球温暖化対策推進法を改定して事業者の排出抑制等に関する指針を策定し，地方公共団体実行計画の策定事項の追加した。同時に京都議定書目標達成計画を改定して目標達成のための個別の対策を強化した。(10)

さらに2009年の政権交代後には「2020年までに1990年比で25％削減」の中期目標を国際公約した。そしてこの目標を達成する手段として，2010年に地球温暖化対策基本法案を閣議決定し，この目標を達成する手段としてキャップ・アンド・トレード方式の国内排出量取引制度，炭素税，再生可能エネルギーの全量固定価格買取制度，原子力利用，エネルギー使用の合理化，交通部門の温室効果ガスの排出抑制等を明記した。

ところが経済界や野党などの反対により，地球温暖化対策基本法案は法制化されず，また排出枠取引の導入は2010年末に断念された。

なお，2011年の福島第1原子力発電所の爆発事故による放射能汚染も，脱原発の観点からEPIに影響を及ぼした。原発代替としての再生可能エネルギーや省エネ，熱電併給への注目が高まり，エネルギー・環境会議による官邸主導のエネルギー政策と環境政策の統合や，2030年時点の原発比率に関する国民的議論を経た意思決定が試みられた。また大震災直前に閣議決定された1kwh当たり15～20円の一律買取という再生可能エネルギーの固定価格買取制度法案を大幅に変更し，再生可能エネルギーごとの総括原価方式で，効率的な発電にかかる費用と適正利潤を勘案した価格での買い取りを電力事業者に義務づけた。

他方原子力発電所の運転停止は，化石燃料の消費と温室効果ガス排出を増加させ，地球温暖化防止の中期目標の棚上げ論を喚起するなど，EPIとは逆行する動きを強化している点も留意する必要がある。

第 3 章　EPI の国際比較分析（2）：各国の EPI の進展

（2）　EPI の特徴とインパクト

①部門戦略への依存

　第 2 次環境基本計画は，各省庁に自主的に環境配慮の方針を策定することを明記した。これを受けて，各省庁は内部で環境配慮の方針を策定し，実施体制を構築した。省庁の中でより踏み込んだ指針を示したのが，農林水産省と国土交通省であった。農林水産省は2003年に『農林水産環境政策の基本方針』を策定して，環境保全を重視する農林水産業への移行を省のミッションの 1 つに掲げた。また国土交通省も，同年に『国土交通省環境政策の基本的方向』を策定してその環境政策の体系を提示したが，翌年には環境行動計画を作成し，主要な項目の2005年ないし2010年に達成すべき数値目標を明示した。

　第 3 次環境基本計画では，内容面こそ単なる各省庁の環境配慮の方針や環境行動計画の寄せ集めを超える試みも行われた。しかし実際の運営は，「政策調整」プロセスを経て各省庁が自ら策定した環境配慮の方針や環境行動計画をおおむね取り入れた。しかも各省庁の計画や政策に関わる事項は，まず各省庁が自主的点検を行い，その結果に基づいて環境基本計画の年次進捗報告書の結果や提言の「調整」を行った。このため，各省庁が次年度概算要求の根拠として活用するなどのメリットがない限り，環境省や中央環境審議会が進捗を阻害している政策や計画を特定し変更を求めることは困難であった。第 4 次環境基本計画でも，環境政策の重視すべき方向として政策領域の統合による持続可能な社会の構築を掲げつつも，分野間の連携は努力目標程度にしか記述していない。

　京都議定書目標達成計画では，経済産業省の産業構造審議会地球環境部会地球環境小委員会と環境省の中央環境審議会地球環境部会の合同会合で，議論・合意の上で閣議決定されるという政策決定プロセスを経ることとなった。また進捗管理も，内閣総理大臣を本部長，全閣僚をメンバーとして事務局を官邸に設置した地球温暖化対策推進本部が担うこととなった。そして各省庁に全ての対策評価指標等の実績値と2012年までの温室効果ガスの対策評価指標等の見通しと，前年及び当年の施策の実施内容を提出させ，進捗が遅れているものの確認と強化を図るとともに，個々の対策の対策評価指標と排出削減量との関係についても必要に応じて精査を行うこととした。さらに各省の局長級の会議であ

る「地球温暖化対策推進本部幹事会」を設立し，各省庁が連携して取り組む対策を強化した。ところが2011年の点検結果では，計画策定時の見込みと実績のトレンドが乖離している施策や，2009年の点検時に見込みを下回り，対策の強化の必要性が指摘されたにもかかわらず，改善されていないものも少なくなかった（地球温暖化対策推進本部，2011）。[11]

②財政への依存

政府は，地球温暖化防止対策の強化に合わせて，対策推進のための特別予算枠を設置した。追加的な対策を行えば，産業や家計に追加的な費用負担を及ぼす。そこで確実に排出削減を進捗させるためには，経済的誘因を供与する資金支援措置や，モデル事業や普及事業を行うための事業予算が追加的に必要となると理解してのことであった。

この特別予算枠の設置に対応して，省庁は予算獲得競争を繰り広げた。特に農林水産省は，地球温暖化・森林吸収源対策推進本部を設置し，他省庁に先駆けて地球温暖化対策総合戦略を策定して，政府が設定した京都議定書目標達成計画予算をより多く獲得しようとしてきた。

もっとも事前に政策・制度・市場環境の分析を十分に行わず，あるいは複数の省庁が十分な調整なしに予算を要求することは少なくなかった。例えば，バイオマスエネルギーの拡大政策は，2003年に農林水産省がバイオマス・ニッポン総合戦略を策定した後，経済産業省，林野庁，環境省，国土交通省，文部科学省，総務省など複数の省庁にまたがって合計214事業，約2.4兆円の予算を投じて実施された。ところがバイオマス関連の決算額が特定できたものは，122事業（57.0％）の1374億円，また効果が発現しているものは35事業（16.4％）にすぎないこと，しかも効果が発現しているものも補助金により整備された施設の稼働が低調なものが多いと評価された（総務省行政評価局，2011）。また環境省・経済産業省・総務省が実施したグリーン家電普及促進対策費補助金も，環境省は273万トンのCO_2排出削減効果があったと評価したものの，実際には21万トンの削減効果しかなく，しかも新規購入や機器の大型化により，補助金供与の前後で総排出量は最大年間173万トン増加したと厳しく指摘されている（会計検査院，2012）。

③政策設計プロセスの変更

 ところがこうした厳しい政策評価を既存の各省庁の予算や，次期中期計画，各省庁の予算作成・査定，担当者の人事査定に反映する仕組みの構築は，遅々として進まなかった。政府は政策の質と説明責任の向上を目的として2002年に政策評価を法制化し，予算措置や政策金融，税制措置を伴う施策・制度及び法律に基づく施策・制度に事前・事後評価を要求するようになった。そしてその後の改革の中で，政策評価の機能の内，評価結果の予算への反映と行政の現場における業務活動の業績評価を重視するようになった（山谷，2012）。しかし実際には，各省の事務次官は予算を効率的・効果的に使う責任を負っていないために，政策評価報告書の作成自体が目的化し，評価を積極的に行う誘因を持ちえなかった（田中，2011）。このため，最悪の評価を受けたものや自ら不要と判断したものを除けば，各省庁は類似の施策・対策の予算を要求してきた。

 また1997年に法制化した環境影響評価も，対象は規模の巨大な事業に限定され，代替案の検討は義務づけられず，住民参加規定も十分ではなかった。このため，環境や社会への悪影響への懸念から各地で公共事業に対する反対運動が活発になり，住民投票条例も制定された。しかしこうした反対運動も，環境省以外の省庁が計画や政策の中に環境への懸念を統合する制度を構築するにはいたらなかった。環境省も，政策・計画・プログラムの意思決定段階に環境影響評価を導入すべく導入ガイドラインを作成したものの，法制化にはいたらず，事業の位置・規模等の検討段階における配慮手続きが導入されるにとどまっている。

7　EPI 推進要因と特徴の国際比較

 各国の EPI 推進の文脈を国際比較すると，次の3点を指摘することができる。
 第1に，推進力として超国家機関（EU）の重要性である。EU のイニシアティブがなければ，英国とドイツは統合的汚染管理や戦略的環境アセスメント，持続可能な発展戦略を導入することはなく，その後の EPI の進展は見込めな

かった。⁽¹²⁾

　第2に，省庁再編・融合などの「目に見える」改革や持続可能な発展戦略の作成は，必ずしも統合的環境政策手段の導入・強化や，環境改善，持続性の向上をもたらしたわけではなかった。省庁を再編・融合しても行政の文化・慣行が変わり，省庁の基本方針・中期計画・政策手段の変更をもたらすには相応の時間と費用を要する。分権化が進展している場合には，地方政府や行政機関にもそれらの変更を貫徹させる必要がある。このため，リスボン戦略を採択・改定し，経済成長や雇用など他の関心が優先されるようになると，統合された省庁の中での環境担当部門の発言力は低下し，持続可能な発展戦略を推進する誘因も低下した。

　第3に，こうした初期の推進力の低下を補う上でも，国内の推進力の強化・制度化が不可欠であった。EPI後進国であったドイツが現時点で最も積極的にEPI推進手段を導入しているが，これは議会からの圧力に加え，再生可能エネルギー普及を焦点に当てた一連の統合的環境政策手段の導入から利益を得た産業界からの支持，さらに各部門の環境の現状や部門政策の環境影響に関する科学的知見の公表を通じて構築された学識経験者・企業・議員・市民などで構成される環境政策ネットワークが，利害の異なる関係者間の合意形成を後押ししたからに他ならない。

　第4に，スターン・レビューやIPCC報告書を通じて，気候変動問題を欧州だけでなく世界的な主要議題に設定することができたことが，EPI推進の制約を打破した。世界全体で中長期の温室効果ガス排出削減目標の設定が不可避となったことで，首相が「目標と結果による管理」手段を積極的に活用し，バックキャスティング分析に基づいて各部門や省庁に削減目標の割り当て，削減責任を負わせることが可能になった。そして，野心的な目標を期限内に達成するための計画や政策手段に対する国民の理解を得るための手段として，計画や政策の事前環境評価や多様な利害関係者との事前協議を導入していった。

　これに対して日本は，国内のEPIの推進力を強化することはできなかった。米中抜きの2020年までの温室効果ガス排出削減目標の設定を拒否することで，産業界に負担を負わせることになる法的拘束力のある目標設定を回避しようと

してきた。そして目標設定と遵守が不可避となると，産業界の負担軽減と確実な目標達成の観点から財源を手当てしてきた。この手法は，1960〜70年代の産業公害対策の際に開発された，経済成長を損ねず，産業構造や政策決定プロセスを本質的に変更せずに短期間で問題を解決するという手法そのものである。この意味で日本は，EPI の中核である政策設計や決定プロセスの改革を，問題解決の手段とは認識していないと見ることができる。

8 各国における EPI の推進要因：まとめ

本章では，オランダ・EU・英国・ドイツ・日本の EPI 推進の要因と特徴を，史的展開に即して分析を行った。そして国横断型検討を行った結果，EPI の初期の推進力として EU が大きな役割を担ったこと，EPI に対する推進力を維持するには，国会・経済界・市民など国内の多様な主体を支持者としていくことが重要であること，そして気候変動問題を世界的な議題としたことが EPI を再活性化し，その推進手段の発展と洗練をもたらしたことを指摘した。その上で，日本の EPI 推進手段は1960〜70年代の産業公害対策の際に開発した手法を適用しているに過ぎず，政策設計や決定プロセスの改革を指向しているわけではないことを指摘した。

しかしこの手法を用いることができるのは，財政に余裕がある限りのことである。財政赤字や国債発行残高の大幅な拡大，財政支出による対策効果への疑問視の高まりは，この手法が早晩持続可能ではなくなることを暗示している。この行き詰まりが EPI の本格的な推進の転機となるのか。今後の展開が待たれる。

注

(1) オランダインフラ環境省交通政策分析研究所（KiM Netherlands Institute for Transport Policy Analysis）での聞き取り調査（2012年1月）によれば，このことは，地方政府が財政上も高い自立性を持って計画を推進できることを意味しない。財政収入の90％は中央政府が徴収し，その多くを人口や面積などの変数に基づいた公式に従って一括交付金（block grant）として地方政府に配分し，残りを国家戦略に基づいて集中

的に投資する。このため，地方政府が住民のコンセンサスに基づいて作成した統合的計画も，中央政府の方針と異なれば，実施のための財政的な裏付けが得られず，実施できるわけではない。
(2) 裁量的政策調整とは，(a) EU として政策指針を設定するとともに，加盟国が短期的・中期的・長期的に定める目標を達成するための個別予定表を作成し，(b)適切な場合には，目標達成の上で最善の事例を比較する手段として量的・質的指標やベンチマークを確立し，(c)加盟国及び地域の相違に配慮しつつ特定の目標値を設定し，措置を採択することにより，EU のための指針を加盟国及び地域の政策に転換し，(d)相互学習過程として組織される定期的監視・評価・相互監視を行うもので，加盟国間の相互学習過程を通じて目標達成のための最善事例を普及させることを目的としている（庄司，2007）。
(3) ただし，環境に関連する指標としては，エネルギー集約度と交通量が採用された。
(4) 2005年には首相が議長となることで，政治的立場はさらに強化された。
(5) ブレア労働党政権の地方分権政策の下で，1998年にウェールズ・スコットランド・北アイルランドに地域議会とその執行機関である地域政府が設立され，中央政府から大幅に権限が移譲された。
(6) 英国持続可能な発展委員会での聞き取り調査（2010年1月）による。
(7) 環境影響評価は，1970年代のブラント政権時代に一時導入されたものの，コール政権時代に廃止された。
(8) 筆者による聞き取り調査（2010年1月）の中で，EcoLogic Institute Berlin は，風力産業が急速に成長した結果，ドイツで2番目に大きい鉄鋼の需要者になったと指摘した。
(9) ベルリン自由大学イェニッケ教授への聞き取り調査（2010年2月）に基づく。
(10) ただしこの時点での2020年の中期目標は2005年比で14％削減（1990年比で7％削減）と緩やかなものであった。
(11) 約束期間の内，2008～10年の3年間は，森林吸収量目標及び京都メカニズムの活用で得られたクレジットを加味すると，削減目標を約5％超過して達成していた。このため，厳密に精査する必要がなかったと言えなくもない。
(12) Dr. Ingmar von Homeyer（Ecologic Institute Brussels）への聞き取り調査（2009年12月）による。

参考文献
池田憲昭「エネルギー転換に欠かせない省エネルギー対策」滝川薫他『100％再生可能へ！ 欧州のエネルギー自立地域』学芸出版社，2012年。
会計検査院『グリーン家電普及促進対策費補助金等の効果等について』2012年（http://www.jbaudit.go.jp/pr/kensa/result/24/h241011_1.html 2012年10月29日アクセス）。
庄司克宏『欧州連合──統治の論理とゆくえ』岩波新書，2007年。
総務省行政評価局『バイオマスの利活用に関する政策評価書』2011年（http://www.soumu.go.jp/menu_news/s-news/39714.html#hyoukasyo 2012年9月21日アクセス）。
田中秀明『財政規律と予算制度改革──なぜ日本は財政再建に失敗しているか』日本評論社，2011年。

地球温暖化対策推進本部『京都議定書目標達成計画の進捗状況』2011年（http://www.kantei.go.jp/jp/singi/ondanka/2011/1220.pdf　2012年9月21日アクセス）。
角橋徹也『オランダの持続可能な国土・都市づくり――空間計画の歴史と現在』学芸出版社，2009年。
坪郷實『環境政策の政治学――ドイツと日本』早稲田大学出版部，2009年。
坪郷實「ドイツにおける環境ガバナンスと統合的環境政策」長峰純一編『比較環境ガバナンス――政策形成と制度改革の方向性』ミネルヴァ書房，2011年，214-238頁。
山谷清志『政策評価』ミネルヴァ書房，2012年。
Cambridge Econometrics, 2005, *Modeling the Initial Effects of the Climate Change Levy: A Report Submitted to HM Customs and Excise by Cambridge Econometrics*, University of Cambridge and the Policy Studies Institute.
Communication of the European Communities (CEC), 2003, *Communication from the Commission to the Council and the European Parliament: 2003 Environmental Policy Review*, COM (2003) 745 final, Brussels: CEC.
Communication of the European Communities (CEC), 2005, *Communication from the Commission to the Council and the European Parliament: Draft Declaration on Guiding Principles for Sustainable Development*, COM(2005) 218 final, 25. May, Brussels: CEC.
Connelly, James and Graham Smith, 2003, *Politics and the Environment: From Theory to Practice. Second edition*, London: Routledge.
Environmental Audit Committee, 2004, *The Sustainable Development Strategy: Illusion or Reality? Thirteenth Report of Session 2002-03*, HC624-1, London: The Stationary Office Limited.
European Council, 2006, *Review of the EU Sustainable Development Strategy (EU SDS)――Renewed Strategy*, Brussels, 26 June.
HM Government, 2005, *Securing the Future: Delivering UK Sustainable Development Strategy*, London: The Stationary Office Limited.
Hull, Angela, 2008, "Policy integration: What will it take to achieve more sustainable transport solutions in cities?," *Transport Policy*, Vol. 15: 94-103.
Jackson, Tim, 2009, *Prosperity Without Growth? The Transition to a Sustainable Economy*, London: Sustainable Development Commission.
Jacob, Klaus, Axel Volkery and Andrea Lenschow, 2008, "Instruments for environmental policy integration in 30 OECD countries," in Jordan, Andrew J. and Andrea Lenschow (eds.), *Innovation in Environmental Policy? Integrating the Environment for Sustainability*, Cheltenham: Edward Elgar, 24-45.
Jacob, Klaus et al., 2009, *Background Report for the Per Review of German Policies for Sustainable Development*, Berlin: FFU and Adelphi Research.
Jacobssona, Staffan and Volkmar Lauber, 2006, "The politics and policy of energy system transformation: Explaining the German diffusion of renewable energy technology," *Energy Policy*, 34 (3): 256-276.

Jordan, Andrew J. and Adriaan Schout, 2006, *The Coordination of the European Union: Exploring the Capacities of Networked Governance*, Oxford: Oxford University Press.

Jordan, Andrew J., Adriann Schout and Martin Unfried, 2008, "The European Union," in Jordan, Andrew J. and Andrea Lenschow (eds.), *Innovation in Environmental Policy? Integrating the Environment for Sustainability*, Cheltenham: Edward Elgar, 159-179.

Lafferty, William M., 2004, "From environmental protection to sustainable development: The challenge of decoupling through sectoral integration," in Lafferty, William M. (ed.), *Governance for Sustainable Development: The Challenge of Adapting Form to Function*, Cheltenham: Edward Elgar, 191-220.

Lundqvist, Lennart J., 2004, "Management by objectives and results: A comparison of Dutch, Swedish and EU strategies for realizing sustainable development," in Lafferty, William M. (ed.), *Governance for Sustainable Development: The Challenge of Adapting Form to Function*, Cheltenham: Edward Elgar, 95-127.

Russel, Duncan and Andrew J. Jordan, 2007, "Gearing-up governance for sustainable development: Patterns of policy appraisal in UK central government," *Journal of Environmental Planning and Management*, 50 (1): 1-21.

Russel, Duncan and Andrew J. Jordan, 2008, "The United Kingdom," in Jordan, Andrew J. and Andrea Lenschow (eds.), *Innovation in Environmental Policy? Integrating the Environment for Sustainability*, Cheltenham: Edward Elgar, 247-267.

Sgobbi, Alessandra, 2010, "Environmental policy integration and the nation state: What can we learn from current practices?," in Goria, Alessandra et al. (eds.), *Governance for the Environment: A Comparative Analysis of Environmental Policy Integration*, Cheltenham: Edward Elgar, 9-41.

Schout, Adriaan and Andrew J. Jordan, 2005, "Coordinated European governance: Self-organizing or centrally steered?," *Public Administration*, 83 (1): 201-220.

Wurzel, Rüdiger K., 2008, "Germany," in Jordan, Andrew J. and Andrea Lenschow (eds.), *Innovation in Environmental Policy? Integrating the Environment for Sustainability*, Cheltenham: Edward Elgar, 180-201.

VROM, 1999, *The Netherlands' Climate Policy Implementation Plan, Part I Measures in the Netherlands*.

（森　晶寿）

第Ⅱ部

EUとオランダの交通政策におけるEPI

第4章

欧州委員会のインパクトアセスメント
―― 統合的政策決定プロセス実現の政策革新 ――

1 なぜ欧州委員会のインパクトアセスメントに着目するのか

　気候変動の緩和や生物多様性の保全などの世代を超えて影響を及ぼす課題は，政策や技術，投資などの対応を長期的かつ継続的に実施・強化していくことが求められる。他方政権は通常4～5年ごとに選挙の洗礼を受け，場合によってはそれよりも短い期間で交代を余儀なくされる。そして前政権とは異なる独自の実績を出す目的から，交代後の政権はしばしば，前政権が発展させてきた政策を縮小・廃止させうる。このため，ある政権が持続可能性を焦点に当てた政策手段を実施しても，続く政権がその政策を維持・継承・発展させるとは限らない。そして世代を超えて影響を及ぼす課題に適切に対応することは困難となり，将来の環境は悪化することになる。

　そこで，世代を超えて影響を及ぼす課題に真剣に取り組むためには，短期の政治サイクルが長期的視野を持った政策に及ぼす影響を最小限に抑えることが重要になる。

　欧州委員会及びその加盟国政府は，これを実現するための手段として，持続可能な発展戦略を導入してきた。そして2001年にヨーテボリの欧州理事会で，主要な政策提案に対する持続性影響評価の実施が決議されたことを受けて，欧州委員会は，欧州持続可能な発展戦略をより整合的に実施する手段として，インパクトアセスメントを導入した。

　欧州委員会のインパクトアセスメントは，提案が及ぼしうる全ての影響を明らかにすることで合理的な意思決定を行い，政策に伴う悪影響の未然防止に資することを目的としている。ここで全ての影響とするのは，従来行われてきた

ような提案を行ったセクターや経済性などの特定の側面，特定の地域や利害関係者への影響を分析するのではなく，全てのセクターに及ぼす経済・社会・環境面の影響を統合的に分析することを目的としているためである。このような統合的かつ分野横断的な評価を行うことは，根拠（エビデンス）に基づいて合理的な意思決定を行うのに資すると期待されている。

その半面，欧州委員会のインパクトアセスメントは，規制影響評価としての機能も期待されている。規制影響評価とは，政策や規制の執行・遵守の費用と便益を明らかにし，効果的な政策目標の達成や利用可能な代替的なアプローチを問うことで，その潜在的なインパクトを体系的に検討する手段である（OECD, 2009）。欧州では，規制緩和の失敗が顕著になったとの認識から規制の導入が再検討されるようになっているが，規制を行えば，産業界などは経済・行政費用，すなわち法規制によって課される情報提供及び報告の義務の遂行のために発生する費用を負担せざるをえなくなる。そこで効率性，説明責任，目的整合性，意思決定の透明性の高さという意味で質の高い規制が追求されるようになり（Dunlop et al., 2012），それを事前に評価する手段として規制影響評価が注目されるようになった。

規制影響評価は，米国ではすでに1980年代に導入されていたが，英国でも98年に本格活用され始めるなど，欧州でも広がりを見せていた。欧州委員会も，86年に総局の新規予算事業の実施に伴う新規法案が産業界にもたらす影響の事前評価（Business Impact Assessment）を，90年代に環境・健康・消費者保護・ジェンダー・貿易等への影響を対象とした「セクター別影響評価」を導入していた。しかし，欧州理事会が2001年のラーケン理事会で規制影響評価システムの使用を勧告したことを受けて，これらの事業別・総局別の評価制度を統合する必要に迫られた。

このように欧州委員会のインパクトアセスメントは，持続性影響評価と規制影響評価という，よりよい規制や政策の導入及び根拠に基づいた政策形成という目的以外は必ずしも目的整合的ではない2つの要請に基づいて導入された。そして2005年のリスボン戦略改定以降は，規制影響評価として理解され（総務省行政評価局，2008），規制影響評価の観点から比較制度分析と事例研究が行わ

れてきた(例えば, Hertin et al, 2009 ; Achtnicht, Rennings and Hertin, 2009 ; Dunlop et al., 2012)。

ところが近年, OECD が持続性影響評価のガイダンスを公表するなど, 持続性影響評価を再評価する動きも見られる (OECD, 2008 ; 2010)。

そこで本章では, 持続性影響評価の観点から, インパクトアセスメントの成果と課題を検討する。第2節では, 持続性影響評価が政策提案及び意思決定の改善をもたらすための要件を列挙する。第3節で欧州委員会のインパクトアセスメントプロセスの展開を概観し, 第4節で実際にインパクトアセスメントがどのように実施され, 意思決定に反映されたのかを, 5つの事例から考察する。そして第5節で, 持続性影響評価の観点から, インパクトアセスメントの成果と課題を検討し, 日本での導入に向けての示唆を考察する。

2 持続性影響評価とその効果的な実施の要件

(1) 持続性影響評価の内容

持続性影響評価は, 優先順位の設定や政策形成の際に経済・環境・社会目的の間の二律背反を定期的に評価することで, 政府が問題の枠組みを設定し, 政策の影響を確定し, 解決策を探求するのを手助けする意思決定手段と定義される (OECD, 2006)。計画や政策の経済的効果だけでなく, 社会面・環境面の効果, 及び経済的効果との対立点を明示することで, 経済・環境・社会の3つの側面を集計した持続可能な発展効果を最大化するように政策を協調・統合し, 部門政策・プログラムへの持続可能な発展の原則の統合や, 持続可能な発展戦略の進展を支えるものと期待されている。

持続性影響評価は, 基本的に, 環境影響評価や戦略的環境アセスメントと同様の手順で行う (OECD, 2010)。すなわち, まずスクリーニングを行い, 政策提案の経済・社会・環境面の影響の間の重要な対立を確定して, 持続性影響評価を行う価値のあるなしを判断し, あると判断された提案についてスコーピングを行い, 評価の程度と深さを決める。

次に, 評価段階ごとの適切な評価手法や利害関係者の参加手段とタイミング

を選択するなど，持続性影響評価実施の設計を行う。そして，実際に経済・社会・環境面の影響を分析し，それらの影響の間の相乗効果や対立点を確定させる。最後に，経済・社会・環境面の懸念についてよりよくバランスを取った修正案や補完措置を列挙し，対立点・緩和措置・選択肢を含む評価結果を政策決定者に提示する。

もっとも，より詳細な枠組みについては，共通のコンセンサスは存在しない。政策評価は，政策決定の背後にあるガバナンススタイルや政治的・文化的パラダイムに適合したものとならざるをえないためである。また用いられる評価手法も，意思決定スタイルによって異なりうる，すなわち，ヒエラルキー型や規制型，市場自由主義型の意思決定スタイルでは定量的手法を，貨幣評価が困難な資源や利害関係者の持つ知見の多様性に重きを置くスタイルでは，協議や多基準評価などの定性的手法が好まれる（OECD, 2010：7）。

欧州委員会では，貿易政策に関する市民社会との対話の一環として，貿易協定に関する提案に対する評価を実施している（George and Kirpatrick, 2012）。

（2） 持続性影響評価の効果的な実施の要件

持続性影響評価を効果的に実施する要件として，EEAC（2006），OECD（2010）及び von Raggamby et al.（2012）は，以下5つを提示している。

第1は，統合的なアプローチの採用である。具体的には，経済・環境・社会の3つの側面，グローバル及びローカルの影響，世代間の影響の全てを考慮し，その間の対立を管理することである。また長期的な視野を持ち，責任を持って現在及び将来の影響を考慮することも必要不可欠である。さらに分配面への影響も，財・サービスの分配だけでなく，人権や資源消費に関する分配や，性，国・地域，社会層の間の権力関係の分配も考慮に入れることが求められる。

その上で，多面的な側面を政策提案に反映させるために，正負の影響とその間の二律背反を確定した上で，負の影響を回避・削減・相殺する代替案や緩和策を検討することが重要となる。

第2は，評価の範囲と問題の枠組み設定の拡大である。政策提案を行う主体は，他の部門や地域，世代への懸念を無視し，結果的に代替的でより統合的な

政策の選択肢を看過することもある。特に長期に影響を及ぼす政策では，評価に必要な情報を十分に入手できるわけではなく，また評価者自身も認識しないか，扱いが困難な問題も存在する。

これらの課題を克服するには，予防原則の適用や将来の観点から問題の枠組みを設定することで想定外の影響を減らすとともに，分野横断型チームの結成や参加型手法を活用して評価者の認識バイアスに対処することが重要となる。

第3は，バランスの取れた情報投入である。具体的には，資金的・社会的に不利な人々を含めた広範な利害関係者の評価プロセスへの参加が挙げられる。より多くの情報を評価の範囲設定，問題枠組みの設定，代替案の作成に反映させることは，政策決定プロセスに対する利害関係者や市民の信頼を高めることになる。評価に用いられた仮定を検証し，利害関係者の多様で変化する価値観を組み込むことは，相互理解・学習を深め，結論をより強固で正当化されるものにし，評価結果に対する理解と信頼を高める。この結果，政策の達成を効果的及び効率的に行うことが可能となる。

広範な利害関係者の参加は，さらに，貨幣評価が困難な社会・環境影響をよりバランスの取れた形で評価することを可能にする。

第4は，評価の質を保証する制度の構築である。質保証には，まず，評価と意思決定を異なる主体が行い，独立の審査のための適切な制度を構築することが重要となる。同一主体が評価と意思決定を行えば，対立する意見は取り込まれず，公平で包括的な評価は確保されず，政策実施段階で利害対立が発生することになるためである。また，評価者が十分な評価を行える時間と資源を確保するとともに，評価技能を向上させることも重要となる。

さらに，評価手法の選択理由，評価結果の解釈，評価結果の持続可能な発展の核心的側面への含意を公表することも，質保証と透明性の確保には不可欠である。既存の評価方法は，貨幣評価でもシミュレーション分析でも，多くの仮定を置き，特定の割引率を用いるなど，評価者の価値観や方法論に内在的な価値観が評価に反映される。また定量化や貨幣評価手法を使用すれば，貨幣評価困難なリスクや分配影響などが評価の範疇から落とされる可能性が高くなる。さらに，負の影響を受ける人々を説得するには，正の影響を受ける人々からの

補償を想定する必要がある。

　こうした評価手法に隠された政治的判断を最小化するには，評価手法の選択理由やその結果の解釈を公表する（von Raggamby et al., 2012）ことや，影響の最終評価を多基準評価と民主的討議に委ねる（OECD, 2010）ことが重要となる。

　第5に，評価結果の政策決定への適切な反映である。インパクトアセスメントはしばしば「他の手段を用いたポリティクスの継続」と批判される（例えば，Meuwese〔2012〕）。評価基準が曖昧で，評価結果を用いて行う決定に透明性がなければ，利害関係者，特に産業界がロビー活動によって意思決定を自らに有利なものに誘導することができる。また，持続性影響評価を実施する前に政策決定者が政治的に好ましい選択肢を決めていれば，持続性影響評価はその選択肢を事後的に正当化することにしかならない。持続性影響評価を持続可能な発展の進展のより統合的な政策を形成するための手段とするには，持続性影響評価を政策形成の早期段階から実施するとともに，意思決定プロセスを透明化することが不可欠となる。

3　欧州委員会のインパクトアセスメントの発展

　欧州委員会のインパクトアセスメントは，2003年から2年間の試行の後，2005年にプロセスを刷新して本格的に実施された。そして2007年の独立外部評価を経て，2009年にガイドラインが改定され，現在に至っている。

（1）　試行期間

　試行期間のプロセスは，2つの特徴を持っていた。1つは，予備的影響評価（preliminary impact assessment）と拡張影響評価（extended impact assessment）の2段階評価である。予備的影響評価では，問題・目的・予想される結果・代替案を確定した上で，当該政策提案が利害関係者との協議や拡張影響評価の実施の必要性を検討する。欧州委員会は，この検討結果及び深刻な影響の有無や主要な利害関係者に対する深刻な影響の有無，政策改革の重要性を考慮して，拡張影響評価を行うかどうかを決定する。

拡張影響評価は，利害関係者や専門家と協議を行いつつ代替案を含めてより詳細な分析を行うことで，選択した政策オプションを正当化するものである。提案された政策が掲載された年次政策戦略が決定された後，作業プログラム提案に掲載されるまでの9ヶ月間に行われる。分析の詳細度は，比例原則にのっとって，すなわち影響の深刻さや特定の団体への影響の深刻さなどに応じて決める。通常は，政策提案総局が事務総局に通知し，影響を受ける他総局を巻き込んで実施するが，総局横断組織を形成して評価範囲の設定や進行管理，報告書の完成の監視を行うこともある。そして暫定結果を関連する他総局と共有し，協議を行った上で最終報告書を作成する。

拡張影響評価の結果は，総局間協議（Inter-Service Consultation）で発表・検討され，意見などを受けて最終的に欧州委員会が採択すると他部局に送付される。

第2に，評価対象を，各総局が2004年度の年次政策戦略（Annual Policy Strategy）に提出する規制の提案，及び白書，支出プログラム，政策の方向性や国際協定の交渉ガイドラインなどの政策改革に関する提案に限定したことである。インパクトアセスメントプロセスを導入しても，実施責任を負う各総局は評価プロセスに習熟するのに時間を要する。この点に鑑み，さし当たり進行中の政策提案から着手し，その後徐々に拡大していくこととした（European Commission, 2002）。

（2） 2005年ガイドライン及び2006年更新

試行期間中にインパクトアセスメントをめぐる環境が変化した。2002年の規制改善行動計画（Better Regulation Action Plan）の作成により，規制の簡素化・改善が強く求められるようになった。また2005年にリスボン戦略の改定により，成長・競争と雇用がEUの中心的課題となった。

そこでインパクトアセスメントも，これらの優先目標の達成に資するように改定することが求められた。具体的には，経済的影響の評価の強化，政策提案や影響の深刻度に応じた分析の程度と範囲の設定，及び（産業界を含めた）広範な利害関係者との協議である。そして経済的影響の評価の強化策として，行

政費用の測定やその評価方法に関する共通のアプローチの開発が，広範な利害関係者の効果的な参加を促す手段として，ロードマップの作成と公表，その早期段階からの利害関係者との協議への活用が求められた（European Commission, 2005）。

この結果，2005年ガイドラインでは，主に下記の点が改定された。

第1に，予備的影響評価と拡張影響評価の2段階評価を廃止した。影響が深刻でなければ，拡張影響評価段階でも詳細な分析は行われなかったためである（European Commission, 2004）。そして予備的影響評価の代わりに，対処すべき問題とEUの活動が正当化される理由，政策代替案，影響分析を行う分野と作業計画・スケジュールなどを記したロードマップの作成を義務づけた。その上で，インパクトアセスメントの対象を，グリーンペーパーを除く欧州委員会の年次政策戦略のほとんど全てに拡大した。

第2に，インパクトアセスメントの実施時期，特にロードマップの作成時期を，欧州委員会の年次政策戦略や，年次の優先事項を整理する立法作業プログラム（Legislative and Work Programme）の作成前に行うこととした。

当初のプロセスでは，年次政策戦略への掲載を条件として予備的影響評価を，立法作業プログラムへの掲載を条件として拡張影響評価を行うことになっていたため，政策提案総局は，代替的な政策オプションを含めた検討を真剣に行う誘因を持たなかった。また影響を受ける総局も，他の総局の政策提案の影響を評価する時間と資源を十分に確保するのは容易ではなく，質の高い評価を行うことが困難であった。このため，インパクトアセスメントも，すでに提案された政策を正当化することになりがちで，政策決定者にあまり影響を及ぼすことができなかった。ロードマップを早期段階で作成するように変更することは，提案された政策に関連する他の総局や外部の利害関係者が十分な準備を行ってよりよい情報を提供し，代替案の検討を含めた真剣な検討をできるようにするための措置であった。

その一方で，インパクトアセスメントの指導原理は，アムステルダム条約第2条の「経済活動の調和の取れた持続的発展」の促進とされ，第6条の「環境保護要件を全ての欧州委員会の政策・措置の定義に含める」こととはされなか

った。この結果，インパクトアセスメントの目的から，EPIや持続可能な発展の実現は外された（EEAC, 2006）。

また，分析方法及びツールに関しての詳細なガイダンスは依然として提示されず，政策提案ごとに総局の裁量に任された。この結果，利害関係者が欧州委員会にインパクトアセスメントの質に対する説明責任を負わせるのは困難となった。

このガイドライン改定後も，下記4つの手続きや制度が追加された。第1に，分野横断型の政策提案に関しては，インパクトアセスメント運営グループ（Impact Assessment Steering Groups, IASG）の設立を義務づけ，事務総局の戦略計画・企画部，他の関連する総局，及び外部の利害関係者が早期段階から政策提案の作成に関与できるようにした。また運営グループが設立されない場合には，その理由をロードマップに示すとともに，事務総局の戦略計画・企画部に対して逐次状況を報告する義務を負うことにした。この措置は，政策提案に対して早期段階から積極的に情報提供や意見陳述を行うことを容易にすることで，利害関係者間の合意形成を容易にすると期待された。

第2に，規制の行政費用の算定を義務づけるとともに，2012年までにそれを25％削減するという共通目標を設定した。

第3に，機関間共通アプローチ（Inter-Institutional Common Approach）を採択して，欧州委員会・欧州議会・欧州理事会の間でのインパクトアセスメントの役割を明確にするとともに，共通の方法論を用いることに合意した。

第4に，インパクトアセスメントの質の管理と向上，及び各総局による支援を目的としたインパクトアセスメント委員会（Impact Assessment Board）を設立した。この委員会は欧州委員会委員長の直轄部署として設立され，事務総局次長（deputy sectary general）及び財政・金融，企業・産業，社会・雇用，環境・気候変動の4分野の課長クラスの事務官僚各1名の5名で構成される。そして，ガイドラインや基準への適合性，分析深度の適合性，分析・データの信頼性の3つの視点から，インパクトアセスメントのドラフトの審査を行い，意見書を作成・公表する役割を担うこととなった。

（3） 2009年ガイドライン改定

　2007年の外部評価は，これまでのインパクトアセスメントの不十分な点を，委員会提案の質の改善への貢献，意思決定の効果的な支援，外部の利害関係者及び総局間のコミュニケーションの強化の３つの観点から指摘した（TEP, 2007）。

　まず委員会提案の質の改善への貢献については，ガイドラインの誤った使用，内部で選択に関する重要な決定を行った後の実施，委員会上層部や理事会・議会などの圧力による代替案検討の制約，といった時期と目的に関して不適切なアプローチを採っていることを明らかにした。さらに，適切なデータ・方法の利用や十分な時間・資源の確保の困難，委員会内部の研修や指示書・支援・専門家へのアクセスの欠如といった実践的な課題がいぜんとして存在することも合わせて指摘した。

　次に意思決定の効果的な支援に関しては，欧州委員会閣議ではインパクトアセスメントの結果が信用されていないことを指摘した。そしてこの要因として，政治的意志決定者が分析の完全性を疑い，情報提供方法も鍵となる側面を見つけるのが困難なこと，インパクトアセスメントとは独立に選択された政策オプションを正当化するだけで，客観性が欠如しているものがあまりに多いこと，効果的で客観的な質保証メカニズムが欠如していると認識されていること，同時に欧州議会や理事会も意義を理解せず，報告書を理解する時間と能力を持たないことを指摘した。

　最後にコミュニケーションの強化に関しては，他総局とのコミュニケーションについてはインパクトアセスメント運営グループの設立後にかなり改善され，また外部の利害関係者との協議に関しても最低限の基準は遵守されていることを明らかにした。その一方で，広範な範囲でタイミングよく整然と協議が実施されるわけではなく，従って利害関係者が必ずしも満足しているわけではないことも指摘した。

　この評価を受けて，2009年ガイドラインでは，主として６つの側面が改定された。

　第１に，インパクトアセスメントの対象範囲を，白書，行動計画，支出プロ

グラム，国際協定の交渉ガイドラインなどの将来の政策を定義する非立法措置にも拡大した。これは非立法措置にも深刻な影響を及ぼすものが存在することが認識されたことに対応するものである。そこでこれらの措置に対しても，早期段階でのロードマップの作成を義務づけ，その中に対処すべき問題と EU の活動が正当化される理由，利害関係者との協議計画の概要を明記することとした。

逆に立法措置の中でも深刻な影響をほとんど及ぼさないものも存在する。こうした政策に対するインパクトアセスメントは，政策提案の改善にも，意思決定の支援に資するわけではない。そこで，インパクトアセスメントの分析水準を影響や政治的重要度，政策形成段階に応じて行う比例原則（proportionate level of analysis）の概念を導入した。同時に，既存の立法の改定については，執行の改善を選択肢に加えることを明記した。

第 2 に，インパクトアセスメントの実施手続きと制度を強化した。各総局内のインパクトアセスメント支援室の機能と役割が強化され，インパクトアセスメント運営グループの役割に影響評価報告書のドラフトの最終的な検討や，その議事録の提出が追加された。またインパクトアセスメント委員会が検討した結果，目的や選択肢，結論を変更した場合には，提案部局に影響評価報告書の再提出を求めることや，評議会の勧告をどのように影響評価報告書に反映したのかを提案部局が説明するメモを提出することを義務づけた。

第 3 に，外部の利害関係者との協議を拡充した。外部の利害関係者が問題設定，補完性原則の遵守に関わる分析，選択肢とその影響に関する記述に対してコメントできることを確保すること，複雑で敏感な提案に関しては 8 週間以上の協議期間を設けること，全ての適切な利害関係者が協議を認識し貢献できるようにすること，協議内容や異なる意見，どのように協議内容を考慮したのかを報告書に明記することを義務づけた。

第 4 に，公的介入が必要な理由及び加盟国ではなく EU が行動を起こす理由を，ベースラインシナリオと政策導入による感度分析などにより立証することを義務づけた。また負の影響に不確実性が存在する問題に対してリスク分析を別途実施することを明記した。

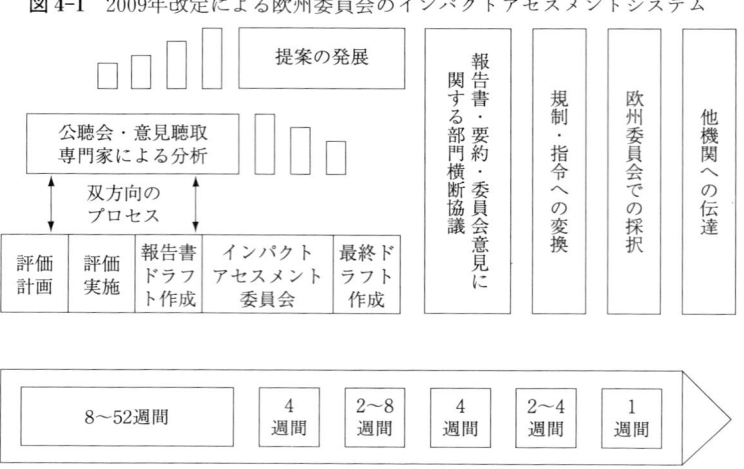

図 4-1　2009年改定による欧州委員会のインパクトアセスメントシステム

（フロー図：公聴会・意見聴取、専門家による分析／提案の発展／双方向のプロセス／評価計画→評価実施→報告書ドラフト作成→インパクトアセスメント委員会→最終ドラフト作成→報告書・要約・委員会意見に関する部門横断協議→規制・指令への変換→欧州委員会での採択→他機関への伝達。所要期間：8〜52週間／4週間／2〜8週間／4週間／2〜4週間／1週間）

（出所）　European Commission（2009）.

　第5に，分析すべき影響項目を拡充した。リスボン条約に明記された EU 基本権憲章を確保する観点から所得階層別及び国・地域別の分配影響が，改定リスボン戦略の実現の観点から中小企業への影響，域内市場の競争への影響，消費者への影響，提案された政策の遵守に要する情報要件や行政費用を分析対象に加えた。特に重要な政策実施費用の分析に関しては，自ら構築した「標準費用モデル」を活用して費用の定量評価を，また既存の規制を改定する際には，簡素化された便益の定量評価を要求した。また，交通の外部効果や途上国など第三国での社会影響も追加した。

　最後に，選択肢を比較する手法として費用便益分析や費用効果分析などの定量化手法が強調され，費用効率性や費用対効果に基づいた選択肢のランク付けが推奨された。

　この結果，2009年以降のインパクトアセスメントは，**図 4-1**に示されるプロセスに従って行われるようになった。まず政策提案総局が，提案内容の形成と並行してロードマップを作成する。そして自総局内のインパクトアセスメント支援室の支援を受けてインパクトアセスメント運営グループを設立し，関連する他の総局の参加を確保する。同時に，外部の利害関係者や専門家との協議を

経て評価項目に沿った経済・社会・環境影響を確定し，その中の深刻な影響に焦点を当てて因果関係や影響の大きさ，影響の帰着を質的に評価し，最も深刻な影響に対してより詳細な質的・量的分析を行う。そして報告書のドラフトを作成し，インパクトアセスメント委員会に提出する。このプロセスに通常8～52週をかける。

インパクトアセスメント委員会は，評価報告書のドラフトを4週間かけて審議し，その結果を提案総局に勧告する。提案部局は勧告を受けてドラフトを修正し，必要な場合には再度分析を行ってドラフトを再提出する。

こうして作成された評価報告書とその要約，委員会の意見は政策提案とともに欧州委員協議会（College of Commissioners）に送付された後，総局間協議に附され，4週間かけて他の関連総局と協議を行う。ここで承認が得られると政策提案は欧州委員会の公式な提案となり，法案化される。同時にインパクトアセスメントの最終評価報告書と評議会意見はウェブ上で公開される。法案は欧州議会及び欧州理事会の審議に附され，承認を得ると，指令ないし規制として公布される。

4　インパクトアセスメントの実際

（1）　インパクトアセスメントの実施状況

欧州委員会は，2012年7月までに，715のインパクトアセスメントを実施した。試行段階の2003～04年には2年間で42件だったのが，2005年には74件，2008年には121件と増加した。これは，2005年のガイドラインで予備的影響分析が廃止されたため，裁判・基本的人権・市民権，企業・産業，環境，エネルギーなどの部門で一連の相互に関連する政策や規制の制定・改編が対象になったことが要因として挙げられる。

部門別では，最も多いのが国内市場・サービスで93件，裁判・基本的人権・市民権（73件），企業・産業（63件）の順となっている（**表4-1**）。環境は52件とこれらの部門に次いで多く，気候変動（25件）と合わせると，2番目に多い。移動・交通は，環境の観点から白書や政策の見直しに着手された2005～08年に，

表 4-1 欧州委員会の部門別インパクトアセスメント実施件数（2003-2012年7月）

部　門	数
国内市場・サービス	93
裁判・基本的人権・市民権	73
企業・産業	63
移動・交通	62
環　境	52
エネルギー	51
健康・消費者政策	44
情報社会・メディア	35
気候変動	25
開発協力	25
海事・漁業	25
雇用・社会・包摂	24
教育・文化・多言語・若者	22
税・関税	21
農業・農村開発	19
競　争	18
研究・革新・科学	14
貿易・対外関係	11
その他	38
計	715

（注）2003〜2012年の間の総局が再編されたため、現在の総局（部門）と整合するようにデータを加工している。
（出所）欧州委員会インパクトアセスメントウェブサイト（http://ec.europa.eu/governance/impact/ia_carried_out/cia_2012_en.htm 2012年9月1日アクセス）に基づき筆者作成。

国内市場・サービス及び企業・産業は、リスボン戦略改定に伴う政策提案が構想された2007年以降、集中的に実施された。

（2）インパクトアセスメントの実施事例

①大気汚染戦略及び化学物質登録・評価・認可及び制限（REACH）

試行期間中に実施されたインパクトアセスメントで注目されたのは、大気汚染戦略（Clean Air for Europe：CAFÉ, 2005年公布）と化学物質の登録・評価・認可及び制限（Registration, Evaluation, Authorization and Restriction of Chemicals：REACH, 2006年公布）であった。

大気汚染戦略のインパクトアセスメントは、利害関係者や専門家との構造化された対話と、目標設定にモデル分析と外部費用の経済評価を活用した最初のものであった（EEAC, 2006）。すなわち、部局間運営グループ及び作業グループでモデル分析や仮説、シナリオの選択肢を集中的に議論し、広範な専門家集団が長年行ってきた研究を活用しながら洗練された分析を行い、費用便益を比較して提示した。このため、インパクトアセスメントに対して利害関係者から意見は出されなかった。

ところが、政策決定段階では、このインパクトアセスメントの結果をそのまま採択したわけではなかった。欧州委員会は、費用効果分析を意思決定基準として採用することで、インパクトアセスメントで最も純便益が高いと評価された野心的な目標を掲げた選択肢ではなく、より緩やかなアプローチを選択した。この結果、欧州委員会は評価基準を政治的に用いたとの批判を受けた。しかし、

第4章　欧州委員会のインパクトアセスメント

インパクトアセスメントは（政治的意思決定を）「支援する手段であって代替案を提示するものではない」として，欧州委員会は結論を変えなかった（Meuwese, 2012）。

REACHのインパクトアセスメントは，協議の頻度，範囲，種類及び期間のどれも，並外れて高いものであった。この結果，深刻な実践的課題が明らかとなり，対応策を導入することが可能になった。そして白書の提示後は，行政費用の推計に焦点が絞られた。

ところが規制を受ける業界は，REACHの廃案ないし大幅修正を求める目的から独自に行政費用を推計し，行政費用の高さと雇用や成長への悪影響を加盟国政府へのロビー活動を通じて示してきた。これに対して欧州委員会は，分析方法を当初の費用便益分析から費用効果分析に変更し，行政費用を小さいものに調整することで，産業界の反対を抑えて当初案を正当化しようとした。

②バイオマス行動計画・バイオ燃料戦略及びエネルギー戦略

本格実施後に大きな関心を集め，論争となったのが，交通燃料消費に占めるバイオ燃料割合の目標を設定する計画・戦略・指令であった。

欧州委員会は，温室効果ガス排出削減の観点から，2005年にバイオマス行動計画を，続いて2006年にバイオ燃料戦略を公表した。この行動計画及び戦略では，交通燃料消費に占めるバイオ燃料の割合を2010年までに5.75％に引き上げることを目標として設定した。また2008年に公表したエネルギー戦略，及び2009年の再生可能エネルギー指令では，その割合の2020年までの10％への引き上げを目標として設定するとともに，バイオ燃料の生産が森林破壊などの土地利用の変化を伴うものではないことを定量的に証明する持続可能性証書の提示を要件とすることを決めた。

ところがバイオマス行動計画及びバイオ燃料戦略のインパクトアセスメントは，必ずしもバランスの取れたものではなかった。第1に，バイオ燃料の使用増加に伴う炭素削減効果は定量的に評価したものの，第1世代バイオ燃料[3]の増加がもたらす潜在的な土地利用の競合，生物多様性目標との整合性，大気・水指令の目標・基準値との整合性を含めた包括的な評価は行われず，社会的影響もほとんど検討されていなかった。

第2に，バイオマス行動計画で高い優先度が置かれた熱電併給は，温室効果ガス排出削減の観点からもその費用効率性の観点からも，最善の選択肢ではなかった。バイオ燃料利用の熱電併給は，その最適化政策の半分しか温室効果ガス排出削減効果がなく，またバイオマス利用の5分の1以下の費用効率性しかなかった。

　第3に，インパクトアセスメント運営委員会を設置し，広範な外部の利害関係者との協議を行うなど適切なプロセスを踏んでいたものの，外部の利害関係者との協議では，産業界や環境NGOの懸念よりも，自動車産業や農業部門などのバイオ燃料需要の継続的な確保から利益が得られるアクターの利害を優先した。このように利害関係者の意見の取り扱いをバランスよく行わなかったことで，政策決定バイアスを持ったものと見なされた。

　またエネルギー戦略及び再生可能エネルギー指令におけるバイオ燃料目標設定に関するインパクトアセスメントでも，バイオマス行動計画・バイオ燃料戦略のものと同様に，土地利用の変化や生物多様性などへの影響，特に第三国での影響を無視し，かつ社会的基準を考慮しなかった。そこで欧州議会は，第1世代バイオ燃料の交通燃料消費の削減を目的としたエネルギー効率改善目標の設定を提案した。しかし，欧州委員会は社会的持続性や環境・土地利用の変化に関する追加的な報告書の提出を義務づけただけで，原案の抜本的な変更を行わなかった（Hirschl et al., 2012）。

③国際貿易協定

　欧州委員会は，2003年のインパクトアセスメント実施に先立つ2001年に，国際貿易協定の締結・改定には持続性影響評価を導入していた。これは，1999年のシアトル暴動を受けて，持続可能な発展への悪影響を理由とした市民の貿易自由化に対する反対を最小限にする必要があったためである（George and Kirpatrick, 2012）。

　そこで欧州委員会は，国際熱帯木材協定（ITTA）改定，Coconou協定の見直し，アフリカ・大西洋カリブ海諸国（ACP）との経済連携協定，及び欧州連合・地中海諸国自由貿易圏（EMFTA）の締結の際に，EUだけでなく相手国に及ぼす社会・環境影響を含めた持続性影響評価を行い，影響緩和措置とそれ

第4章　欧州委員会のインパクトアセスメント

を実現する環境協力を提案した（OECD, 2007）。この提案は，相手国の市民社会や議員が提起したことで，協定には反映されたものの，欧州委員会の原案には反映されなかった。

そして貿易交渉の焦点が市場の開放から規制の枠組みへとシフトし，国際貿易協定の事前影響評価の方法も持続性影響評価からインパクトアセスメントに変わると，事前影響評価の役割も，貿易交渉を有利に進めるためのポジションを獲得する手段と理解されるようになった。この結果，市場アクセス戦略に対するインパクトアセスメントでは，環境・社会影響の検討範囲はEU域内に限定され，負の影響の分析深度も限定的となり，重要な影響及びその分配についても十分に検討されないなど，質の高い評価は行われなくなった。しかもインパクトアセスメント委員会が評価の質の改善を勧告したにもかかわらず，抜本的な改善はなされなかった。

これは，一面では，相手国も含めた貿易交渉のアウトカムを測定可能な指標で示すことが困難なことが理由として挙げられる。しかしより重要なのは，競争力の向上を優先課題として掲げる政治的要因が，国際貿易協定の交渉にインパクトアセスメントの結果を反映させることに制約をかけたことであった（George and Kirpatrick, 2012）。

（3）　持続性影響評価の観点からの検討

これらの事例を基に，他の先行研究を踏まえながら，持続性影響評価の特徴として挙げた，①環境・社会，将来影響の分析，②対話・コミュニケーション，③評価の質の管理・向上，④政策決定への反映，の観点から再検討すると，欧州委員会のインパクトアセスメントは下記のように評価することができる。

まず評価の質の管理・向上に関しては，REACHに関する論争を契機に，各総局及び事務総局に支援組織，事務総局にインパクトアセスメント委員会が設立され，ロードマップの公表とインパクトアセスメント運営グループの設立が義務づけられるなど，インパクトアセスメントの進行管理と実質的な分析を確保するという点で，評価の質の向上が図られた。

この結果，より多くの政策提案において，少なくとも部分的には費用及び便

益の貨幣評価が行われるようになった。このため，政策に伴う費用が1億米ドル以上の政策提案のインパクトアセスメントの質は米国の主要な規制の影響評価と同等のものになった（Cecot et al., 2008）。

評価の質の管理の観点からの定量分析・貨幣評価の強化は，その半面で，費用便益分析や行政費用の分析を重視し，定量化・貨幣評価の困難な環境・社会影響や，不確実性や知見の欠如の大きい長期の環境影響を無視する傾向をもたらした（TEP, 2007；EEAC, 2006）。インパクトアセスメント導入の初期には，ガイドラインが十分ではなく，支援組織も十分に整備されていなかった。このため，政策提案部局は長期の環境影響を確定し評価する方法に関する知見や専門性を持たず，実施することは非常に困難であった（Ecologic, IEEP and VITO, 2007）。ところが，ガイドラインが整備されても，データ収集の困難や適切な手法の欠如といった抜本的な課題は克服されておらず，長期かつ世代を超える影響の定量的な評価は困難なままである（Maro, 2010）。このためにバイオ燃料割合目標を決定する際には，悪影響に関する科学的知見の不確実性の高さから，政策決定者は悪影響に関する分析結果を意思決定に反映しなかった（Hirschl et al., 2012）。

次に，総局間及び外部の利害関係者との対話・コミュニケーションに関しては，2003年公表の「利害団体との協議の一般原則と最低基準」及び2005年のガイドライン改定により，利害関係者との双方向対話を増やし，その結果を評価プロセスに反映させる可能性を高めた。この結果，移動・交通総局は欧州横断交通ネットワーク事業での経験を通じて環境への懸念を政策決定に統合する専門性を高め（Schmidt et al., 2010），農業総局も徐々に環境総局の課題を自らの課題として組み込み始める（Bäcklund, 2009）など，環境保全を共通の規範とする総局が増えている。

その半面，外部の利害関係者の参加は必ずしも公平かつ適切なタイミングで行われているわけではない。REACHのインパクトアセスメントでは規制対象業界の，バイオマス行動計画・バイオ燃料戦略では自動車産業及び農業団体の参加や情報投入が優先された。

ところが欧州委員会は，意思決定基準を曖昧なままにしている。またガイド

ラインも，インパクトアセスメントの分析結果をどのように意思決定に反映させるか，またどの分析方法を用いるべきかについての指示を記載していない。このことが，意思決定の基準設定に対するロビー活動を招いてきた（Meuwese, 2012）。

しかも協議やコミュニケーションが充実し，政策決定プロセスが透明化しても，インパクトアセスメントが合理的な政策決定の支援を保証するわけではない。大気汚染戦略では複数の選択肢の純便益が提示されたにもかかわらず，政策決定段階では産業界への影響が考慮され，純便益の大きさに基づいて決定されたわけではなかった。この結果，意思決定の最終段階になって欧州議会や環境NGOが圧力をかけるなど，意思決定プロセスが政治化された。

またバイオマス行動計画・バイオ燃料戦略及びエネルギー戦略でも，インパクトアセスメントの結果は，バイオ燃料割合目標及び持続可能性証書の決定に何らの影響も及ぼさなかった。これは，バイオ燃料比率の設定が2020年までに温室効果ガス排出量を20％削減するという，より大きなエネルギー気候変動パッケージを構成する下位の政策であったためであった。つまり，バイオ燃料割合目標を高く設定できなければ，他の手段で再生可能エネルギーの割合を高めるか，他の部門でより多くの温室効果ガスの排出を削減せざるをえなくなる。このことが，科学者からの明確な警告の公表が遅い段階でなされたこととあいまって，インパクトアセスメントでは広範な環境や社会影響の分析を行わず，当初案を正当化する手段として活用された（Hirschl et al., 2012）。

国際貿易協定においても，EUの競争力強化と成長が強調されるようになると，第三国への影響を分析対象から外した。そこでインパクトアセスメントは，貿易分野の企業・政府間関係を，伝統的な関税交渉やセーフガード発動へのロビー活動を環境・労働規制の導入・調和に転換する政治決定として理解されるようになった（Woll and Artigas, 2007）。

5 到達点と課題

インパクトアセスメントが政策決定に有益な情報を与えるには，評価範囲の

広さ,多角的な側面の統合的評価,多様な利害関係者の参加によるバランスの取れた情報の投入,評価の質の保証が不可欠である。

欧州委員会は,各総局よりも行政的地位が上位の事務総局がインパクトアセスメントプロセスを管理し,各総局に政策構想段階からインパクトアセスメントの準備を義務づけ,分野横断型の政策提案に関しては欧州委員会内部の関係する総局が参加するインパクトアセスメント運営グループを立ち上げて早期段階から政策提案の作成に関与できるようにし,政策提案総局が作成したドラフトを審査するインパクトアセスメント委員会を立ち上げ,その意見を公表するなどの改善を積み重ねてきた。

ところが2005年にリスボン戦略が改定されると,規制影響評価の側面が重視され,評価の質の改善に加えて,行政費用の削減と定量分析・貨幣評価の実施が重視されるようになった。また2006年の外部評価で政策決定者があまりインパクトアセスメントを信頼していないことが明らかにされた。これを受けて,政策立案の早期段階から総局間及び外部の利害関係者との対話・コミュニケーションが行われるようになり,有益な情報の共有だけでなく政策枠組みの再構築を通じた政策提案の改善も見られるようになった。同時に,政策の費用と便益の貨幣評価も部分的は行われるようになった点で,評価の質も向上した。

その半面,外部の利害関係者との対話も産業界に有利となるようにバイアスがかかってきた。また環境・社会,将来影響は,データの入手困難や分析手法の未確立などの理由から分析はあまり行われず,予測した影響の不確実性の高いことを理由に,政策決定にあまり反映されてこなかった。この傾向は,経済影響の定量化・貨幣評価が進むにつれて顕著になりつつある。さらに欧州委員会が当初案を正当化する手段としてインパクトアセスメントを活用した事例も少なくない。このため,インパクトアセスメントに対する信頼は必ずしも高いわけではない。

当初案の正当化手段としてのインパクトアセスメントの利用を防止する方法としては,選出議員や市民社会が監視を強め,政策提案やインパクトアセスメントの枠組みや分析方法に関する対案を提起することが考えられる。この方法は,欧州委員会の各総局の説明責任を高める半面,問題を政治化し,合理的な

意思決定を妨げることにもなる。

　他の方法として，応用分析手法の活用や外部専門家への委託が考えられる。これは，根拠に基づいた分析を確保しつつ，政策形成プロセスでの政治的影響を少なくすることを可能にするためである（Bäcklund, 2009）。

　ただしこうしたインパクトアセスメントのプロセスの改善が，環境・社会，将来に及ぼす影響政策決定への反映という持続性影響評価の目的を実現するとは限らない。環境・社会，将来影響の定量分析の方法が確立されておらず，また影響を防止する明確な目標が設定されていなければ，環境・社会，将来に及ぼす影響を積極的に政策提案やインパクトアセスメントに反映させることにはならないためである。逆に，明確な目標が設定され，定量分析方法が利用可能な分野では，インパクトアセスメントは部門政策や中長期計画の作成の際に環境・社会への影響やその将来への影響を統合して証価し，政策提案に反映させる効果を発揮することが可能となる。

注
(1) 欧州委員会における白書とは，日本における年次報告書ではなく，エネルギーや農業などの部門の，今後10年間の政策の方向性や枠組みを決める中期計画を意味する。
(2) 設立当初は，総局間運営グループ（Inter-Service Steering Group）と称されていた。
(3) 第1世代バイオ燃料とは，サトウキビ，トウモロコシ，野菜など食糧供給と直接競合する原料から生成された液体燃料を指す。

参考文献

総務省行政評価局『諸外国における RIA の質の確保に関する調査研究報告書』2008年（http://www.soumu.go.jp/main_sosiki/hyouka/seisaku_n/chousakenkyu/0803_1.html　2012年9月1日アクセス）。

Achtnicht, Maryin, Klaus Rennings and Julia Hertin, 2009, "Experiences with integrated impact assessment: Empirical evidence from a survey in three European member states," *Environmental Policy and Governance*, Vol. 19: 321-335.

Bäcklund, Ann-Katrin, 2009, "Impact assessment in the European Commission —— A system with multiple objectives," *Environmental Science and Policy*, Vol. 12: 1077-1087.

Cecot, Caroline, et al., 2008, "An evaluation of the quality of impact assessment in the European Union with lessons for the US and the EU," *Regulation and Governance*, Vol. 2: 405-424.

Dunlop, Claire A., et al., 2012, "The many uses of regulatory impact assessment: A meta-analysis of UK and UK cases," *Regulation and Governance*, Vol. 6: 23-45.
Ecologic, IEEP and VITO, 2007, *Improving Assessment of the Environment in Impact Assessment: A Project under the Framework Contract for Economic Analysis*, ENV. G. 1/FRA/2004/0081.
European Environmental and Sustainable Development Advisory Councils [EEAC], 2006, *Impact Assessment of European Commission Policies: Achievements and Prospects*, Brussels.
European Commission, 2002, *Communication from the Commission on Impact Assessment*, COM (2002) 276 final, Brussels.
European Commission, 2004, *Impact Assessment: Next Steps: In Support of Competitiveness and Sustainable Development*, SEC (2004) 1377, Brussels.
European Commission, 2005, *Communication from the Commission to the Council and the European Parliament-Better Regulation for Growth and Jobs in the European Union*, SEC (2005) 175, Brussels.
European Commission, 2006, *Impact Assessment Guidelines 15 June 2005 with March 2006 update*, SEC (2005) 791, Brussels.
European Commission, 2009, *Impact Assessment Guidelines*, SEC (2009) 92, Brussels.
George, Clive and Colin Kirpatrick, 2012, "Political challenges in policy-level evaluation for sustainable development: The case of trade policy," in von Raggamby, Anneke and Frieder Rubik (ed.), *Sustainable Development, Evaluation and Policy-Making: Theory, Practice and Quality Assurance*, Cheltenham: Edward Elgar, 73-89.
Hertin, Julta et al., 2009, "The production and use of knowledge in regulatury impact assessment: An empirical analysis," *FFU-report 01-2009*, Berlin: Environmental Policy Reseach Centre, Freie Universität Berlin.
Hirschl, Bernd, et al., 2012, "Science-policy interface and the role of impact assessment in the case of biofuels," in von Raggamby, Anneke and Frieder Rubik (ed.), *Sustainable Development, Evaluation and Policy-Making: Theory, Practice and Quality Assurance*, Cheltenham: Edward Elgar, 151-172.
Maro, Pendo, 2010, "Views of the European Environmental Bureau on the Commission's impact assessment procedure —— With a focus on environment," in Bizer, Kilian, Sebastian Lechner and Martin Fuhr (eds.), *The European Impact Assessment and the Environment*, Berlin: Springer-Verlag, 73-83.
Meuwese, Anne C.M., 2012, "Impact assessment in the European Union: The continuation of politics by other means?," in von Raggamby, Anneke and Frieder Rubik (ed.), *Sustainable Development, Evaluation and Policy-Making: Theory, Practice and Quality Assurance*, Cheltenham: Edward Elgar, 141-149.
OECD, 2006, *Good Practices in the National Sustainable Development Strategies of OECD Countries*, Paris: OECD.
OECD, 2007, *Environment and Regional Trade Agreements*, Paris: OECD.

OECD, 2008, *Conducting Sustainability Assessments*, Paris: OECD.
OECD, 2009, *Regulatory Impact Analysis: A Tool for Policy Coherence*, Paris: OECD. (山本哲三訳『OECD 規制影響分析――政策評価のためのツール』明石書店，2011年)。
OECD, 2010, *Guidance on Sustainability Impact Assessment*, Paris: OECD.
Schmidt, Michael et al., 2010, "The proportionate impact assessment of the European Commission―― Towards more formalism to backup 'the environment,' " in Bizer, Kilian, Sebastian Lechner and Martin Fuhr (eds.), *The European Impact Assessment and the Environment*, Heidelberg: Springer, 85-102
The Evaluation Partnership Limited (TEP), 2007, *Evaluation of the Commission's Impact Assessment System ―― Final Report*.
von Raggamby, Anneke, et al., 2012, "Quality requirements for sustainability evaluations," in von Raggamby, Anneke and Frieder Rubik (ed.), *Sustainable Development, Evaluation and Policy-Making: Theory, Practice and Quality Assurance*, Cheltenham: Edward Elgar, 209-240.
Woll, Cornelia and Alvaro Artigas, 2007, "When trade liberalization turns into regulatory reform: The impact on business ―― government relations in international trade politics," *Regulation and Governance*, Vol. 1: 121-138.

（森　晶寿）

第5章

EUにおける持続可能な交通政策形成のプロセス
―― 科学的手法と合意形成 ――

1 EUにおける長期交通計画としての交通白書

　EUにおける最初の包括的交通政策ビジョンを示した交通白書が，1992年12月に公表されて以来，2001年9月に白書 *European Transport Policy for 2010: time to decide*，2011年3月に3つ目の現行の交通白書 *White paper on transport ── Roadmap to a single European transport area ── Towards a competitive and resource efficient transport system* が公表された。

　前回2001年発行の交通白書 *European Transport Policy for 2010: time to decide* は，1998年12月のウィーン欧州理事会による「環境と持続可能な発展の運輸政策への統合戦略」，さらに同報告書を発展させ，99年12月ヘルシンキ欧州理事会において提出された「運輸政策に対する持続可能な運輸と環境の統合戦略」から引き継がれた持続可能な交通戦略であった。この白書では，経済成長と人々の移動に対する権利を維持しつつも，持続可能性を求めるものであり，EUの交通政策において環境政策統合（EPI）が図られたビジョンと言えよう。また，2011年に発効した現行の新しい交通白書では，まず交通がEUの社会経済の発展において必要不可欠であることを前提に，持続可能な交通システムのビジョンを提示している。この新しい白書では，特に交通量の増大とモビリティの維持を確保しつつ，2050年までに交通部門における温室効果ガスを60％削減するといった目標を打ち出しており，気候変動，エネルギー問題に対応した交通政策のビジョンが前面に出ている。2050年の温室効果ガスの60％削減に向けては，具体的に10のベンチマークが示され，今後10年間に実施すべき戦略については，(1)鉄道，航空，水運についての欧州単一交通区域の完成，(2)

石油依存から脱却するための車両，燃料，通信におけるイノベーション，(3)交通への課金に汚染者負担原則及び利用者負担原則を適用し，騒音，大気汚染，混雑等の外部性の内部化により近代的なネットワークを整備，(4) EUが域外に自らの政策を適用できるような対外活動など，4つの分類に対応した40の具体的な取り組みが示されている。

このように，EUでは交通政策における環境政策統合が長期計画レベルで着実に進んでいると言えるが，それではなぜ交通政策の策定において，環境への影響を配慮し，その政策に環境への懸念を統合する環境政策統合が可能になっているのであろうか。その要因を交通政策の長期計画を策定するプロセスと体制，とりわけ政策評価の観点から考察する。

2 EUにおける交通政策の立案と評価プロセス

（1） 長期的な政策立案プロセスと政策評価の位置づけ

2011年の交通白書の策定に当たって，欧州委員会は2009年に将来の交通システムについての議論を開始している。まず，2009年1月から3月にかけて公の協議が行われ，続いて欧州交通政策に関する評価，フォーカスグループによる討論，ハイレベルステークホルダーの会議が行われ，交通の将来について議論された。さらに6月17日には委員会によって *A Sustainable Future for Transport —— Towards an integrated, technology-led and user friendly system* に関するコミュニケーションが実施され，これを機にEUの交通政策の主要なチャレンジ，主な目的，方法などが広く議論されることとなった。同年9月までに250以上の意見が寄せられ，11月20日には第2回のハイレベルステークホルダー会議が開催されたが，そこでは新しい交通白書で検討すべき具体的な交通政策手段について話し合われた。一方，2009年11月から2010年6月には新しい交通白書のために部局間グループが組織され，様々な部局の観点での意見が聴取された。この部局間グループには，事務総局をはじめ22の部局が集められ，環境，エネルギー，気候変動などの環境関連総局を含む部局間での横断的な政策立案が開始された。このように，多種多様なステークホルダー間の協議が十

分行われるとともに，政策立案の初期段階で環境関連部局を含む各部局が交通政策の立案に関わることが，政策立案プロセスの大きな特徴と言ってよいであろう。その部局間グループに環境関連部局が関与していることで，政策案そのものに環境の視点が常に入るようになっている。

　また，政策の事前評価が政策立案のプロセスに組み込まれていることも，EU交通政策立案の特徴の1つである。このインパクトアセスメントは交通総局（DG-MOVE）の他，エネルギー総局（DG-ENER），気候変動総局（DG-CLIMA）の共同で進められ，さらにインパクトアセスメント運営グループ（Impact Assessment Steering Group: IASG）が約20の関連部局とともに組織されている。IASGによる協議は，2010年10月から12月にかけて3回実施され，コメントをまとめた最終版は12月16日に発行されている。このようなプロセスを踏まえて，草稿は12月20日にインパクトアセスメント委員会（Impact Assessment Board: IAB）に提出されている。翌2011年1月末にはIABとの公聴会が開催され，それを受けてIABはDG-MOVEに対して草稿を再受付するための意見を提出し，さらにIASGは委員会に対して修正版を提示するというステップを踏んでいる。立案する交通政策のインパクトアセスメントをDG-MOVE単独で行うのではなく，DG-ENERや気候変動総局，環境総局と共同で実施することにより交通政策の環境影響が常に示され，環境への配慮が政策立案に統合されるようになっている。また，ほとんどの総局が運営グループに加わり，このインパクトアセスメントに関与することで，交通政策のインパクトアセスメントを客観的なものにしている。

　2011年交通白書が発行される前，2010年6月に欧州議会がEU 2020戦略を承認しており，交通政策のインパクトアセスメントにおいてはそのEU戦略の観点が大きく影響している。特に，EU 2020戦略では，7つの重要課題を設定しているが，そのうち資源効率性の追求として，経済成長と資源の使用のデカップリング，低炭素経済へのシフトを目指しており，様々な政策オプションの評価がDG-CLIMA，DG-MOVE，DG-ENERの共同実施によって行われている。つまり，この部分については，2050年までの低炭素経済イニシアティブのためのインパクトアセスメントの一部をなしている。

第 5 章　EU における持続可能な交通政策形成のプロセス

　交通政策のインパクトアセスメントでは，政策オプション群として 4 つの政策シナリオを設定し，それぞれについて計測モデルフレーム（PRISM, TRAN-STOOLS, PRIMES-TREMOVE transport model, TREMOVE and GEM-E3 models）が用いられている。シミュレーションは2020年，2030年，2050年の 3 時点で行われており，それぞれについて経済，社会，環境面でのインパクトアセスメントが行われている。計測されている指標は，交通手段別の人や物の流動，混雑，大気汚染，騒音，事故などの交通の外部費用，モーダルシフト，利用者の単位費用，経済成長，交通システムの効率性，家計の交通費用，アクセシビリティ，雇用と分配，安全性，気候変動，大気汚染，騒音，エネルギー使用量，再生可能エネルギーの利用，生物多様性などであり，多種多様な環境影響が分析されるようになっている。

　以上に示したように2011年交通白書の策定に当たっては，その 2 年前，2009年から公開で議論され合意形成プロセスが作られている。まず，フォーカスグループによる討論，ハイレベルステークホルダーによる会議，将来の交通について議論が繰り返され，一方で新しい交通白書の策定に向けて部局間グループが組織された。日本のように交通政策は国土交通省の管轄として単独で立案されるのではなく，事務総局をはじめ22の部局が集められる。具体的には環境，エネルギー，気候変動など環境関連総局を含む横断的な政策立案が進められ，政策立案の段階で環境関連部局が交通政策の立案に関わることで，仕組みとして政策案そのものに環境の視点が入るようになっている。また，白書で検討される政策の事前評価は，DG-MOVE, DG-ENER, DG-CLIMA の共同で進められ，さらにインパクトアセスメント運営グループが約20の部局より組織されている。このように上位の政策レベルにおいても政策立案，政策評価のプロセスで環境部局が関与しており，必然的に環境配慮がなされるような政策立案の枠組みが形成されている。また，政策立案時に行われるインパクトアセスメントは，EU におけるインパクトアセスメントガイドラインによって進められ，そこでは経済，社会，環境の 3 つの分野への影響を分析することとなっている。このガイドラインがあるために必ず環境影響が分析され，環境政策統合が進むことになる。

（2） EUにおける政策立案時のインパクトアセスメント

EUの交通政策では，ビジョンの策定とその実行時において科学的評価研究が行われる。前述したように交通政策の立案に当たって，様々な代替的な政策シナリオに基づき政策の事前評価が行われ，その評価結果を参考に交通政策が議論，立案される。交通政策のインパクトアセスメントは，政策立案時の事前評価だけでなく，政策実行中の中間評価も行われる。2011年交通白書は，2001年交通白書の中間評価を踏まえて立案されており，政策のPDCAサイクルが着実に進められている。つまり，前交通白書から現行の交通白書までのプロセスでは，まず前交通白書が立案（Plan）された後実行（Do）され，その計画期間の中間年に中間評価（Check）が行われる。その結果を基に次期（現行）の交通白書の立案が検討（Action）され，そしてEU全体の目指すべき方向性を考慮しつつ新しい交通白書が立案（Plan）されるのである。

この政策プロセスにおける「評価（Check）」は，EUにおいてどのように実施されているであろうか。以下にその特徴と「環境」の扱いについて考察する。

まず，評価プロセスでは，できるだけ定量的な分析が行われ，その評価手法をサポートするためにECの共同研究センター（Joint research centre）[1]が科学的客観的手法の提供を行っている。交通政策では，交通量予測モデルから経済モデルまで相互に連携する統合モデルが開発・利用されており，GEM-E3などの応用一般均衡モデルもその1つである。定量的評価のためにEUではシミュレーションモデル開発も行われており，交通政策立案時の事前評価，中間評価を可能にしている。このようなモデル開発と分析を通じて政策の科学的な定量評価を行いつつ，政策の立案，中間評価が着実に行われている。様々なステークホルダーが存在する交通政策において，客観的分析による経済，社会，環境の影響を各所で示すことにより，対話による政策立案が可能になっている。一方，日本では事業レベルの政策評価は制度化されているものの，ビジョンの作成時において政策レベルで環境を十分に考慮した評価は行われない。

このような政策立案時に行われるインパクトアセスメントは，インパクトアセスメントガイドライン[2]に従って進められる。インパクトアセスメントは，政策案を準備する際に行われる論理的手順であり，法制に関する全ての作業プロ

グラム「Work Programme（WP）⁽³⁾」の掲載対象となる政策案，WP対象ではないが，経済的・社会的・環境的なインパクトを伴いうる政策案，将来の政策を示す白書などは対象となる。インパクトアセスメントでは，「経済」，「社会」，「環境」の3つの分野への影響を分析することとなっており，このプロセスがあるために必ず環境インパクトが分析されるため，必然的に環境政策統合が進められる。ガイドラインによれば，環境インパクトとしては気候変動，交通・エネルギー使用，大気環境，生物多様性，水質及び水資源，土壌の質及び資源，土地利用，再生可能資源，企業，消費者の環境配慮行動，廃棄物，環境リスク，動物，国際的環境影響などへの影響が検討されることとなっている。

経済，社会，環境への潜在的影響を評価することで政策オプションの優劣を政策決定者に対して示すことができ，その結果はインパクトアセスメント報告書に掲載される。委員会が政策決定する時にはインパクトアセスメントの結果を考慮することになっており，政策決定プロセスにおいてインパクトアセスメントは重要な手順の1つとなっている。インパクトアセスメントの役割にはいくつかあるが，EUがよりよい政策を立案する手助けとなること，委員会内で初期段階での協調を図ることができること，外部の幅広い利害関係者の意見を考慮することができること，リスボン条約または持続可能な発展戦略などの上位レベルの目的との一致を図ることが可能であることなどが挙げられる。

（3）　交通政策の中間評価

前述したように，交通政策の立案時における事前評価だけでなく，交通白書を発行した後，計画期間の中間年で中間評価が行われる。実際2001年の交通白書発行後，計画期間の中間年（2005年）に様々な視点と手法により，白書の中間評価が実施された。欧州委員会は，2001年交通白書の交通政策の実行状況と展開可能性を評価し，また将来の交通政策の方向付けを行うための参考資料を提供するため4つの調査研究を実施したが，その主要な調査研究がASSESS（Assessment of the contribution of the TEN and other transport policy measures to the mid-term implementation of the white paper on the European transport policy for 2010）である。

ASSESSでは，まず白書で提案された4つの優先課題，またそれぞれの優先課題に属する合計12の政策，さらにその政策分野に属する合計76の事業の進捗状況と，今後の展開可能性が評価された。これは中間評価であるが，白書発表から5年の2005年時点での達成度，目標年次である2010年までの実行可能性，さらに2020年までの長期的な予測も含まれている。さらに，白書に掲げた政策の進展度合いに関する4つのシナリオを設け，その進展度合いごとに目達達成指標の到達度を分析している。その目標達成の効果を分析する際に，様々な計測手法と指標が用いられている。設定されたシナリオは，①Nシナリオ（白書のどの事業も実施されないケース），②Pシナリオ（2010年までに現実的に実施されると考えられるケース），③Fシナリオ（白書の全てが実施されるケース），④Eシナリオ（ほとんどの事業が完全に実施されるが，いくつかの事業については現実的に見て部分的に実行されると考えるケース）の4つである。持続可能性を中心に据えたEUの白書における政策群は，EPIの結果生まれる1つの形と考えることもでき，ASSESSで行われているシナリオ分析は，EPIが完全に到達する場合，もしくは部分的に到達する場合など，EPIの達成度に応じてどの程度効果に差異があるのかを分析していることになる。また，経済，社会，環境のインパクトそれぞれについて分析されており，常に環境への影響が定量的に示されていることからも，EUでは政策プロセスの中に「環境」が統合されていると言えよう。このように交通政策を評価，検討する上で環境要素が1つのファクターとして分析されており，EPIを進める上で重要な情報を提供することになる。

これらのシナリオは，一連の科学的な分析モデルによって計測されている。そのコアとなるモデルは，SCENES（交通需要），TREMOVE（自動車保有，排出，燃料消費，政府歳入），CGEurope（地域経済：地域厚生水準），SLAM（物流），a noise model（騒音），SWOV（道路安全），ASTRA（マクロ経済）である。主にSCENESで推計された交通需要推計値が他のモデルのインプットとなるが，その前にSCENESでの交通需要推計に当たっては，シナリオ別の主要変数が必要であり，これらの変数は既存の文献やリサーチプロジェクトからの情報を基にしている。なお，それらの主要な変数とは，シナリオ別のモード

別貨物の費用と時間などである。TREMOVE は，SCENES とリンクされており同じベースラインであるが，SCENES からの交通量データが用いられる。

モデルによる推計時点は，主として2010年と2020年である。これは，交通ネットワークプロジェクトなどのように2010年までにスタートしても2020年頃まで時間がかかるものや，ロードプライシング政策などのように実際には2011年から導入されると考えられるものもあるからである。その他に2000年，2005年も対象年次となっている。

白書で提示された政策の効果を分析するために，交通需要予測モデルをはじめ各種モデルを開発し，環境，経済，社会に与える効果が計測されている。効果指標は交通量，機関分担，交通強度（1人当たり輸送キロ），経済成長，雇用，地域別経済効果，交通のデカップリング，アクセシビリティ，自動車保有量，安全性，エネルギー消費，気候変動への影響，大気汚染，騒音被害，分断された土地などである。

この ASSESS などの調査結果を踏まえ，2006年には中間的な振り返りを行い更新されている。それが，2006年6月に発効した *Keep Europe moving —— sustainable mobility for our continent: Mid-term review of the European Commission's 2001 transport white paper* であり，EU の拡大，グローバリゼーションの加速，温暖化に対する国際公約，エネルギー価格の上昇など交通を取り巻く状況についても考慮した中間評価が行われている。

3　インパクトアセスメントの評価手法

（1）交通政策の評価に用いられる定量手法の概観

EU 交通政策については，そのビジョンを示した交通白書を策定，実行していくに当たって，経済，社会，環境面での影響が幅広く定量的に分析されている。これらの定量分析に当たっては，シミュレーションモデルが必要となるが，EU 交通政策においては，交通量の予測モデルから経済モデルまで相互に連結する統合モデルを用いており，2005年の ASSESS では，SCENES，TREMOVE，CGEurope，SLAM，a noise model，SWOV，ASTRA が用い

られた。2011年交通白書の策定に当たっては，一部異なるモデルを用いており，使用されているモデルはGEM-E3（エネルギー・環境・経済），TRAN-STOOLS（交通需要），TREMOVE（交通の環境インパクト），PRIMES（エネルギー），PRIMES-TREMOVE transport（交通手段別旅客・貨物需要変化）である。ここではそのうち中間評価で用いられた経済モデルであるASTRA，CGEurope，そして新交通白書の策定に当たって用いられたGEM-E3についてその特徴をレビューする。

（2） マクロ経済モデル：ASTRA

2001年交通白書の中間評価で用いられたマクロ経済効果を分析する手法には，システムダイナミクスモデル（ASTRA System Dynamics model）が用いられている。ASTRAは交通と経済，環境がリンクされた統合モデルであり，ASTRA project（1997年）[4]で開発されたものが，TIPMAC project（2002年）[5]，LOTSE project（2004年）[6]でアップグレードされている。ASTRAのモジュールは8つに分かれており，それらは人口モジュール，マクロ経済モジュール，地域経済モジュール，外国貿易モジュール，交通モジュール，自動車保有モジュール，環境モジュール，厚生計測モジュールである。これらの各モジュールが相互にリンクされる大規模なモデル構造になっている。

ASTRAでは，交通と経済の間のリンケージが需要供給関係をモデル化したマクロ経済モジュールでシミュレートされ，短期的にはケインジアンアプローチにより需要サイド，長期的には新古典派アプローチにより供給サイドが発展を決定するモデルになっている。マクロ経済モジュールでは，税や課金政策の所得に与える効果が評価され，さらに課金と税は交通費用をより高くするように動き，経済全体に影響するようになっている。公共投資と民間投資はASTRAとは独立のモジュールになっているが，公共投資によるクラウディングアウト効果の存在が考慮されている。そのため，公共投資は乗数効果のためにマクロ経済にはプラスの要因として働くが，民間投資と可処分所得を引き下げるため，マイナスのインパクトを与えるようになっている。このモデル構造のために，ASTRAは交通と経済の関係における複雑でダイナミックな構

第5章 EUにおける持続可能な交通政策形成のプロセス

造を捉えられるようになっており，ASSESSにおける経済成長，雇用効果の分析を担っている。

マクロ経済モジュールを構成する主要な5つの要素は，需要サイドモデル，供給サイドモデル，部門間モデル，雇用モデル，最後に政府の行動モデルである。まず，需要サイドモデルとしては，最終需要は消費，投資，政府支出，輸出入に分かれ，消費と投資は交通の観点からは独立にシェアが決まる。そして各需要部門内において交通部門の市場の発展に応じて交通と非交通部門の代替性が考慮され，交通部門の消費の減少は非交通部門の消費の増加をもたらすようになっている。供給サイドモデルは，労働，資本，天然資源及び全要素生産性（TFP）からなるCobb-Douglas型の生産関数を基本とし，労働供給，資本ストック，TFPは内生的に計算される。部門間モデルは，部門別最終需要変化の間接効果を考慮するためであり，各国25産業の産業連関表を基礎としている。

（3） 地域経済モデル：CGEurope

ASSESSの地域経済効果を分析する際に用いられたCGEuropeは，地域間交易を内生的に扱った空間的応用一般均衡モデルである。地域は235地域に細分化され，各シナリオにおいて2つの均衡状態が比較される比較静学モデルである。各地域には，財の生産のために使用される生産要素を所有する家計が存在し，財は地方財と交易財の2つの種類に分けられる。地方財は生産地域内でだけ販売され，交易財はどの地域でも販売されるとする。地方財の生産者は，要素サービス，地方財，交易財を投入し，地方財の産出物は同質で規模に関して収穫一定の下で生産される。また企業は産出と同様，投入物についてプライステーカーであり，収益は得ない。この産出物を直接，家計または生産者に販売し，企業は交易財を生産するのに必要な投入として地方財を使う。技術は規模に関して収穫逓増を仮定する。交易財は"Dixit-Stiglitz"アプローチにより不完全代替として扱われ，異なる財は異なる地域の生産者から生産される。それゆえ，交易財の相対価格が役割を担う。外生的な変化が相対価格を変化させ，代替効果を生む。交易財の生産者にとって投入価格だけが与えられ，産出価格

は独占市場価格の枠組みで決まる。市場参入が自由であるが、地方財と同様に収益はゼロになる。

家計は効用最大化行動を取り、全ての価格は与えられる。効用は地方財と交易財の消費によって生じ、数多くの異なる交易財を好むようにモデル化されている。つまり、同じ所得ならばより多くの多様性ある財の消費が効用の増大をもたらすことが表現されている。完全に価格は変動的であるので、結果として地域の要素供給は常に完全雇用となる。

一般に交易費用は交易される財の量によって決まると仮定されるが、地域間交易のいくつかの費用（保険費用など）は、交易量というより価値に左右される。そこでこのモデルでは交易費用は価値に依存するという仮定を置いている。また、交易費用は地理的な距離の増加とともに増大する交通費用と、関税など国際交易の障害にかかる費用を設定し、後者の費用はモデルのキャリブレーションにより値が決まる。

このCGEuropeでは、地域別の便益がEV（等価変分）で算出され、シナリオ別の指標としてはGDPに対する割合の変化率で表わされる。ただし、本来であれば、このモデルで計算された便益に外部不経済の削減による便益を追加し、インフラの費用と増加する利用者費用による効用の減少を加味して全体の便益を計算しなくてはならない。しかし、CGEuropeによる計算ではそこまでは含めず、シナリオ別の政策による交通費用の変化が地域間交易を通じてもたらす地域別の便益といった、地域間の公平性の面からの検討が目的とされている。

モデル構築のためのデータベースは、IASONプロジェクト[7]で使用されたデータであり、Eurostat Newcronos Data-base, World Bank WDI databaseを用いている。さらに、交易データとしてUNの交易データが用いられている。またGDP、交易財、非交易財の国内販売、交易フローデータはGTAPのデータパッケージが用いられている。交通費用はIASONプロジェクトで使われたS&Wのネットワークデータベースを基に計算された。2010年と2020年のシミュレーションのためにGDPと人口予測が必要となるが、これは欧州委員会の推計値が用いられている。

（4） エネルギー・環境・経済統合 CGE モデル：GEM-E3

　新交通白書の策定時に用いられた経済モデルは，GEM-E3（General Equilibrium Model for Energy-Economy-Environment interactions）である。これは，経済，環境，エネルギー間の相互関係を捉える応用一般均衡モデルであり，気候変動やエネルギー問題の分析に有用である。欧州委員会で資金化された多国間共同プロジェクト（DG Research, 5th Framework programme）の下で開発され，欧州委員会の各総局での政策分析に用いられている。

　GEM-E3には2種類あり，1つはヨーロッパモデル，もう1つは世界モデルである。世界モデルはデータベースとしてGTAP-7を基に構築されており，地域統合はフレキシブルに行えるようになっている。ヨーロッパモデルは，ルクセンブルグ，マルタ，キプロスを除く24ヶ国とその他世界を対象としており，EUROSTATデータを用いている。

　このモデルは，技術進歩が生産関数で表現された逐次動学モデルであり，労働，資本等の生産要素市場，財・サービス市場での均衡状態をシミュレートし，各経済主体は家計の効用最大化，企業の費用最小化等の最適行動を取る。企業の生産は，資本，労働，エネルギー，中間財の投入がネスティッドCES関数によりモデル化され，資本量は各期で固定，今期の投資決定は時期の資本蓄積に影響を与えるようになっており，労働は国内で固定である。消費者は，ネスティッド型の拡張されたstone-geary型効用関数を用いて財サービスの需要を内生的に決定している。各地域の代表的家計は，総所得を財サービスの総消費（耐久消費財・非耐久消費財），レジャー，貯蓄に割り当て，次の段階で耐久消費財，消耗財サービスを区分する。なお，耐久消費財と非耐久消費財は，乗り物のための燃料というように直接リンクされている。総需要は，国内製品と外国製品に区別され，アーミントンの仮定が用いられている。

　環境については，CO_2の他，メタン，六フッ化硫黄など温室効果ガスのエネルギー，非エネルギー関連排出を考慮し，排出削減は①燃料，エネルギー投入・非エネルギー投入間の代替性，②生産や消費の減少による削減，③削減装置の購入の3つの方法がある。また硫黄酸化物，窒素酸化物，アンモニア，PM10などの大気汚染物質も扱えるようになっている。間接税，エネルギー税，

直接税，付加価値税，補助金，輸入税など9つの収入を区別し，税，排出許可制度など様々な環境手段の厚生効果を比較することが可能である。

中間評価時では環境へのインパクトは交通と直接連動する形で分析されていたが，新交通白書のためのシミュレーションでは，経済と連動して影響するエネルギー，環境へのインパクトを統合モデルにより同時に分析するようになったことが大きな特徴である。GEM-E3はこの意味で有効なツールであり，他の環境政策等の分析にも用いられている。

4　環境政策統合と合意形成を可能にするプロセスと体制

本章では，EUにおける交通政策の立案プロセスとその評価の実態を分析した。EUでは交通政策の立案，実施の中間時点等での評価が制度化されており，これらの評価時には常に経済，社会，環境の3つの要素，つまり「持続可能性」を軸にした評価の視点が組み込まれている。そのため，政策の立案に当たっては，環境を1つの視点として検討することが常に行えるようになっている。これは交通政策に限ったことではなく，欧州委員会では，政策立案に当たってインパクトアセスメントのガイドラインを作成し，各総局で政策立案する際の指針を示している。ガイドラインの付属書には，より具体的に評価の体制，プロセス，評価報告書に掲載すべき項目，評価手法が示されており，その中で分析対象となる評価分野の1つとして環境分野が入っているため，必然的に環境政策統合が進むことになる。

実際の評価に当たっては，定性的評価のみならず積極的に定量評価が行われている。評価報告書には，どのようなモデルを使用したか，そのモデルの概略と特徴などが示されており，インパクトアセスメントのガイドラインでも各種評価手法の特徴と長所短所などが示されている。経済モデルとしてはCGEモデル，計量経済モデル，システムダイナミクスモデルなどが用いられているが，近年では経済だけでなく，環境要素を組み込んだ経済・環境統合モデルが用いられることが多くなっている。また，このようなモデル開発のためにEU資金による政策の科学的分析が行われており，その分析には通常3年から5年の期

第 5 章 EU における持続可能な交通政策形成のプロセス

間が費やされている。このように定量評価手法を着実に開発，導入し，その開発にも時間と力を注いでいる。EU で用いられているモデルは，最先端の研究を踏まえた上での実用モデルであり，評価手法としての信頼性を担保している。評価結果についても，第三者のインパクトアセスメント委員会によるさらに客観的な検討が行われており，このような客観的かつ科学的評価体制と手法を用いることが，評価の信頼性とそれに基づく政策立案を支えている。

　政策立案においては，常に政策シナリオ，政策オプション群を複数セットし，客観的な評価結果に基づく総合的な分析が行われている。最終的な政策決定は，その時の政治経済状況，上位計画の理念目標に左右されるものの，前述したように政策立案時においては常に経済，社会，環境の 3 つの分野で評価が行われているため，政策立案プロセスに環境問題が扱われないことがない。体制としては，政策立案時にかなり初期の段階で様々なステークホルダーからの意見を聴取し，その上で政策立案担当部局だけでなく，関係するあらゆる部局が横断的に政策を検討する部局間グループが組織される。さらに政策立案時の評価は交通総局だけでなくエネルギー総局，気候変動総局など環境関連の総局と共同で評価が進められ，全ての関連総局が出席するインパクトアセスメント運営グループが作られる。評価は経済，社会，環境にわたり，政策自体が交通だけでなく他の総局に関係することから多くの総局の参加体制になるが，そのことにより環境が 1 つの大きなファクターとして常に扱われる。関係者の多いステージでの議論となるため，そこでは客観的な評価結果でなければ，議論は収束しない。インパクトアセスメントの統一したガイドラインが示され，客観的かつ科学的手法が取られていることが重要である。EPI の推進のためには，政策立案に評価プロセスを組み込み，その中で科学的客観的な結果を示しつつ，分野横断的な部局間の調整をするような仕組み作りが必要であろう。

　客観的で高度な評価を行い利害関係者間の調整を図るためには，モデルの構築においても注意が必要である。EU では，評価に用いるモデルも長い期間をかけて着実に構築されており，モデルの構造や手法は最先端研究の知見が活かされている。EU の交通政策の評価で用いられている ASTRA や GEM-E3 なども長年の実績があり，常に新しい知見を取り入れたり，評価項目を柔軟に追

加できるようモデルが改善されている。交通部門における環境政策統合の効果を詳細に分析するためには，EU の IASON project や TIPMAC project などの調査プロジェクトで見られるように，長期的な調査体系の下で複数のタイプのモデルを併用し，モデル構築からデータ整備，各モデルとシナリオの整合性などを図る必要がある。特に環境面から社会，経済面にわたる様々なアウトプット指標を見るためには，経済モデルだけでなく，交通需要モデルをはじめ多種多様な統合化可能なモデルが必要となる。そして，様々な政策シナリオごとにシミュレーションを実施しながら，EPI として最適な政策を検討することが，交通部門の EPI を進める上で有効と思われる。

注
(1) EC JOINT RESERCH CENTRE URL（http：//ec.europa.eu/dgs/jrc/index.cfm 2012年11月5日アクセス）
(2) European Commission(2009).
(3) 年次の優先事項を整理する文書を意味する。
(4) ASTRA: Assessment of Transport Strategies. 4th EU RTD Framework Programme.
(5) TIPMAC: Transport infrastructure and policy: a macroeconomic analysis for the EU, 5th EU RTD Framework Programme.
(6) LOTSE-Quantification of technological scenarios for long-term trends in transport は，欧州委員会の研究機関 JRC-IPTS により委託された研究プロジェクトである。
(7) 2001年から2004年にかけて，EU の共通交通政策の社会経済効果を分析するモデル開発と分析が行われた研究プロジェクト。

参考文献
Brocker, J., R. Meyer, N. Schneekloth, C. Scurmann, K. Spiekermaan and M. Wegener, 2004, "IASON Deliverable 6 ; Modelling the Socio-economic and Spatial Impacts of EU Transport Policy."
CEC, 2001, *European Transport Policy for* 2010*: time to decide, White Paper*, COM（2001）370 final, European Commission: Brussels.
CEC, 2006, *Impact Assessment of the Communication "Keep Europe moving": Sustainable mobility for our continent. Mid-term Review of the European Commission's 2001 Transport White Paper*, COM（2006）314 final, June, European Commission: Brussels.
European Commission, 2009, *Impact Assessment Guidelines*.
European Commission, 2009, *PartIII: Annexes to Impact Assessment Guidelines*.

第 5 章　EU における持続可能な交通政策形成のプロセス

European Commission, 2011, *Commission staff working document, Accompanying the white paper —— roadmap to a single European transport area —— towards a competitive and resource efficient transport system*.

European Commission, 2011, *Commission staff working paper, Impact study, Accompanying document to the white paper —— roadmap to a single European transport area- towards a competitive and resource efficient transport system*.

European Commission, 2011, *White paper on transport —— Roadmap to a single European transport area —— Towards a competitive and resource effiient transport system*.

European Commission DG TREN, 2005, *ASSESS Assessment of the contribution of the TEN and other transport policy measures to the mid —— term implementation of the white paper on the European transport policy for 2010*, final report, October, Brussels.

European Commission DG TREN, 2005, *ASSESS Assessment of the contribution of the TEN and other transport policy measures to the mid-term implementation of the white paper on the European transport policy for 2010, ANNEX 12, Macro-Economic Impact of the white paper policies*, October, Brussels.

European Commission DG TREN, 2005, *ASSESS Assessment of the contribution of the TEN and other transport policy measures to the mid-term implementation of the white paper on the European transport policy for 2010, ANNEX 8 CGE Modelling of the white paper measures*, October, Brussels.

IWW, WSP, TRT, TNO and NOBE, 2004, *Transport Infrastructure and Policy: a macroeconomic analysis for the EU*.

（石川良文）

第 6 章

EU における交通 EPI の展開

1 交通部門における EPI の段階

　欧州では当初，持続可能な交通を実現するための手段として，道路空間に対する需要の成長管理（demand management），移動管理（mobility management），及びすでに整備された複数交通手段の統合的活用（inter-modality）に重点を置いていた。これらの政策手段に共通する特徴は，新たな交通インフラの整備ではなく，既存の交通システムの機能のより効率的な活用と，交通システムの効率的な利用の促進を強調する点にある（Schiller, Bruun and Kenworthy, 2010）。これらを実現する統合的環境政策手段・措置としては，(1)交通手段の選択肢の改善と拡張，(2)効率的な交通手段の利用促進とそのための価格付け・資金支援，(3)複数の交通手段を利用する土地利用計画，などが挙げられる。

　ところが，これらの統合的手段や措置は，全てが実際に導入されたわけでも，効果的に執行されたわけでもなかった。交通部門の政策を実際に転換するには，計画・政策要因，土地固有の背景要因，技術的・インフラ要因を統合する必要がある（図 6-1）。これは一朝一夕に実現できるものではない。表 6-1に描かれているような政策統合の段階を登っていくことが求められる。

　では，どうすれば政策部門の統合や政策措置の統合といったより上位の政策統合段階にたどりつくことができるのか。

　本章は，欧州連合（EU）を対象として，成長と雇用を重視する改定リスボン戦略の影響を受けながらも，どのように環境や持続性に対する懸念を交通計画・政策の中に統合していったのか，どの程度統合できたのか検討し，統合を可能にした要因を明らかにする。

第 6 章　EU における交通 EPI の展開

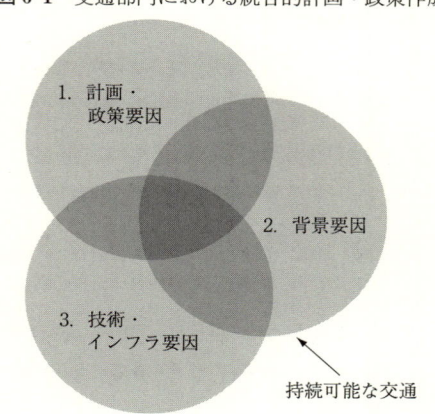

図 6-1　交通部門における統合的計画・政策作成

（ベン図：1. 計画・政策要因、2. 背景要因、3. 技術・インフラ要因／中央部分が「持続可能な交通」）

1. 計画・政策要因	2. 背景要因	3. 技術・インフラ要因
決定的な出来事	歴史・遺産・文化・価値	適切なインフラとエネルギー源
政策決定者，統合的政策意思決定，政策の十分性	地理・地誌	適切なハードウェアの利用可能性
市民とコミュニティのリーダー	説明責任の高いガバナンスシステム	適切な基準と測定
注意深い分析，経済評価，インパクト	社会的最適化	技術人材の職業指導と能力
シナリオ作成と全ての代替案の評価	既存の交通・土地利用システム	既存の構造物
望ましい将来像，計画を知らせるバックキャスティング		環境影響評価の技術的側面
適切な計画構造とやる気のあるスタッフ		
討議型立案		
質の高いデータと評価		
移動管理指向		
効果的なコミュニケーション		

（出所）　Sciller, Bruun and Kenworthy（2010：230）.

表 6-1 交通部門の政策統合の進展段階

統合のレベル	内 容
8. 政策措置の統合	土地利用，経済，環境，持続可能性，健康・教育・稼得力・社会的包摂などの社会的目標の間の相互依存関係の認識。統合的な措置（のパッケージ）は，財政・規則・ソフトな措置などのバランスの取れた組み合わせを含む。
7. 政策部門の統合	土地利用と交通計画システムの統合と協調などによる。交通・インフラ・都市開発・環境保護の統合的な管理。
6. 制度的行政的統合	行政上の境界を越えた交通計画の統合。地域交通戦略の目的は，境界を越える課題に対応する政策措置（の組み合わせ）を確定することで，地域ごとの最適交通戦略を作成すること，近接する地方政府間の効果的な連携が不可欠。
5. 交通政策形成過程における環境の統合	評価モデル・価格設定・規則を通じた，移動と交通手段選択の環境影響を認識した交通政策やインフラ整備への組み込み。EU では，1999年の交通大臣会合で採用され，2001年の EU ヨーテボリ首脳会談で強化され，持続可能な発展についての政治的概念に位置づけられる。交通需要の経済成長とのデカップリングの鍵と見なされる。
4. 社会目的との統合	多様な社会グループのニーズ，衡平性，分配，社会的排除への関心。英国では，住宅供給と学校への交通，社会サービス交通，自発的及びコミュニティ交通との統合。また1995年の身障者差別法で身障者の公共サービスへのアクセスを保障。
3. 市場のニーズとの統合	産業界の効率的・有効性・混雑費用への関心の焦点。英国 DETR (2001) では，経済の強化・反映のための安全で効率的な統合交通システムの必要性を記述。
2. 交通手段間の統合	整合的な規制・価格設定・評価基準及び予算配分を通じた，歩行・自転車・バス・鉄道・自動車・航空のモード間の扱いの統合化。英国では，Urban Task Force (1999) の主要な勧告で，英国 DETR『交通白書』(1998年) の中心的課題。
1. 公共交通の物理的・運営上の統合	料金・時刻表・チケット販売・異なる交通事業者間の物理的な中継地点の統合。例えば，チケット販売を通じた旅行期間における異なる交通手段への乗車を可能にし，複数の交通手段の情報への迅速なアクセス，交通手段間の容易な乗り換えを促すサービスや設備のデザイン。

（注）　上に行くほど進展度が高い。
（出所）　Hull (2005).

2　交通政策における持続可能性概念の統合

(1) パラダイム転換の模索

　欧州連合（EU）は，欧州経済共同体（EEC）を発足させたローマ条約におい

て，共通交通政策（Common Transport Policy, CTP）を，共通農業政策などと並ぶ4つの基本政策の1つと位置づけてきた。共通交通政策は，効果的な交通メカニズムを構築することで，域内市場での財・サービスの供給と人々の移動を可能にすることを目指してきたため，欧州統合のプロセスと並行して推進されてきた。

ところが，欧州共通交通政策の実施は容易ではなかった。そこでマーストリヒト条約では，欧州横断交通ネットワーク（Trans-European Network, TEN-T）の概念を導入することで，交通政策の政治的・制度的・財政的基盤を強化した。

EUの交通政策に持続可能性の概念が明示的に使用されたのは，1992年2月に公表された欧州委員会青書 *The Impact of Transport on the Environment* が最初であった（香川・黒木・市川・末広，2002）。この青書は，まず持続可能な移動（sustainable mobility）を，「環境への悪影響を封じ込めつつ，経済的社会的役割を果たすことができる移動（mobility）または交通（transport）」と定義した。そして交通機関が環境汚染・土地利用・混雑及び安全に及ぼすインパクトを分析し，交通が環境に中立的ではないとの認識を共有した上で，交通を持続可能な発展パターンに組み込むことにより持続可能な交通を促進するとの考え方を示した。

これを受けて欧州委員会は，複数交通手段の統合的活用を，交通市場の自由化及び欧州横断ネットワークの発展の両方に資する鍵と理解した。そこでEEC指令92/106を制定して，統合的利用を促進する法的枠組みを確立し（Humphreys, 2011），自らに半年ごとに進捗報告書の欧州理事会への提出義務を課した。そして同年3月に第5次環境行動計画（EAP）を発表し，より具体的に持続可能な交通の実現に向けた条件を織り込んだ。さらに，マーストリヒト条約で環境保護の要件が他政策領域の構成要素となると定められたことを踏まえ，1995年7月に共通交通政策を策定し，交通システムと環境保護の両者が有効に機能するためのアプローチとして，持続可能な交通の概念を取り入れた（CEC, 1995）。

EUも，OECDが1994〜99年に進めた「環境的に持続的な交通（Environmentally Sustainable Transport, EST)」の概念の構築に向けた取組みを参考に，持続可能な交通の概念的理解を深めていった。こうした流れは，97年のアムステルダム条約の EPI へのコミットを受けてさらに進展するはずであった。しかし実際には，交通部門における持続可能な交通を進めるべき共通交通政策の具体的取組みは容易には進まなかった（EEA, 2001）。

そこで1998年6月に欧州首脳会議で採択されたカーディフ・プロセスでは，欧州横断部門として交通部門にEPIの展開を求めた。交通・環境合同閣僚理事会は，カーディフ・プロセスに統合戦略の効果と持続可能な交通システムに向けた進展度合いを指標化し，定期的にモニタリング及び報告するシステムが必要であるとして，欧州委員会と欧州環境庁（EEA）に対し，交通・環境報告メカニズム（Transport and Environment Reporting Mechanism, TERM）の立ち上げを求めた。これらの要請に対し，持続可能な交通の概念的理解を進めていた欧州委員会は，同年12月に発表した共通交通政策では，持続可能な交通を交通政策の中心とすることを明記した（CEC, 1998）。

ところが公表された共通交通政策は，欧州委員会交通総局の主導で作成された経緯もあり，効率改善と競争力強化，運輸の質の改善など従来同様の主張を行う一方で，持続可能な交通様式（sustainable forms of transport）は優先的施策の1つであるとの控え目な見方を示した。そして環境への懸念を共通交通政策に統合するためには，新しいイニシアティブが必要との考えを提起した。

（2） 複数交通手段の統合的活用促進のための政策手段

これを受けて欧州委員会は，持続可能な交通政策を，2つの政策手段により推進しようとした。1つは，「目標設定・達成期限・結果のモニタリング」である。これは加盟国に交通需要，特に道路交通需要やその環境影響に関する目標と指標を提出させ，それを公表することで加盟国に複数の交通手段の統合的利用を促すものである。第三者モニタリング機関に任命された欧州環境庁（EEA）は，1999年に TERM 構築に向けた予備的な報告書を公表し，カーディフ・プロセスに沿った EPI への道筋を示した（EEA, 1999）。そして2000年に TERM の第1回報告書を公表し，環境影響，交通の需要，交通の供給と交通

集約度，空間的計画とアクセス可能性，価格によるシグナル，技術と効率性，各国の統合状況の管理の7つの政策課題に対応するべく31個の極めて野心的な指標を収集し，データの新たな収集や品質向上を図りつつ，各年公表を重ねていくことを宣言した。

他の1つは，革新的なパイロット事業の実施に対する財政支援である。1998年に委員会規制2196/98/ECを制定し，複数交通手段の統合的活用による道路交通量の減少を目的とした混合交通パイロット事業（PACT）に対して資金支援を行った。その後，道路貨物の鉄道・水運へのシフトを目的としたパイロットプログラム（Marco Polo）を主導し，新規の非道路貨物交通サービスや交通システムの運営の整合性を向上させるための事業の立ち上げ資金の補助を行った。

3　リスボン戦略及びリスボン戦略改定の影響

（1）　リスボン戦略の導入による交通・環境政策の変化

こうしたEPIに向けた一部の野心的な取組みも，2000年3月に公表されたリスボン戦略により修正を余儀なくされることとなった。2001年6月にヨーテボリで開催された欧州首脳会談では，鉄道・内陸水運及び公共交通へのモーダルシフトに加えて，交通量とGDPとのデカップリングの必要性が提起された（European Council, 2001）。2001年9月に欧州委員会が公表した欧州交通白書（CEC, 2001）でも，交通ボトルネックの解消に加えて交通需要対策が明記され，さらに利用者重視の観点から道路の交通安全の改善，インフラ課金と課金方法の方法論の共通化のための枠組み指令の制定，商業用交通燃料税の均一化提案を行うことなどが求められた。さらに2002年7月に欧州議会及び理事会が採択した第6次環境行動計画（2002～12年）では，デカップリングとモーダルシフトの実施が求められた。

この背景には，交通量増大と経済成長との間のデカップリングが実現せず，交通様式間で不均等に交通量が増大したことが挙げられる。OECD（2006）によれば，1990年代のEUの旅客輸送量（pkm）及び貨物輸送量（tkm）は，

GDP（2000年米ドル換算）が24％の伸びであるのに対して，各々40％及び48％の増加を示した。また空運による旅客輸送量及び道路による貨物輸送量もGDP対比伸率が大きい。白書は，共通交通政策が域内で協調的に発展しなかったことが，交通モード間の不均等な輸送量増大につながったとした。

　しかしリスボン戦略公表後にEPIへの取組みが修正されたことで，それに対する推進力も低下した。この結果，TERMの活動も極めて静的になっていった。2001年のTERMでは新たに追加された指標も見られたものの，2000年のTERMで野心的に取り組むとされた指標の多くは整備されないままとなった。しかも他の指標もアップデートされないものが散見され始めた。

　さらに2005年3月のリスボン戦略改定を受けて，交通部門における環境政策の焦点は，エコ・イノベーションと環境外部性の内部化へとシフトした。欧州委員会は，リスボン戦略の改定プロセスで成長と雇用を最重要課題に掲げ，「ダイナミックな経済がより広範な社会・環境面での活力に貢献する」との認識の下，この目標は社会・環境面の目標と並行して取り組まれるべきとした。そして，交通部門については，環境の持続可能性につながる経済成長を確保するべく，エコ・イノベーションを強く促進すべきとした（CEC, 2005）。また欧州議会も，環境政策は成長と雇用に貢献するとし，環境問題に迅速に対応しなければコスト増につながり，結果としてリスボン戦略の成長目標を損ないかねないこと，環境面の対応は改定されるリスボン戦略に盛り込まれるべきことを強調した。そして交通部門については，欧州横断交通ネットワークの重要性を述べ，新技術の活用に基づいた交通政策へのグローバルで持続可能なアプローチを求めた（European Parliament, 2005）。この結果作成された改定リスボン戦略では，優先分野として成長と雇用のみを明記し，環境関連の施策に係る検討では，環境政策の成長と雇用への貢献と生物多様性の重要性を再確認するにとどまった（European Council, 2005）。

　改定リスボン戦略は，2006年6月の欧州委員会による交通白書の中間レビューに色濃く反映された（CEC, 2006）。具体的には，交通増加の負の効果を抑制するために，より広範で柔軟な交通政策手段の利用が要求された。またEEA（2007）も，改定リスボン戦略によって共通交通政策は，需要増加を交通部門

の主要な環境問題と見なすのをやめ，政策の焦点を需要管理から環境外部性への対策に移し，需要対策から供給サイドの対策へ変化させ，モーダルシフトについても鉄道交通は環境負荷が小さいとのアプリオリな考えを修正し，京都議定書への対応を明記するなどの特徴を持ったものとなったと指摘する。さらに交通部門の需要は他部門の発展と政策によって決定されるとし，交通需要増加への対応には交通政策は折合いが悪いこと，交通需要対策に共通交通政策が成果を挙げていないことも指摘した。

この結果，EUの交通・環境政策の焦点は，需要管理としての複数の交通手段の統合的利用の促進から供給サイド対策の強化，エコ・イノベーション，及び環境外部性の内部化へとシフトしていった。

（2）供給サイド対策の強化と革新的事業の推進

欧州委員会は，1996年に欧州横断交通ネットワークのガイドラインを設定し，欧州地域開発基金（ERDF）や結束基金（Cohesion Fund）を活用して投資事業に対する補助率を引き上げることで，主要幹線道のボトルネックの解消を目的とした複数国の国境をまたぐ鉄道・水運への投資を促してきた。

また，欧州衛星測位システム（ガリレオ計画）や欧州静止衛星補強型衛星航法システム（EGNOS）などの技術革新プログラムを推進することで，混雑解消や移動距離の短縮を目的とした自動的な交通誘導システム（intelligent transport）の導入を促してきた。

さらに，自治体と連携して，都市における持続可能な交通の革新的なプログラム「シビタス（City-Vitality-Sustainability, CIVITAS）」を推進してきた。シビタスは，2002年に開始された5年1タームで実施されるプロジェクトで，(a)クリーンでエネルギー効率のよい持続可能な都市交通計画の促進，(b)8つの分野での技術と政策との統合，(c)イノベーションに向けた批判精神のある市民と市場の育成，の3つを目標に掲げている。重点に設定した8つの分野とは，

①クリーンな燃料と自動車（代替エネルギー使用・高いエネルギー効率・実効的なコストといった条件を満たすクリーンな車，及びエネルギー供給施設）

②統合された課金戦略（渋滞税・駐車料金制度・公共交通のチケットシステムな

ど）
③徹底的に自動車利用を抑えたライフスタイル
④移動についての革新的でソフトな施策（計画への新たなアプローチ・グリーン交通計画の促進，歩行者・自転車対策・新たな交通手段の開発・情報の周知）
⑤交通規制（市内交通・ゾーン規制，自転車・歩行者・エネルギー効率の高い車両に対する特別な許可）
⑥一度に多くの乗客の移動が可能な交通手段とその質
⑦商品の配送についての新たな概念
⑧交通管理と乗客のサービス（衛星を使った情報提供など）

としている。第1期（2002〜06年）にはEU域内の19都市，第2期（2005〜09年）には17都市，第3期（2008〜12年）には25都市が参加し，それぞれパイロット事業を実施する都市を選定して，補助金を供与してきた。そして，優れた業績を挙げた都市を毎年表彰することで，パイロット事業で得られた成果や教訓を別の都市に移転しようとしてきた。またシビタスに参加している都市以外にも積極的にクリーンな都市交通政策を推進している都市は，「シビタス・フォルム・ネットワーク」に加入して，相互に意見交換や経験交流をすることができる（方野，2011）。さらに当該都市が所在する加盟国にカウンターパートファンドの提供を義務づけることで，加盟国の中央政府もこの革新的プログラムに関与させ，経験の学習と国内他都市への普及を図っている。[2]

（3） 環境外部性の内部化方策

　需要管理から環境外部性への焦点のシフトを受けて，欧州委員会は2008年に，汚染者負担原則に基づいた環境外部性の内部化のための課金という考え方をより前面に強く打ち出した重量貨物車両課金指令（ユーロビニエット指令）の改定案を提出した。

　ユーロビニエット指令は，元々1999年に，車両総重量が12トン以上の大型貨物車両の高速道路走行に対して，域内における共通の課金の枠組みを定めるものとして導入された。ところがその後，重貨物車の通行による道路維持費の増大や排気ガス中の窒素酸化物と粒子状物質による大気汚染といった外部費用の

大きさに対する認識が高まってきた。そこで2006年に改定し，貨物車両の範囲を重量3.5トン以上までに，対象となる道路も「欧州横断道路ネットワーク」全体に拡大した上で，加盟国に車両の排出ガス等級に応じた料金区分を遅くとも2010年までに積極的に導入することを義務付けた。そして，単純で運営コストが安いという利点からすでに多数の加盟国が導入している時間による課金方式（ビニエット方式）は，インフラの利用（走行距離）や環境外部性（大気汚染・騒音・混雑）の程度に応じたきめ細かな課金には向かないと指摘して，距離による課金方式（対距離課金方式）への移行を推奨した。2008年の改定案は，この議論を一歩進めて，インフラの建設及び運営・維持に要する経費（インフラ費用）とは別に，大気汚染・騒音・混雑による環境外部性を「通行料金」によって回収することを加盟国に認めるものとなった。[3]

　道路利用者に対する汚染者負担原則の適用は，より少ない費用で対応が可能な自動車製造企業に対策の誘因を与えないことや，環境外部性の費用推計方法が適切ではないことを理由に，批判がなされてきた（例えば，Schmidtchen et al., 2009）。併せて，加盟国の反対が強く，経済・金融危機の只中にいることから，2009年3月の欧州閣僚理事会では，採択は当面延期することが決定された。

　その一方で欧州委員会は，2008年に「大気汚染改善指令（Directive 2008/50/EC on Ambient Air Quality and Cleaner Air for Europe）」を発効させた。この指令は，既存の大気汚染に関連する様々な指令を統合し，PM10・二酸化窒素・ベンゼンの環境基準に関する遵守期限の延長期限を設定するとともに，PM2.5の環境基準を新たに設定するものであった。欧州委員会は加盟国に，この指令を期限内に国内法で制定することを義務づけた。[4]

　この指令に対応して，フランスは2008年に，英国は2010年と期限内に対応する国内法を制定した。[5] さらにロンドンは，内環状道路内に限定されていた混雑課金の対象地域を西部に拡大する提案を行った。

　こうした環境外部性の内部化を推進する指令の強化が可能になったのは，欧州環境庁（EEA）が環境汚染状況の変化を公表し，[6]道路交通の健康影響に関する研究を継続的に実施し（例えば，Pizzol Thomsen, Frohn, and Andersen, 2009），また世界保健機関の欧州事務所も報告データに基づいて健康影響を分

析し，規制強化の指針を提示してきた（例えば，WHO, 2004；2010）ことが挙げられる。第6次環境行動計画を公表して以降，欧州委員会は，環境要因による疾病の減少を目的とした「環境と健康に関するEU戦略」を採択し，「欧州環境・健康行動計画2004〜2010」を作成し，環境の健康影響をより効率的に評価するための加盟国全体を対象とした「環境と健康に関する統合的情報システム」を構築し，「人間の生体モニタリング・アプローチ」を採用してきた。同時に加盟国政府に二酸化硫黄・一酸化炭素・窒素酸化物・PM・オゾン・騒音などの大気汚染指標を含む環境指標の提出を義務づけた。こうして集計されたデータを活用して研究を継続することで，欧州環境庁はTERMの活動が弱体化した後も，持続可能な交通政策に資する政策提案に科学的知見を提供してきたのであった。

4　気候変動政策の影響

EUは，1997年の国連気候変動枠組み条約第3回締結国会議を前にして，EU全体での温室効果ガスの排出削減目標として90年比15％を掲げ，結果締結された京都議定書により，8％の削減義務を負うことになった。

EUでは，交通部門は温室効果ガスの排出総量の約2割を占めており，エネルギー生産部門に次いで多く，また2007年までは排出は増加し続けてきた。そこで，京都議定書締結以降，交通部門での排出削減は不可欠となった。

その一方で，既存研究によれば，大気汚染・混雑・騒音などの環境外部性は，自動車の走行距離と強い関連があるのに対して，温室効果ガス，特に二酸化炭素の排出量は，燃料効率と強い相関を持つ（OECD, 2002）。そこで，温室効果ガスの排出削減目標を達成するには，道路課金などの環境外部性の内部化方策とは別の，燃料効率の改善に焦点を置いた政策が必要とされた。

そこで欧州委員会は，自動車の単体規制の強化と燃料効率の改善・バイオ燃料の拡大という2つの統合的政策手段を導入してきた。

第 **6** 章　EU における交通 EPI の展開

（1）　自動車単体規制

　欧州委員会は，まず1998年に欧州自動車工業会との間で，2008年までにEU27ヶ国で販売する新車乗用車のCO_2排出量平均値を140g／kmに削減するとの自主協定を締結した。ところが95～2004年の間に平均186gから163gまでしか削減できなかったことが明らかとなった（方野，2011）。

　そこで，目標達成は困難で法的規制が必要になったと判断し，2007年に乗用車のCO_2排出量平均値を2012年までに120g／kmとする規制案を発表した（CEC, 2007）[7]。

　この規制案に対して欧州議会は，当初はより厳しい規制の導入を主張していた。しかし欧州経済危機の影響を考慮して，完全実施を2015年に先送りし，目標値の達成を4段階に分けて実施すること[8]，長期目標として2020年までに95g／kmに削減することとして，理事会とともに2009年に規制を制定した。そして超過罰金制度を見直し，2012年から2018年までに目標値を達成できなかった場合，自動車メーカーは新車一台当たり1g／km超過で5ユーロ，2g／km超過で15ユーロ，3g／km超過で25ユーロ，4g／km以上は95ユーロの罰金を，2019年以降は1g／km超過するごとに95ユーロの罰金を支払うこととした。

　次いで2011年には，軽量商用車を対象とした規制を制定した。これは，軽量商用車の新車1台平均CO_2排出量を175g／km以下にするもので，2014年に70％，以降毎年10％ずつ引き上げて2017年には100％達成することを義務づけるものであった。そして奨励策として，CO_2排出量50g／km未満を実現した車には，複数台分（乗用車と同様に1.5～3.5台分）の見なし算定を認め，逆に排出量基準を超過した車に対しては，2014～18年の期間は超過4g／km以上で95ユーロ，2019年からは1g／km超えるごとに95ユーロの罰金を課すこととした。

　さらに規制の次段階の準備として，乗員10人以上かつ最大重量5t以下のバス等及び最大重量3.5～12tの大型トラックに対して，加盟各国にCO_2排出量の監視を義務づけた。

（２） 燃料政策

　次いで欧州委員会は，交通部門でのバイオ燃料の利用拡大のために，バイオ燃料の利用比率の目標を設定した。バイオ燃料の利用比率の目標に関しては，2003年のバイオ燃料指令で，EUでのバイオ燃料の市場シェア（燃料の総販売量に占めるバイオ燃料の比率）を2005年に２％，2010年に5.75％にすることが指示的な目標値として設定された。ところが，この指令に基づいて行われたレビューでは，2010年目標の達成が困難であると指摘した。そこで2009年に再生可能エネルギー指令を改定し，2020年までに再生可能エネルギーの利用割合を最低20％に引き上げることを法的拘束力のある目標として設定すると，同時に運輸部門の総エネルギー消費の10％を再生可能エネルギーによるものとすることを義務づけた。

　また，エネルギー税制を改革することで，CO_2排出量の少ない交通燃料の利用を促進しようとしてきた。具体的には，2003年のエネルギー税指令で，共通の基準に基づいたエネルギー税の最低税率を提示し，加盟国に最低税率以上のエネルギー税を課すことを要求するとともに，欧州委員会から事前に認可を得れば，特定の条件の下で加盟国はバイオ燃料に対して課税を軽減ないし免除できることを規定した。そして2011年に，税率を熱量及びCO_2排出量に応じるものに変更し，$CO_2$１トン当たり20ユーロの税率を課すエネルギー税指令の改定案を提示した（CEC, 2011）。この提案は，ガソリンに対する税率は分配影響と社会的受容性を考慮して据え置くものの，軽油，灯油の税率は小幅に，LPGの税率を大幅に引き上げることで，相対的に税率の小さいバイオ燃料の利用の増加を促そうとしている（**表 6-2**及び**表 6-3**）。

　その一方でEUは，エネルギーの対外依存率の低下も目標に掲げている。そこで，農業振興策とあいまって，EUは，域内でのバイオ燃料の原料確保のために，2003年の共通農業政策改革で休耕地でのエネルギー作物の栽培自由化やエネルギー作物特別支援スキームなどを導入した。しかし，このスキームを活用したエネルギー作物の栽培面積はあまり拡大しなかった。そこで，2007年に改革を行い，このスキームの対象を中東欧の新規加盟国に拡大し，かつ最大保証面積を拡大した。この結果，エネルギー作物の生産は急激に拡大した（田中，

表6-2 EUエネルギー税指令改定案：
交通燃料

	現行最低税率	2018年以降の最低税率
ガソリン （€ per 1000*l*）	359.0	360.0
軽　油 （€ per 1000*l*）	330.0	390.0
灯　油 （€ per 1000*l*）	330.0	392.0
LPG（液化石油ガス） （€ per 1000kg）	125.0	500.0
天然ガス （€ per GJ）	2.6	10.7

（出所）　CEC（2011）．

表6-3 EUエネルギー税指令改定案：
暖房燃料及び交通燃料

	現行最低税率	2013年以降の最低税率
軽　油* （€ per 1000*l*）	21.00	57.37
重　油 （€ per 1000kg）	15.00	67.84
灯　油* （€ per 1000*l*）	0.00	56.27
LPG（液化石油ガス*） （€ per 1000kg）	0.00	64.86
天然ガス* （€ per GJ）	0.15	1.27
石炭・コークス （€ per GJ）	0.15	2.04
電　力 （€ per MWh）	0.50	0.54

（注）　*は2003年EUエネルギー税指令第8条第2項での記載項目。
（出所）　表6-2に同じ。

2007）。

5　統合的政策・計画形成プロセスの導入

　1998年にオーフツ条約の締結を受けて，欧州委員会は2003年に戦略的環境アセスメント指令を制定した。さらに2001年にヨーテボリの欧州理事会における持続性影響評価の実施決議を受けて，主要な政策・計画・プログラムに対するインパクトアセスメントを導入した。この結果，欧州委員会の各総局は，重要な政策提案を行う際にはその早期段階からインパクトアセスメントを並行して行い，その環境保全や持続性に及ぼす影響を定性的・定量的に明示することを義務づけられた。さらにアセスメント報告書やインパクトアセスメント委員会の意見を全て公開することで，政策形成段階から利害関係者の意見を取り込み，かつ政策分野間の整合性を強化しようとしてきた（本書第4章）。
　2011年に公表された欧州交通白書では，欧州委員会が制定してきた指令や規制の要件が達成すべき目標として掲げられた。具体的には，交通部門での2050

年までの温室効果ガス排出量の1990年比60％削減と2030年までの2008年比20％削減，2008年の大気汚染削減指令で明記された要件を2020年に交通部門で達成すべき目標とすることなど，大気汚染政策や気候変動政策との整合性が求められた。そこで，この目標を達成する観点から今後10年間の行動計画を立案し，白書のインパクトアセスメント報告書でこれらの行動を実施した場合としなかった場合の経済・社会・環境影響の定量的な推計結果を示して，行動が目標達成に適切であることを示した（本書第5章）。

　こうした政策間の整合性の強化を担っているのが，欧州委員会の事務総局である。事務総局は，新たな政策の形成や他のEU機関を通じた政策の運営の際に政策間の整合性を図り，EU指令や規制の正しい運用を担保し，加盟国にそれらを遵守させる責任を負っている。上述のインパクトアセスメント委員会も事務総局の下に置かれているが，新たな政策提案が既存の政策と整合的でなければ，政策提案部局と協議を行い，提案を修正させている(9)。この事務総局の存在もまた，政策形成プロセスにおける統合的意思決定を促している。

6　EUの交通EPIの到達点と課題

　本章で明らかになった知見は，以下の3点に要約される。

　第1に，交通部門でのEPI推進政策として当初進められてきた統合的環境政策手段としての交通需要管理，特に複数の交通手段の統合的利用の促進は，成長と雇用を重視する改定リスボン戦略の策定以降，重点から外された。しかし，経済成長や交通量増大による大気汚染・混雑・騒音といった環境外部性に対する懸念は弱まることはなかった。そこで，既存のインフラを効率的に活用しつつ環境外部性を低減させる政策として，供給サイドの政策や技術的・制度的に革新的なプログラムを推進するとともに，加盟国に道路課金と大気汚染規制の強化を求めてきた。

　第2に，京都議定書が発効し，京都議定書及びポスト京都議定書に向けた中長期戦略に関する議論が活発になるにつれ，交通政策に気候変動に対する懸念が考慮されるようになってきた。この結果，自動車単体規制の強化やバイオ燃

料の使用割合の上昇，交通燃料税の炭素排出量の観点からの見直し提案など，気候変動緩和を目的とした統合的政策手段の導入が推進されてきた。

第3に，インパクトアセスメントの義務化と，政策間の整合性を強化する欧州委員会事務総局の存在が，2011年交通白書の作成プロセスでの統合的意思決定と，統合的交通計画の作成を促した。

ただし，欧州委員会が作成した計画は，欧州議会や欧州理事会が承認したとしても，欧州全体の進むべき方向を示すに過ぎず，具体的に政策や行動を作成して執行するのは加盟国の権限となっている。ところが，提案内容が現状を大きく変革するものであるほど，計画や政策に対する反対も大きくなる。そこでどのように各加盟国が国内で社会的合意を形成し，経済的・社会的関心との両立を図るのかが重要な課題となる。

注
(1) これらの指標には，価格シグナルの指標として交通部門向け補助金の推計金額，環境政策統合の指標として環境管理システムを導入している交通企業数や大衆の認知度，交通へのアクセス可能性の指標として公共交通へのアクセスの容易（500m以内）な人口比率などが含まれる。
(2) 欧州委員会移動・交通総局での聞き取り調査（2012年1月）に基づく。
(3) 外部費用課金の上限値は，大気汚染では，都市郊外の道路でEURO 0等級車両の場合，16ユーロセント／台km，騒音では，都市郊外の道路で夜間の場合，2ユーロセント／台km，混雑では，都市郊外の道路で最ピークの時間帯の場合，65ユーロセント／台kmと提案されている（CEC, 2008）。
(4) この他に，水質基準として，Council Directive 98/83/EC of 3 November 1998 on the quality of water intended for human consumption が施行された。
(5) スペインでは，導入は2011年と，指令で設定された期限に遅延し，さらに法律ではなく行政命令での導入であった。
(6) European Environment Agency, *The European Environment: State and Outlook*.
(7) 車両本体で130g／kmに低減，タイヤ・エアコンなどの改良とバイオ燃料の活用等でさらに10g／km削減することを想定している。
(8) 具体的には，2012年までに全体の65％，2013年までに75％，2014年までに80％，2015年からは100％の4段階での達成目標となった。
(9) 欧州委員会移動・交通総局での聞き取り調査（2012年1月）に基づく。

参考文献
香川俊幸・黒木英聡・市川顕・末広多親子「欧州における持続可能な発展と共通運輸政

策」『地域経済研究』（広島大学経済学部附属地域経済システム研究センター）第13号，2002年，53-64頁。

方野優『ここが違う，ヨーロッパの交通政策』白水社，2011年。

田中信世「EUのバイオ燃料政策」『国際貿易と投資』第70号，2007年，56-73頁。

Commission of the European Communities (CEC), 1992, *The Impact of Transport on the Environment, A Community strategy for "sustainable mobility*, COM (92) 46 final, Brussels: CEC.

Commission of the European Communities (CEC), 1995, *The Common Transport Policy Action Programme 1995-2000*, COM (95) 302 final, Brussels: CEC.

Commission of the European Communities (CEC), 1998, *Sustainable Mobility: Perspectives for the Future*, COM (1998) 716 final, Brussels: CEC.

Commission of the European Communities (CEC), 2001, *European transport policy for 2010: Time to decide*, COM (2001) 370 final, Brussels: CEC.

Communication of the European Communities (CEC), 2003, *Communication from the Commission to the Council and the European Parliament: 2003 Environmental Policy Review*, COM (2003) 745 final, Brussels: CEC.

Communication of the European Communities (CEC), 2005, *Communication from the Commission to the Council and the European Parliament: 2005, Environmental Policy Review*, COM (2005) 17 final, Brussels: CEC.

Commission of the European Communities (CEC), 2006, *Communication from the Commission to the Council and the European parliament: Keeping Europe moving —— Sustainable mobility for our continent: Mid-term review of the European commission's 2001 Transport White Paper*, COM (2006) 314 final, Brussels: CEC.

Commission of the European Communities (CEC), 2007, *Communication from the Commission to the Council and the European parliament: Results of the review of the Community Strategy to reduce CO2 emissions from passenger cars and light-commercial vehicles*, COM (2007) 19 final, Brussels: CEC.

Commission of the European Communities (CEC), 2008, *Proposal for a Directive of the European Parliament and of the Council amending Directive 1999/62/EC on the charging of heavy goods vehicles for the use of certain infrastructures*, COM (2008) 436 final /2, 8. August, Brussels: CEC.

Commission of the European Communities (CEC), 2011, *Proposal for a Council Directive amending Directive 2003/96/EC restructuring the Community framework for the taxation of energy products and electricity*, COM (2011) 169/3, Brussels: CEC.

Communication to the spring European Council, 2005, *Working together for growth and jobs: A new start for the Lisbon strategy. Communication from President Barroso in agreement with Vice-President Verheugen*, Brussels: European Commission.

Department of the Environment, Transport and the Regions (DETR), 2001, *Planning Policy Guidance Note 13: Transport*, London: The Stationery Office.

European Environmental Agency (EEA), 1999, *Towards a transport and environmen-

tal reporting mechanism (TERM) for the EU -part I and II, Copenhagen: EEA.
European Environmental Agency (EEA), 2001, *TERM 2000: Are we moving in the right direction?, Environmental issues series*, No 12., Copenhagen: EEA.
European Environmental Agency (EEA), 2007, *TERM 2006: Transport and environment: on the way to a new common transport policy, EEA Report No1/2007*, Copenhagen: EEA.
European Council, 2001, *Presidency Conclusions Goteborg European Council 15 and 16 June 2001*, Goteborg: European Council.
European Council, 2005, *Presidency Conclusions European Council Brussels 22 and 23 March 2005*, Brussels: European Council.
European Parliament, 2005, *Mid-term review of the Lisbon strategy: European Parliament resolution on the Mid-term Review of the Lisbon Strategy, P6_TA (2005) 0069*, Brussels: European Parliament.
Hull, Angela, 2005, "Integrated transport planning in the UK: From concept to reality," *Journal of Transport Geography*, Vol. 13: 318-328.
Humphreys, Matthew, 2011, *Sustainability in European Transport Policy*, Abingdon: Routledge.
OECD, 2002, *OECD Guidelines towards Environmentally Sustainable Transport*, Paris: OECD.
OECD, 2006, *Decoupling the Environmental Impacts of Transport from Economic Growth*, Paris: OECD.
Pizzol, Massimo, Marianne Thomsen, Lise Marie Frohn, and Mikael Skou Andersen, 2009, "External costs of atmospheric Pb emissions: Valuation of neurotoxic impacts due to inhalation," *Environmental Health*, Vol. 9:9.
Schiller, Preston L., Eric C. Bruun and Jeffery R. Kenworthy, 2010, *An Introduction to Sustainable Transportation: Policy, Planning and Implementation*, London: Earthscan.
Schmidtchen, Dieter et al., 2009, *Transport, Welfare and Externalities: Replacing the Polluter Pays Principle with the Cheapest Cost Avoider Principle*, Cheltenham: Edward Elgar.
Urban Task Force, 1999, *Towards an Urban Renaissance: Final Report of the Urban Task Force Chaired by Lord Rogers of Riverside*, London: Department of the Environment, Transport and the Regions.
WHO, 2004, *Declaration of the Fourth Ministerial Conference on Environment and Heath*, Budapest: Hungary, 23-25.
WHO, 2010, *Declaration of the Fifth Ministerial Conference on Environment and Heath*, Parma: Italy, 2010, 10-12.

（森　晶寿・稲澤　泉）

第7章
オランダの交通・空間・環境部門の政策統合の取組み

1 「革新的」統合政策手段

　第2章で検討したように，オランダは伝統的に革新的な統合的政策をコンセンサス方式により導入しようとし，また実際に導入してEU全体の政策に影響を及ぼしてきた。コンセンサス方式は，オランダが歴史的に実施してきた国土形成や空間計画（spatial planning）を，社会的合意を得て推進する上で構築された方式であった。実際，オランダでは他国に先駆けて「革新的」な住宅・空間・交通政策が展開されており，その政策に環境保全の要素を統合する動きも見られる。

　そこで本章では，これらの「革新的」統合政策手段のうち，環境保全に大きな含意を持つABC立地政策（ABC location policy）と対距離課金（キロメーター・プライス）制度を取り上げる。ABC立地政策は都市構造の変革を，キロメーター・プライスは混雑解消とアクセス改善を目的としており，必ずしも環境改善を直接的な目的として掲げているわけではない。しかし，自動車交通に影響を及ぼすことで，間接的に大気汚染や騒音といった環境への悪影響を緩和することを目指している。ところが，自動車交通という経済活動や生活に直結する部分に影響を及ぼすため，産業界だけでなく一般市民，さらには自治体からの反対も予想される。第2節ではABC立地政策と，その背景として立地政策の展開について述べ，世界的に注目を集めた政策が，計画者が十分に予期していなかった民間部門や自治体の反応により挫折したことを示す。第3節ではキロメーター・プライスについて述べる。そこでは，オランダのEPIの特徴であるコンセンサス方式が，社会的合意形成と政策手段導入にどのような影響を

及ぼしたのか，また政策手段の導入が社会的合意形成の過程にどのようなフィードバックをもたらしたのかを中心に検討を行うこととする。

2　ABC立地政策：交通政策・環境政策・立地政策の統合

（1）　立地政策と交通政策の統合

　国内交通部門における環境保全への政策統合については，旅客・貨物を問わず自動車交通への対応が重要課題である。自動車の排出ガス，燃費，燃料品質等への規制と並び，人々の交通行動の変化も重要である。様々な交通需要マネジメント（TDM）の手法があるが，即効性のある施策だけでなく，長期的に効果を発揮する都市構造からのアプローチも考えられる。日本でも社会資本整備審議会（2006）が「集約型都市構造」を提言し，環境省地球環境局（2007）が土地利用政策と交通政策の統合を図る集約的なまちづくりが重要だとするなど，環境負荷を低減するための都市構造の重要性が認識されている。しかし具体的政策手段や措置として実現し，明らかな成功をおさめた例は世界的にも少ない。効率性にも配慮しつつスプロール化を押しとどめ，都市のコンパクト化を実現することは共通の課題である。

　オランダのABC立地政策は1990年代オランダの国の施策である。立地政策・交通政策・環境政策の統合を具現化したものとして世界的に知られている。しかし実施後わずか10年のうちに廃止に追い込まれた。以下ではABC立地政策を中心にオランダにおける立地政策と交通政策の統合について述べる。まずオランダの空間政策の展開と国政の動向を説明し，次いで空間政策の中に位置付けられるABC立地政策の概要と失敗について述べる。最後に今後の立地政策と交通政策の統合の在り方を考察する。

（2）　オランダにおける空間政策の展開[1]

　オランダにおける国レベルの空間計画は1901年の住宅法に始まる。1965年の空間計画法（Spatial Planning Act, Wro）で空間計画が住宅から分離された。それに先立つ1960年，国レベルの最も重要な計画である第1次空間計画に関す

る国土政策文書が公表され，以後，第2次（1966年），第3次（1977年），第4次（1988年），第4次補正版（VINEX, 1993年），第5次（2001年）と続く。

第1次国土政策文書（1960年）ではランドシュタットの過密化防止やグリーンハートの保全が目標とされた。そのため北部と東部の地方都市の開発と，ランドシュタットの外方向への成長が指向された。ランドシュタットとはオランダ西部の環状都市群であり，アムステルダム，デンハーグ，ロッテルダム，ユトレヒトの四大都市を含む。環状都市群の内部は広大な緑地となっており，グリーンハートと呼ばれる。第2次国土政策文書（1966年）ではランドシュタットへの人口集中への対策として，集中的分散（concentrated deconcentration）が計画された。都市周縁部にクラスターとして集約された分散市街地を形成しようというものである。第3次国土政策文書（1977年）ではニュータウン政策が採用され，ランドシュタット以外の地方中核都市4市が成長都市として，さらに大都市の成長管理の受け皿として中規模都市15市が成長センターとして指定された。その結果，ランドシュタットの過大化やグリーンハートへのスプロールは抑制されたものの，逆にランドシュタット主要都市の衰退が深刻な問題となり，1980年代末からの都心回帰の要請へとつながる。

第4次国土政策文書（1988年）はコンパクトシティ政策へと転換するものであった。ランドシュタットの4大都市を含む13都市がコンパクトシティに指定され，機能強化のための集中投資が行われた。ここでいうコンパクトシティとは大都市への集中を意味している。ただし都市人口は首都アムステルダムでも75万人と比較的少なく，また首都への一極集中を目指すものではなかった。しかし第4次国土政策文書は環境対策の欠如から廃案となり，最終的に議会で承認されたのは第4次国土政策文書補正版（VINEX, 1993年）であった。VINEXでは空間計画と環境計画を統合する「ROM計画」の地域指定が全国11ヶ所で行われ，環境保全の優先的な取り扱いが義務付けられた。[2]また私的交通手段としての自動車の増加抑制がVINEXの目標に含まれており，ABC立地政策も提示された。国境を越えた都市間競争の中でランドシュタットを重要視するという方針は，VINEXでも第4次国土政策文書から引き継がれている。[3]

第5次国土政策文書（2001年）では，グローバル化の中での国際競争力強化

第7章　オランダの交通・空間・環境部門の政策統合の取組み

と都市の国際ネットワーク形成がいっそう強調された。しかし議会により否決され，公式な政策とはならなかった。2002年7月に第1党に復帰したキリスト教民主同盟（CDA）を中心に発足した中道右派のバルケネンデ政権は，2004年4月に国土空間戦略の草案（空間政策文書）を発表した。1年半の議論を経て2006年1月，国土空間戦略（National Spatial Strategy, Nota Ruimte）が議会に承認された。ここに1960年以来の空間計画に関する国土政策文書は廃止された。国土空間戦略は2020年までの国土空間政策を示すものであり，長期的な戦略に関しては2020～30年までが含まれる。国土空間戦略では，「開発のための空間の創出」という開発志向の副題にも表れているように，政策の重点が「規制から開発促進へ」とシフトした。また中央主導型計画政策から転換し，地方政府に裁量を与えるものである。立地政策に関しては，ABC立地政策から，様々な目的（経済発展の機会，アクセシビリティ，周辺環境の住みよさ）に対応する統合的な立地政策への転換が示されている。2008年7月には48年ぶりに新空間計画法が策定され，意思決定プロセスの簡素化・迅速化や，地方への権限委譲が進められた。

空間計画と密接に関連する交通計画については，1976年に交通基本計画（SVV）が策定された。SVV は1990～2001年の第2次交通基本計画（SVV 2）に引き継がれた。SVV 2 は VINEX とともに，第1～3次環境戦略（NMPs 1-3）との調整が図られている。2002年には新たな交通基本計画（NVVP）が議会に提出され，交通部門の計画における効率性向上が目指されている。NVVP では自動車の利用やモビリティに対する否定的な意味合いはなくなり，モビリティは現代社会の一部として認められている。しかし利用者が社会的費用を含めたフルコストを支払うべきだという原則的立場は維持されている。

2010年2月にバルケネンデ政権は崩壊し，総選挙を経て同年10月に自由民主国民党（VVD）などによるルッテ政権が発足した。直後の10月14日，住宅・空間計画・環境省（VROM）と交通・公共事業・水管理省（VenW）が統合され，インフラ環境省（IenM）となった。また政権発足時におけるVVDとCDAの連立合意の中で，次節で述べるキロメーター・プライスを導入しないことが明記されている（VVD-CDA, 2010）。

（3） ABC立地政策の概要

　ABC立地政策は1990年代オランダの都市空間政策を特徴づけるものであり，立地政策と交通政策を統合しようという試みである。「適切な業務の適切な立地（the right business in the right place）」というスローガンで端的に表現される。自動車交通の流動に着目するのではなく，自動車の使用に必然的に伴う駐車に着目したという点も斬新であった。第4次国土政策文書（1988年）に初めて記載され，SVV2における考え方に従い，91年に駐車政策施行文書により実施された[10]。またABC立地政策はVINEXを実行するためのツールの1つだともされている[11]。SVV2以前の駐車場政策は需要の増大に追随するものであり，オフィスや商業施設は駐車場容量の下限規制を受けていた。しかしSVV2では駐車場政策が需要管理のツールとして認識され，駐車場容量の上限規制へと転換がなされた。駐車のために占有される空間の機会費用が極めて大きく，駐車料金として利用者が直接支払っているのはその一部に過ぎないという議論もあった。そして3万人以上の自治体に対し，2010年までの積極的な駐車場政策の追求と，95年までのABC立地政策の実施が求められた[13]。

　ABC立地政策では，業務が鉄道や道路へのアクセス・ニーズやモーダルシフトの可能性に応じて3タイプに分類される（モビリティ・プロファイル）。また都市内の立地が鉄道や道路へのアクセスのしやすさに応じてA，B，Cの3タイプに分類される（アクセシビリティ・プロファイル）。A立地は公共交通機関によるアクセスが極めて良好な立地であり，各都市の中央駅周辺などが該当する。B立地は公共交通機関と自動車によるアクセスが比較的良好な立地である。C立地はもっぱら自動車によるアクセスが良好であるが公共交通機関によるアクセスは不便な立地であり，例えば高速道路のインター付近が該当する。これに加えて，公共交通，自動車のいずれによってもアクセスの利便性が低い立地をR（est）立地としているケースもある（**表7-1**）。そして交通の需要面に着目したモビリティ・プロファイルと，供給面に着目したアクセシビリティ・プロファイルとが組み合わせられる。雇用者数や来訪者数が平均以上の業務はA立地やB立地に，自動車交通に依存せざるをえない業務はC立地に立地すべきだとされる。

表7-1 アクセシビリティ・プロファイル

		自動車によるアクセシビリティ	
		低 い	高 い
公共交通機関による アクセシビリティ	低 い	R立地	C立地
	高 い	A立地	B立地

(出所) Martens and Griethuysen (2000).

具体的な誘導手法となったのは，アクセシビリティ・プロファイルごとに設定された駐車場の上限規制である。A立地では雇用者100人当たり20台，B立地では100人当たり40台とされた。ランドシュタットではさらに厳しく，A立地で10台，B立地で20台の上限規制が課された。C立地では上限はない。

ABC立地政策は国の政策であるが，実行するのは自治体である。根拠となる第4次国土政策文書について，国，州，自治体により共同で議論された。その結果，国（住宅・空間計画・環境省，交通・公共事業省，経済省），州際諮問委員会，オランダ自治体協会の間で，業務及びサービスに対する立地政策に関する合意が得られた（Ministry of Housing, Physical Planning and Environment, 1991）。

1999年に実施されたECMT（欧州交通大臣会議）のレビューでは，次項で述べるような数多くの問題点を指摘しながらも，「パイオニア的な政策アプローチ」「世界中の都市・交通計画者の注目を集めた」「国内外で多くの議論と関心を呼んだ」「広く称賛された」「理念的には大胆で革新的」などと評価している（ECMT, 2001）。こうした肯定的評価は，ABC立地政策が施行されている時期においては特異なものではなかった。

（4） ABC立地政策の挫折と新たな立地政策

国土空間戦略（2006年）によれば，交通需要に基づき立地を誘導してきたABC立地政策（及び郊外大規模小売店舗の立地政策）は，様々な目的に対応する統合的な立地政策に取って代わられた。様々な目的とは，経済発展の機会，アクセシビリティ，周辺環境の活性化を意味する。しかしABC立地政策そのものが立地政策と交通政策との「統合」を目指すものであり，新たな統合的立

地政策は，ABC 立地政策の理念を尊重しつつ新たな目的を追加したものなのか，ABC 立地政策を否定し方針を転換したものなのか，上の記述のみからは明確ではない。

　この点に関して筆者らが2011年2月に，オランダの政策担当者及びアムステルダム自由大学の P・リートフェルトら研究者から聞き取った範囲では，明らかに後者であった。ABC 立地政策は失敗であり復活の芽はない。完全に過去の政策と見なされている。対照的に，2010年に中止が決まったキロメーター・プライスに関しては，そろって復活するとの見解が聞かれた。

　ABC 立地政策の見直しに関する記述はすでに第5次国土政策文書（2001年）に見られる。ABC 立地政策は「修正を要する」，「統合的立地政策に取って代わるべき」とある。その目的として経済，アクセシビリティ，生活環境の3点が挙げられ，国土空間戦略を先取りしている。(16) ABC 立地政策が廃止されたのは2001年である（Rietveld, 2006）。中道左派のコック政権末期のことであった。

　ABC 立地政策の廃止理由は意外なものではない。リートフェルトへの聞き取り調査（2011年2月）によれば，駐車場に対する強い規制を自治体が嫌ったからである。鉄道駅から800m 以内の雇用は全体の約2割に過ぎない。A 立地または B 立地に指定され駐車場が強く規制された地区の雇用増は，他の地区に対して遅れをとった。ABC 立地政策は A 立地や B 立地における投資意欲をそぎ，経済のダイナミクスを無視した政策であった。自治体は ABC 立地政策を実施する義務があったが，取り除こうとしたり無視しようとしたりした。Rietveld（2006）もまた，国の政策でありながら実施するのは自治体であったことから，雇用増を優先したい多くの自治体ができる限り柔軟な運用を試みたとしている。さらに駐車場制限が適用される新規立地者と，適用されない従来からの立地者との間で競争の歪みが生じ，新規立地を妨げると指摘している。

　こうした見解は ABC 立地政策の問題点として指摘されていた事項とも整合的である。ECMT（2001）は1991年以来の経験から明らかとなった改善すべき点として以下の4点挙げている。(17)

①特に小規模な自治体で，自治体の境界を越えたインパクトに対する調整が不十分なケースが多い。

②業務・商業施設の誘致競争により自治体が駐車場制限を緩めるケースがあり，より広域的な調整を要する。
③自治体によっては駐車場の制限を厳格な規制ではなく長期的目標と認識した。
④SVV2以前に建築許可を得た計画に対して駐車場制限を適用することが難しく，政策効果の浸透には時間がかかる。

　より具体的な事実として，ライデンでは駐車場制限の結果，高級品を販売する商店の郊外流出が見られること[18]，立地政策の実施責任は自治体が負うものの，厳しい制限を実施する義務はないため，この施策を実施している自治体は20％に過ぎないこと，A立地は民間企業ではなく公共サービスの場となっているケースが多いことなどが指摘されている[19]。

　こうした問題への対応として，ABC立地政策の廃止ではなく修正という選択肢はなかったのか。ECMT（2001：67）は，自治体を超えた広域的な調整を行い都市間の競争条件を公平化することを挙げる。Rietveld（2006）は厳しい駐車場制限への対応が容易な企業もあれば困難な企業もあることに着目し，個々の企業に対する規制ではなく，より柔軟に一定区域内の雇用者（企業）全体に対して規制するという代替案を示している。しかし採用された選択肢は修正ではなく廃止であった。

　ABC立地政策が挫折した原因は，経済的動機に対する思慮が浅かったことにある。また規制の費用と便益を丁寧に比較することでバランスの取れた規制にするという仕組みが欠けていたことも挙げられる。A立地やB立地に厳しい制約が課されれば，そのデメリットを上回るメリットがなく，かつ制約のない代替地が存在するならば，代替地が選択されるのは当然である。ABC立地政策により渋滞緩和や環境改善といった便益があったとしても，制約によるコストに見合うものとは認識されなかった。公共交通の利便性が高ければ自動車交通の需要は極めて小さくなるといった，公共交通の吸引力への過信もあったと考えられる。

　駐車場の上限規制という手法自体の適否に関しては慎重な検討を要する。駐車場条例による下限規制（駐車施設付置義務）は日本でもごく一般的であるが，

上限規制は例外的である。とはいえ駐車場の物理的な抑制についてはシアトル，ポートランド，イエテボリなどの事例があり，イングランドでは交通部門の計画政策ガイダンス（PPG13）にも含まれている。[20] 下限規制，上限規制ともに自動車交通の外部費用を抑制する手段であるが，いずれも規制である以上，水準や設計を誤れば何もしないよりも悪い結果をもたらす。上限規制が有効に機能するためには路上駐車など抜け穴を塞ぐとともに，地域間の協調も必要となる。オランダにおいて結果的に存続しえた需要抑制的な駐車場政策は，合法的な路上駐車に対する課金制度であった。アムステルダムの場合，中心及びその周辺部で1時間当たり1.10～5.00ユーロの駐車料金が課され，中心部ほど高くなっている。

　国土空間戦略は，立地政策についても分権化を指向するものとなっている。統合的立地政策についても自治体が責任を負い，何が適切な立地であるかを決めるのは自治体だとされる。国は質的基準に関するガイドラインを定めるのみである。立地政策と交通政策との統合に関しては，多くの交通フローを生み出す業務施設と公共施設には各種の交通手段とうまくリンクされた立地を与えるべきだという原則がかろうじて残されている。[21] ABC立地政策の失敗理由の1つが自治体間の調整不足であったことを踏まえると，地方分権を旨とする国土空間戦略の下で，自治体は主体的に立地政策の相互調整に取り組む必要がある。

（5）　立地政策と交通政策の統合に向けて

　立地の交通利便性と，業務の交通需要特性とをマッチさせるというABC立地政策の考え方は都市計画の基本に忠実であり，立地政策と交通政策の統合を目指したものである。これを実現するための手法として，国，州，自治体により合意を形成した上で厳しい駐車場上限規制を導入したことは，特徴的であったが目論見通りには機能しなかった。新規立地のみが厳しい規制の対象とされたこと，広域調整が不十分であったことなど，歪みのある世界でファースト・ベストを追求するような面があった。

　交通政策が全く考慮されない立地政策は今や有りえないが，計画の変更により整合性が失われるケースは少なくない。また公共交通の利便性が高い都市構

造が実現できたとしても,計画者の期待通りに公共交通が利用されるとは限らない。現実の都市は単一中心の閉鎖都市ではないため,都市間の移動を含めトリップ・パターンは複雑である。ドア・トゥ・ドアで公共交通が有利となるための条件は厳しい。いったん自動車を保有すると走行段階の費用が安く,乗車定員内では乗車人数の増加に対して費用がほとんど変化しないといった費用構造も,自動車を有利にする。オランダ環境評価庁(PBL)の報告書も,自動車走行距離削減における空間計画の役割は認めつつも,効果に対する期待は控え目である。住宅プロジェクトを駅周辺で実施し,都市のスプロールを回避すれば,乗用車による走行を少し削減することができ,空間計画をより厳しくすれば効果は幾分か高まるものの効果は依然として小さいとしている。[22]

立地政策と交通政策の統合は,交通による環境負荷を抑制するための条件整備である。その上で,例えば自動車の外部費用を反映した取得・保有・走行の各段階における税・料金など,交通行動へのインセンティブを適正化する必要があろう。都市構造からの条件整備がこうした税・料金政策を可能にすると同時に,税・料金が立地にも影響を及ぼし,都市のコンパクト化を進める効果を持つ。ただし,キロメーター・プライスのように走行段階のみで対応することの妥当性については,慎重な検討を要する。[23] 交通モードごとの費用構造の違いや,取得・保有段階の税の差別化が低公害車・低燃費車の普及戦略として活用可能であるといった点も考慮する必要がある。

3 対距離課金制度(キロメーター・プライス)によるEPI

(1) 対距離課金制度(キロメーター・プライス)の概要

キロメーター・プライスは,GPS(衛星通信)技術を活用し自動車の所在地を把握し,走行距離に応じて各自動車に対して課金を行う制度であり,交通混雑の解消とアクセス改善を実現させることを目的に(Ministry of Transport, 2009),2010年初頭まで検討が続けられた。本制度を開始するために必要な法案は2009年11月に議会に提出されたが,その後の連立政権崩壊と総選挙後に成立した新連立政権による方針転換により,本制度の検討・導入は見送られてい

る。

　GPSを活用し走行距離に応じて各自動車に課金を行う制度は，2005年よりドイツにおいて一部道路を利用する重量貨物車を対象に開始された制度があるが，オランダにおけるキロメーター・プライスの特徴としては以下が挙げられる。第1に，当初重量貨物車から適用を開始するものの，最終的には全自動車を対象としていること，第2に，国内全ての道路での走行に対する課金を行うこと，第3に，自動車購入時に課税される自動車購入税及び自動車を保有する間に課税される自動車税の自動車関連固定2税の段階的廃止に合わせ，歳入中立を維持しつつ本制度を導入すること（自動車課税制度の保有に対する課税から距離に対する課税への転換），第4に，車種毎の基本課金料金をCO_2排出量に基づき設定することで，より低燃費で環境に優しい車種の普及を促進するものであること，及び第5に，距離に基づく課金分に加えて，時間と場所による追加料金を徴収することで，交通混雑及びアクセス状況の改善のより効果的な実現を目指すものであること，である。

　このキロメーター・プライスは，混雑解消を直接的な目的とすること及び歳入が公共交通を含む交通インフラの整備や維持管理に使用されることから交通政策であるとともに，距離ベースの課金による自動車利用の削減とCO_2排出量をベースとすることによる低燃費車の普及促進との観点から，オランダ全体のCO_2排出量のうち約2割を占める交通部門におけるCO_2排出量を削減する環境政策でもあり，オランダにおいて交通政策と環境政策の政策統合を具体的に進展させようとした例と言える。

（2）　議会への法案提出に至る過程

　キロメーター・プライスの検討に先立ち，過去オランダにおいては，自動車向け課金制度が複数回にわたり提案されたものの，議会への法案提出に至るまでの社会的合意形成が果たせなかった経緯がある。そうした中で本制度に係る検討は，全自動車の国内における全ての走行を課金の対象とする点でこれまでの提案内容に比べても革新的な内容であったにもかかわらず，法案提出まで至ったものである。このことは，本制度の導入については社会的合意形成がかな

第7章　オランダの交通・空間・環境部門の政策統合の取組み

りの程度達成されたことを示すと考えられることから，まずこの検討の過程を整理することとしたい。

一連の自動車向け課金制度検討の経緯は，まず，1988年から99年にかけて料金徴収所を設置して混雑料金制度を導入するとともにラッシュアワー対象のピーク・ロード・プライシングを併せて導入することを検討，議会への法案提出を断念したことに始まる。これに対して，2001～2002年には，本制度類似の対距離課金制度（自動車関連税の対距離課金への変更を含む）の導入を検討したものの，政府諮問委員会（State Council）の同意取得が得られず法案提出を再度断念している。その後，政権交代を経て2004年から，キロメーター・プライスの検討が開始され，2009年11月の議会への法案提出に至った（Minister of Transport, 2009）。

キロメーター・プライスの具体的な検討は，広範な社会的利害関係者等が主体となる検討の枠組みを構築した上で，多様な分析内容に基づき段階的に議論を進める形で取り行われた。まず，第1段階（2004～2005年）では，自動車運転者団体，貨物事業従事者団体，中小企業団体，環境保護団体といった社会的利害関係者のグループ，主要州，地方都市団体といった地域・地方自治体のグループ，及び経済省，財務省，住宅・空間計画・環境管理省（当時）の政府内各省のグループの3者のグループからなる検討委員会「Different Payment for Mobility Platform」を交通・公共事業・水管理省（当時）が組成し，経済的効果・環境面の効果・技術面の評価等に係る科学的分析に基づく政府内各部局及び外部専門家作成の報告書をたたき台に議論を開始し，その結果として本制度の骨格となる制度を検討委員会として提案した。第2段階（2006～2007年）では，上記検討委員会の参加団体を維持しつつ組成された後続の検討主体において，自動車税制の変更に係る詳細設計，影響・安全面・制度運営主体・実施行程等に係る科学的分析や実施コストに係る試算の詳細に基づいた検討，及び識者による客観的見解を加えた議論の深化等，具体的制度導入を想定した検討が集中的に行われた。また，2007年にはこうした検討と並行して，政府による意思決定のための政策分析について，具体的制度導入に向けた政府側の準備に係る詳細な検討報告書が作成された。さらに，実際の技術的対応可能性を確認

するべく，新たに通信事業者や自動車関連企業42社からなる「市場特殊知識グループ」が組成され，広範な意見収集と意見集約が図られた（Different Payment for Mobility Project Organization, 2007）。

これらの取組みを経て，第3段階（2007年末〜2009年）では，議会に対して交通・公共事業・水管理大臣（当時）による本制度導入方針の表明及び財務大臣による本制度導入と自動車関連諸税変更の方針の表明がなされ，最終的に2009年11月，本制度導入のための法案が議会に提出されるに至った。

こうした合意形成の過程は，各関連する政府内部局，地方自治体，利害関係者，産業団体，環境団体を可能な限り議論に加わらせるもので，オランダの進めてきた EPI 推進の手法であるコンセンサス方式に合致するものであった。また，オランダ型の EPI のもう1つの特徴であるターゲットグループ・アプローチの観点では，自動車運転者，中小企業や地方公共団体といった本制度の導入で特に影響を受けるであろう主要な利害関係者を議論に関与させていたことが指摘できる[24]。そこで，以下においては，EPI の主要な構成要素である科学的知見の活用による意思決定プロセス及び認識枠組みの変化の2つの視点から，本制度の検討過程を検証する。

（3）　科学的知見を活用した意思決定プロセス

本制度の導入に向け組成された検討主体たる委員会「Different Payment for Mobility Platform」及びこの後続の検討主体に対しては，上述の通り制度導入による経済・環境面での効果分析や採用技術に係る科学的な知見・情報が詳細かつ継続的に提供された。こうした知見・情報は，本制度の導入推進主体である交通・公共事業・水管理省（当時）による分析に加えて，同省とは独立した政府組織である中央計画局による累次にわたる費用便益分析報告書，環境評価庁の報告書（Netherland Environmental Assessment Agency, 2009）や交通研究の分野では世界有数の水準であるオランダ国内の大学研究者グループによる報告書などの形で，参加者のみならず政府関係各省間において共有された。こうして共有・活用された科学的知見・情報は，基礎的分析から具体的な詳細設計に係る分析，さらには実施行程を踏まえた分析へと段階的に展開され，意

思決定プロセスに有効に組み込まれていった。

　さらにこうした知見は，政府または関係各省大臣及び議会に対して助言を行う立場である諮問委員会（Council）においても共有され，2008年には交通・公共事業・水管理諮問委員会，住宅・空間計画・環境諮問委員会及びエネルギー諮問委員会（各当時）が合同で本制度の導入を支持する旨の助言と提言を行うに至った（Council for Transport, 2008）。

（4）　社会的合意形成に向けた認識枠組みの変化

　本制度の導入に向けた合意形成に際しては，上述の通り，関連する政府内部局，地方自治体，利害関係者，産業団体，環境団体を巻き込んで，大規模かつ段階を踏んだ取組みが行われたが，とりわけ社会各レベルでの利害関係者を検討の当初の段階から関与させることは，前述の過去の導入検討時にはなされなかった取組みであった。そしてその際，制度導入による経済・環境面での効果分析や採用技術に係る科学的な知見・情報が詳細に各レベルの利害関係者に共有されていった。

　他方，法案を議会に提出するまでに至る社会的合意を実現した直接的な原動力としては，本制度導入が歳入中立を保ち，自動車運転者に新たな負担増をもたらすものではなく，むしろ自動車による移動距離を削減させることで負担軽減につながりうる，といった制度導入により想定されるメリットに係る情報が社会各レベルに正確に伝達され共通認識となったことであった。[25] これらの知見・情報の共有が，本制度の導入に際しての意思決定プロセスの変化をもたらす社会制度の認識枠組みの変化に有効に機能していった。

（5）　EPI 成功のための条件と課題

　上記で分析した通り，オランダで導入が本格的に検討されたキロメーター・プライスは，オランダの EPI 方式の原則，すなわちコンセンサスを重視しつつターゲットグループ・アプローチに沿った形で展開され，またその内容面からも，科学的知見の活用による意思決定プロセスの実現と認識枠組みの変化をもたらしつつ検討が進められたものであった。これらの点から，本制度は政権

交代時期に当たり導入は見送られたものの，EPI の成功事例と判断しうるであろう。過去の頓挫事例と異なり，社会的合意形成に向けて多様な利害関係者を巻き込んだ取組みがなされたこと，科学的知見や情報を活用した意思決定が徹底されたこと，そして知見と情報が認識枠組みの変化をもたらしたことが本制度導入に際しての EPI 成功の条件として挙げられよう。

　一方で，政権交代により導入が見送られた事実は以下の課題を提起している。第 1 に，政権交代下にあっても影響が大きく及ばない程度にまで社会的合意が深められる必要があることである。第 2 に，議会において，統合的政策に理解を示す政治的リーダーシップの存在が必要であることである。こうした必要性に関連して指摘しうるのは，本制度導入の検討主体が，旧交通・公共事業・水管理省単独のリーダーシップ下で活動していた点である。[26] 既述の通り，政府内関係他省による検討への参加は継続的にあったものの，EPI 推進において重要な要素である政府内における部門横断的な協調・戦略的対応を実施する立場と機能は，旧交通・公共事業・水管理省にはなかった。より広範な協調的取組みがなされれば，政治的リーダーシップへの働きかけやより戦略的なビジョンの形成にも有効であった可能性がある。すなわち，第 3 のポイントとして，組織改編に因らず EPI を推進するプロセスとして，科学的知見の活用による意思決定プロセスの変化やその背景を形付ける認識枠組みの変化といった手段は取りうるし，かつ有効ではあるが，社会的合意の強さの程度や政治的リーダーシップの程度が不確実な状況下では，部門横断的に EPI を担う仕組みが依然として必要となる可能性があることである。

4　漸進する EPI

　ABC 立地政策は，国，州，自治体の間で合意を得た上で実施されたにもかかわらず失敗に終わった。規制が過度に強力かつ硬直的なことから実施段階で自治体の十分な協力が得られず，広域的な調整も不十分であった。政策手段の失敗であることから科学的知見の活用が不十分であったこと，また自治体の姿勢からはコンセンサスの水準が高くなかったことを指摘することができる。一

方,キロメーター・プライス導入に向けた合意形成は,より広範な利害関係者が参加し,政策の合理性が科学的に検討され,高い水準のコンセンサスが得られた。政権交代により頓挫したが,連立政権崩壊の主要因はオランダ軍のアフガニスタン駐留延長問題であり,キロメーター・プライスは大きな争点ではなかった。キロメーター・プライス導入過程においてコンセンサス方式は一定の成功をおさめた。今回は導入に至らなかったとはいえ,EPIを一歩前に進めるものであったと評価できる。

注
(1) 角橋(2009),国土交通省国土計画局(2010),国土交通省ウェブサイト「各国の国土政策の概要:オランダ」(http://www.mlit.go.jp/kokudokeikaku/international/spw/general/netherlands/index.html 2013年1月13日アクセス)。
(2) 角橋(2009:203)。
(3) VINEXまでの国土政策文書は,1918年の普通選挙開始以来76年間にわたるキリスト教系政権(長坂,2007)の下で策定された。しかしVINEXが議会で承認された93年はキリスト教民主同盟(CDA)が政権を離れる直前である。94年から中道左派のコック政権が発足するが,VINEX承認時点で労働党などの影響力がすでに強まっていたと考えられる。
(4) Interdepartmental Project Nota Ruimte (n.d.:2).
(5) 旧住宅・空間計画・環境省ウェブサイト「Spatial Planning & Development」(http://international.vrom.nl/pagina.html?id=36864 2008年2月29日アクセス)。
(6) Interdepartmental Project Nota Ruimte (n.d.:13).
(7) Van der Hoorn and van Luipen (2003), ECMT (2001:35-38).
(8) Van der Hoorn and van Luipen (2003).
(9) 経済省と農業・自然・食品安全省も統合され,省庁の数は13から11に減少した。
(10) Martens and Griethuysen (2000).
(11) ECMT (2001:44).
(12) ECMT (2001:53).
(13) ECMT (2001:44-45).
(14) ハーグにおける適用についてはNEA Transport Research (n.d.)参照。ユトレヒトにおける適用についてはSURBAN (n.d.)参照。
(15) Interdepartmental Project Nota Ruimte (n.d.:13).
(16) VROM (2001).
(17) ECMT (2001:45).
(18) ECMT (2001:67).
(19) ECMT (2001:73).
(20) 都市交通適正化研究会(1995),村岡・森本・浅野(2002)。

第II部　EUとオランダの交通政策におけるEPI

(21)　Interdepartmental Project Nota Ruimte (n.d.：13).
(22)　Hoen, Wilde, Hanschke and Uyterlinde. (2009：28).
(23)　取得段階にも施策を講ずるべきとする議論についてはITF (2008：12-13) 参照。
(24)　オランダ，インフラ・環境省のキロメーター・プライス担当者への聞き取り調査（2011年2月実施）においても，こうしたオランダの合意形成プロセスが背景として説明された。
(25)　本制度導入の検討に深く関わったアムステルダム自由大学のE・ヴェルホエフへの聞き取り調査（2011年2月実施）における見解による。
(26)　ベルギーの環境NGO「Transport & Environment」への聞き取り調査（2011年2月実施）でJ・ディングス代表は，検討委員会が交通・公共事業・水管理省（当時）単独でリードされていたことを課題とする見解であった。

参考文献

角橋徹也『オランダの持続可能な国土・都市づくり』都市自治研究所，2009年。
環境省地球環境局『地球温暖化対策とまちづくりに関する検討会報告書 環境にやさしく快適に暮らせるまちを目指して』2007年。
国土交通省国土計画局「東アジア等国土政策ネットワーク構想検討基礎調査（その3）──オランダ＆EUの国土政策事情──報告書」2010年。
社会資本整備審議会『新しい時代の都市計画はいかにあるべきか。（第一次答申）』2006年2月1日。
都市交通適正化研究会『都市交通問題の処方箋』大成出版社，1995年。
長坂寿久『オランダを知るための60章』明石書店，2007年。
村岡洋成・森本章倫・浅野光行「日本型ABCポリシーを想定した通勤目的自動車の削減効果に関する研究」『2002年度第37回日本都市計画学会学術研究論文集』2002年，271-276頁。
Council for Transport, Public Works and Water management, Council for Housing, Spatial Planning and the Environment and Energy Council, 2008, "Every journey has its price."
Different Payment for Mobility Project Organization, 2007, "Making a start on a price per kilometre overview of preparatory research for the government decision on a price per kilometre," Ministry of Transport and Water Management.
ECMT, 2001, "National Peer Review: The Netherlands," OECD.
Hoen A., K. Geurs, H. de Wilde, C. Hanschke, and M. Uyterlinde, 2009, "CO_2 Emission Reduction in Transport," Netherlands Environmental Assessment Agency (PBL), PBL publication number 500076009.
Interdepartmental Project Nota Ruimte, n.d., "Nota Ruimte：National Spatial Strategy-Summary - Creating Space for Development."
International Transport Forum, 2008, "The Cost and Effectiveness of Policies to Reduce Vehicle Emissions: Summary and Conclusions," *Discussion Paper*, No. 2008-9, OECD.

Martens, M. J. and S. v. Griethuysen, 2000, "The ABC location policy in the Netherlands," TNO Inro. (https://dspace.ist.utl.pt/bitstream/2295/296481/1/abc.pdf　2010年12月29日アスセス)。

Ministry of Housing, Physical Planning and Environment, 1991, "The Righet Business in the Right Place."

Ministry of Transport, Public Works and Water Management, 2009, "Kilometre price – what exactly does it mean?"

Minister of Transport, Public Works and Water Management, 2009, "Rules for Changing a Pay-By-Use Price for Driving with a Motor Vehicle [Dutch Road Pricing Act] Explanatory Memorandum."

NEA Transport Research, n. d., "ABC Policy: The Hague Netherlands." (www.ils.nrw.de/netz/leda/pdf/dv3-an16.pdf　2008年2月26日アクセス)。

Rietveld, Piet, 2006, "Urban Transport Policies : The Dutch Struggle with Market Failures and Policy Failures," in Arnott, Richard J. and Daniel P. McMillen, *A Companion to Urban Economics*, Blackwell.

SURBAN (database on Sustainable urban development in Europe), n.d., "Utrecht: 'ABC' Planning as a planning instrument in urban transport policy," European Academy of the Urban Environment. (http://www.eaue.de/winuwd/131.htm　2008年2月26日アクセス).

van der Hoorn, Toon and Bram van Luipen, 2003, "National and Regional Transport Policy in the Netherlands: A Short Introduction," Paper submitted to the workshop on Comparison of National and Local Authority Approaches to Transport Policy and Delivery in 3 Countries――France, Netherlands, Great Britain.

VROM, 2001, "Summary: Making space, sharing space, Fifth National Policy Document on Spatial Planning 2000/2020."

VVD-CDA, 2010, "Freedom and Responsibility: Coalition Agreement VVD-CDA," 30. Sep.

（兒山真也・稲澤　泉）

第8章

オランダの戦略的環境アセスメントと費用便益分析

1 オランダと日本における環境影響評価と社会経済評価の現状

　道路，鉄道などの社会資本整備，地域開発プロジェクトについては，その環境への影響が懸念される場合が多い。また，一般にこれらの事業は多額の費用を伴うため，効率的で効果的な事業の実施，透明性を確保した事業プロセスが求められる。これらの課題に対する取組みとして，環境影響評価と社会経済評価がある。

　環境影響評価については，1969年に米国において世界で初めて制度化されたが，ヨーロッパではオランダにおいて比較的早い時期に導入された。87年に環境管理法が改正され，そこで環境影響評価が位置付けられたが，これは85年のEUによる環境影響評価指令を受けて制定されたものだった。この時，事業アセスメントと併せて一部の計画・プログラムに対する環境影響評価が導入され，オランダは早期に戦略的環境アセスメントを導入した国として知られている（環境アセスメント研究会，2000：34）。また，法案を環境配慮の面から評価する環境テスト（e-test）と呼ばれる制度も94年に導入されている。これは，環境に重大な影響をもたらす恐れがある法案等を適用の対象とするもので，事業，計画，プログラムを対象とする環境影響評価と別に制度化されている（環境省，2005：38）。

　一方，社会経済評価については，オランダでは多基準分析が広く利用されてきたが，2000年に社会資本プロジェクトの評価に関するガイドブックが発行され，その中で費用便益分析の考え方，プロセス，評価項目，評価手法などが細く解説されるようになった。このガイドブック発行以降，オランダでは社会経

済評価として費用便益分析が活用されている。

　これに対して日本の社会資本，とりわけ交通プロジェクトの評価に当たっては，1990年代後半に大きな転換があった。環境側面の評価としては97年6月に環境影響評価法が制定され，99年から事業レベルの環境影響評価の完全施行に入った。いわゆる戦略的環境アセスメントは見送られたが，環境影響評価法制定時の国会付帯決議では，戦略的環境アセスメントについての調査・研究を推進し，国際動向やわが国での現状を踏まえて早急に具体的な検討を進めることとされた（国立国会図書館，2010：3）。それを受けて環境庁（当時）では，「戦略的環境アセスメント研究会」を開催し，戦略的環境アセスメントの導入の準備がなされた。その後，戦略的環境アセスメントに向けてはガイドラインの導入など様々な取組みがなされ，2011年4月の環境影響評価法改正時には，計画段階の環境配慮を可能にする手続きや，環境保全措置等の結果の報告・公表手続きが盛り込まれた。

　一方，社会経済面の評価については，1997年に総理大臣から公共事業の「再評価システム」の導入及び事業採択段階における費用対効果分析の活用について指示があり，98年から新規事業採択時評価及び再評価が開始された（国土交通省大臣官房技術調査課，2008：33）。また，2001年に「行政が行う政策の評価に関する法律（政策評価法）」が成立し，2002年には国土交通省によって「公共事業評価の基本的な考え方」が示された。この基本的な考え方では，いくつかの要素を総合化して評価する手法が提案され，その一部に費用便益分析が位置付けられた。2012年11月現在，例えば道路事業・街路事業については，2009年に公表された「道路事業・街路事業に係る総合評価要綱」に基づき事業の評価が行われている。

　このように日本でも，事業の環境影響評価と社会経済評価が進められているが，オランダをはじめとする欧米各国で進められているような，政策，計画，プログラムレベルの環境影響評価，すなわち戦略的環境アセスメントは未だ導入に至っていない。また，公共事業の社会経済評価の一部に費用便益分析が位置付けられているものの，例えば道路事業の場合，基本的に算定される便益項目は，走行時間短縮便益，走行費用減少便益，交通事故減少便益の3つに限

られ,環境に与えるインパクトや他の経済便益は評価項目に入っていない。
　次節以降では,オランダの環境影響評価と社会経済評価の発展経緯と現状について深く見るとともに,その特徴を考察する。

2　戦略的環境アセスメントの潮流とオランダにおける導入の経緯

(1) 戦略的環境アセスメントの諸外国での制度化とオランダにおける導入

　世界で初めて環境影響評価を導入した国として知られているのが米国であるが,日本の環境影響評価法の成立よりも30年も前,1969年に環境影響評価が国家環境政策法(National Environmental Policy Act, NEPA)に盛り込まれた。同法では,政策,計画,プログラムを含むあらゆる政府の決定に対して環境影響評価を義務付けており,すでにこの時点で戦略的環境アセスメント(Strategic Environmental Assessment, SEA)が導入されていた(環境アセスメント研究会,2000：8)。それ以来,オランダ,カナダ,オーストラリアなどで戦略的環境アセスメントの導入が進み,中でもオランダは87年に事業と併せて,一部の計画・プログラムに対して環境影響評価を導入し,環境管理法(Wet milieubeheer)に盛り込まれるとともに,環境評価令(EIA Decree)においてその具体的な内容が定められた。

　オランダにおける環境影響評価は,1985年のEC理事会指令「公共及び民間事業における環境影響評価に関する85年6月27日EC理事会指令」に基づき,オランダ環境管理法の第7条において87年に制度化された。それを受け具体的な内容を定める環境影響評価令が同年に制定され,87年9月から運用が開始された。環境影響評価令では,プロジェクトだけでなく計画とプログラムも適用の対象とされ,これらには廃棄物管理計画,発電計画,水供給計画,住宅,産業,レクリエーションなどの土地利用計画も含まれた。この環境評価令で戦略的環境アセスメントの導入が明文化はされていないが,一般にオランダでは戦略的環境アセスメントがこの時期から導入されたと理解されている。

　こうしてオランダでは,他の諸外国と比べて早い時期に戦略的環境アセスメントが導入されたが,近年の最も大きな転換期は,2001年のSEAに関する

第 8 章　オランダの戦略的環境アセスメントと費用便益分析

EU の指令である[(4)]。EU 指令は枠組みを示したものであり，計画とプログラムに適用されるのであるが，ここでは，環境報告書に記載すべき情報，公衆参加などの規定が要求され，意思決定者に対して，環境情報やコメントを考慮することも求められた。また，加盟各国が2004年7月までに戦略的環境アセスメントに関する国内法を整備することを義務付け，それを受けてオランダではこの期限から2年後の2006年9月に環境管理法の第7章部分を改正し，環境影響評価令も同様に改定した。環境影響評価令は2008年7月から有効になり，これにより改めて環境影響評価，戦略的環境アセスメントの実施規定が示された。2006年4月には住宅空間計画環境省により[(5)]「計画の環境影響評価の手引き(Handreiking milieueffectrapportage van plannen〔planner〕)」が発行され，これに基づき環境影響評価が実施されてきた。制度面では2010年7月1日にさらに改定され[(6)]，環境影響評価を必要とする計画，プログラム，プロジェクトの事業種の変更はなかったものの，その内容によってアセスメントの手続きが異なることとなった。手続きは2つ用意され，1つは直接的な許認可となる内容のものは簡易手続き，もう1つは複合的な許認可によるものは完全な手続きを取ることとなった。例えば，オランダ自然保護法に基づくアセスメントを要求する全てのプロジェクトと政府自体が提案者であるようなものは，完全な手続きを取ることとなった。これは，簡易手続きが簡単な手続きで済むようになったということではない。あくまでアセスメントの手順としては変わらないが，例えばアセスメント結果の審査を受ける場合に，審査者の体制がシンプルかそれとも複合的な体制を整備して審査するかという違いである。

　このようにオランダでは，主に EU の指令に基づいて環境影響評価制度を導入，補強してきた経緯がある。特に1985年の EC 理事会指令により制度化された際には，計画，プログラムの環境影響評価が導入されたことから，世界に先駆けて戦略的環境アセスメントを導入した国の1つとして知られている。

　一方日本では，1984年に「環境影響評価の実施について」が閣議決定され，政府として統一的なルールに基づく環境影響評価が実施されることになったが，閣議決定であるため法的拘束力がなく，許認可への反映には限界があった（国立国会図書館，2010：1）。その後93年に制定された環境基本法においてようや

く環境影響評価の推進が位置付けられ，97年6月に環境影響評価法が成立したが，いわゆる事業アセスとしてのスタートとなった。2011年4月の法改正で事業の計画段階に環境への配慮を可能とする配慮書の手続きが追加されたが，いわゆる戦略的アセスメント[7]とはなっていない。

（2） オランダにおける法案の環境影響評価

　このように計画，プログラムレベルの戦略的環境アセスメントの適用は，オランダでは環境管理法及び環境影響評価令に基づいて行われるが，法案の環境影響評価は，環境テスト（e-test）と呼ばれるシステムに基づく[8]。e-test は，1994年に導入された制度であり，中央政府レベルの法律等の立案過程に環境配慮を組み込むものである。新規の法案，行政命令，省令，それらの改正に対して適用されるが，法案などの立案過程のできるだけ早い段階に実施されることが望ましく，各種政策手法の選択が可能な段階で行われる必要がある。e-test は環境に重大な影響をもたらす恐れがある法案等を対象としており，交通政策としては過去に「内陸航行に関する法律の改正」などで実施された。94年に導入された e-test は，その事後評価を踏まえ，2002年に新しい手続きが閣議において決定された。そして2002年以降の e-test の手続きは，クイックスキャンと環境影響評価の2段階の評価手続きになった（環境省，2005：38）。第1のクイックスキャンでは，法案の必要性や，それがもたらす環境への影響に関する簡易な検討を行うとともに，費用便益分析の必要性も検討する。また，第2段階の環境影響評価の必要性や環境影響評価で考慮すべき項目，影響評価の手法の検討を行う。クイックスキャンでは，政策領域，理由と目的，提案法案の理由と達成すべき目標が示され，法案の必要性，他の代替措置，法案の影響などが検討される。ビジネスに対して重大な影響を及ぼす可能性があるか，環境に対して重大な影響を及ぼしうるか，実施機関や執行省庁に対して重大な影響を及ぼす恐れがあるか，金銭的に換算可能な重大な影響があるかなどが検討される。クイックスキャンが必要ない法案は，政策目的の実現のために当該の法案以外に合理的な代替案がない場合，ビジネス団体，環境，実現可能性，執行可能性に重大な影響をもたらさない場合，EU 法の要求の実施に関連する法律

の場合などに限られる。第2段階の環境影響評価は、まず所管官庁が環境影響評価を実施するとともに法案を司法省に提出し、司法省は法律としての質をチェックする。法案デスクは環境影響評価の結果を審査し、結果を司法省に送付する。司法省は、法案デスクによる審査と質のチェック結果を法案報告書として作成し、所管官庁に送付する。そして所管官庁は法案を閣議に提出し、何らかの否定的な結論が法案報告書に記載されている場合は、法案報告書も法案に添付して閣議に提出する。

このような法案に対する戦略的環境アセスメントはオランダの特徴である。オランダのe-testでは、法案が作成されることになった際に、環境影響を考慮する制度が法案策定プロセスに組み込まれている。計画、プログラムレベルの戦略的環境アセスメントと法案の戦略的環境アセスメントと言えるe-testにより、オランダの環境配慮は徹底されていると言えよう。

3 戦略的環境アセスメントと環境影響評価

(1) オランダにおける環境影響評価のタイプ

オランダでは、事業レベルの環境影響評価(Environmental Impact Assessment, EIA)と計画、プログラムレベルの戦略的環境アセスメント(Strategic Environmental Assessment, SEA)があり、どちらも環境管理法及び環境影響評価令で規定され、プロセス自体は大きな違いがない。また前述したように、計画、プログラム、事業に適用される環境影響評価とは別に、オランダでは法案、政令、省令案に適用されるe-testがある。UNEP(2002)は、SEAシステムのタイプをいくつかに分類して説明しているが[9]、その整理によれば、オランダの計画、プログラムに適用される戦略的環境アセスメントは、事業の環境影響評価と同一の法制度に従うタイプの「EIAベース型」に分類され、このタイプの戦略的環境アセスメント制度を持つ国は多い。また事業、計画、プログラムの環境影響評価とは別に、法律に関する環境影響評価はe-testにより行われるころから、「並列型」の制度ともなっている。

(2) 戦略的環境アセスメントの対象

　オランダの戦略的環境アセスメント制度では，環境影響評価令の2つの付属書（付属書C，D）に評価対象事業種や規準などの条件が示されている。付属書Cにおいては，評価が必須となる種類の事業とそれらの規模などの条件等を規定しており，その計画が事業の枠組みを形成する場合は戦略的環境アセスメントが義務付けられる。また，付属書Dでは，スクリーニングによって環境影響評価の実施を決定する種類の事業と規模などの条件，それが含まれる計画が規定されており，それらの事業に関連する計画等も対象となる。戦略的環境アセスメントが義務化されている事業には，幹線・高速道路，鉄道・路面電車・バス路線，水路・航路，港，飛行場など交通事業の他，紙パルプ工場，製油・鉄鋼工場，発電所などの生産工場も含まれる。発電所は日本でも事業の対象とされているが，環境への影響の大きい産業施設についても対象としていることが特色である。また，EUの生息地指令（EU Habitats Directive）と野鳥指令（EU Birds Directive）において適切な評価が要求される場合も，戦略的環境アセスメントの対象となる。

(3) 合理的な代替案の立て方

　戦略的環境アセスメントでは，複数案を作成する際には，合理的な案を作成するべきとなっている。合理的な案とは，オランダ環境影響評価委員会が作成している「合理的な複数案作成の5原則」によるものであり，その1つに社会的な議論を考慮することと述べられている。また，環境影響評価では環境に最も優しい案を複数案に入れることを求めているが，SEAでは必ずしも環境に最も優しい案を入れる必要はなく，あくまで複数案の合理性を強調している。つまり，合理的に出された案において社会経済面が考慮されており，その上で環境面での評価を行うこととなっている。複数案の合理性を考える基準のヒエラルキーとして，目標，活動，位置，施設の4つがあり，まずは目的を達成する案か，次にその目的を達成する上での内容はどうであるか，次にどこでその事業，計画を行うのか，最後にその施設そのものという順である。

　松行・西浦（2008）では，この代替案の立て方を英国の制度と比較している。

そこでは，オランダの代替案の立て方があらかじめ経済，社会面での影響も考慮に入れた代替案を立て，その上で環境面での評価を行うのに対して，英国の場合は環境・社会・経済面での評価を行いながら代替案を作成しているため，オランダの方がより計画の意思決定の比較的遅い段階において，環境面での評価を行う制度と言えると考察されている。

（4） 環境影響評価における第三者機関

環境影響評価の手続きに関する第三者機関として，オランダ環境影響評価委員会がある。これは，環境管理法に基づいて設置された環境影響評価，戦略的環境アセスメントの実施時にアドバイスを与える中央行政機関とは独立した専門家組織であり，報告書の審査は，オランダ環境影響評価委員会により行われる。この委員会は環境影響評価の質を高めるために重要な役割を担っている。このような第三者機関の存在が環境影響評価の信頼性を高めることに貢献していると考えられる。

これとは別に，ガイドラインでは，所管官庁，他の関係官庁，コンサルタント機関，専門家により構成される環境影響評価運営委員会の構成を定めている。環境影響評価運営委員会は，各事業の評価ごとに設置される組織で，環境影響評価手続きの各段階において中心的な役割を担う。

（5） プロセス

オランダの環境影響評価と戦略的環境アセスメントはほとんど同じプロセスで構成され，環境影響評価の手順は，①スクリーニング，②スコーピング，③影響評価，④報告書の作成，⑤報告書の審査，⑥事後調査の実施である。

まず，スクリーニングの段階では，事業主体と環境影響評価の実施者は，事業の申請に際して許認可権者に申し出，それを受けて許認可権者は環境影響評価運営委員会を設置する。事業アセスの場合，運営委員会は戦略的環境アセスメントの結果，計画の内容などを確認し，許認可権者が環境影響評価の適用の有無を判断する。先述した環境評価令に従い付属書Cと付属書Dに基づき評価対象が決まり，スコーピング，影響評価に進む。この段階では，環境影響評価

の実施者は，戦略的環境アセスメントの結果，計画の内容などを確認し，評価方法を決めるとともに評価を実施する。影響評価の内容は，環境，社会，経済の観点から，スコーピング段階で決定され，経済面の影響評価は費用便益分析が含まれる場合がある。報告書には，計画の内容，代替案，現況の環境，調査・予測・評価，緩和措置及び事後調査スキームなどが盛り込まれ，その報告書は審査の段階へ進む。前述したように，2010年7月1日に環境影響評価のシステムが変更されたが，審査については，直接的な許認可である簡易プロセスと複合的な許認可による完全プロセスの2つに分かれた。複雑な意思決定のための環境影響評価の対象としては，オランダ自然保護法に基づく適切なアセスメントを必要とする全てのプロジェクト，また政府自体が提案者である全てのプロジェクト，例えば空港の拡張，社会インフラに関するプロジェクトなどがあり，それらには，完全プロセスが要求される。

　審査手続きとしては，簡易プロセスの方は，評価結果の質が最も重要であると考えられ，所管官庁が環境影響評価の質が十分かを見極める。一方，完全プロセスの場合は，環境影響評価委員会のチェックが入る。環境影響評価の結果が委員会に提出され，委員会が作った専門家を含むワーキンググループで審査される。審査が終わるとワーキンググループが意見を提出する。完全プロセスの場合，環境影響報告書は，オランダ環境影響評価委員会にレビューされなければならない。そこで独立的なエキスパートが環境情報の質が十分かを評価する。委員会はいかなる行政，関係者にも影響されない独立機関であり，委員会のアドバイザリーレポートは誰もがウェブで見られるようになっている。このように環境影響評価を審査する組織の独立性が担保される中で専門家による評価が行われ，客観性と透明性が担保されている。これは，プロジェクトの合意形成の面からも極めて重要なシステムとなっている。

（6）　土地利用計画の戦略的環境アセスメント事例

　オランダにおける戦略的環境アセスメントのうち交通に関連するものとして，「オランダ西部国家土地利用計画」がある[10]。この計画は，国際競争力の高い都市ネットワークをオランダ西部に形成することを目的として構想され，①ビジ

ネス環境の改善，②主要都市間を新たな高速鉄道でつなぐ，③新住宅及び工業地域の最適な配置，④オランダ西部の水系を利用した自然地域及びレクリエーション地域のネットワーク化の促進が求められた。この計画自体は，当時，戦略的環境アセスメントの適用は義務ではなかったが，選択肢を厳選し，望ましい政策の方向性を設定するため行われた。[11] この計画の評価の大きな特徴は，戦略的環境アセスメントと並行して費用便益分析が行われたことである。環境面及び社会面の影響は，環境省の責任の下で戦略的環境アセスメントの中で分析され，経済的な影響については運輸省の責任の下で費用便益分析が実施された。そしてこの検討に当たっては，選択肢を組み合わせた5つの代替案が示され，各代替案の長所と短所の情報が示された。また，評価項目は，空間の多様性，文化的多様性，持続可能性などの他，費用，交通の側面なども設定され，総合評価が行われた。評価に当たっては，量的スコア，モデル間の順位付け，結果に対する定性的な議論が行われたが，量的なスコアに対して市場間の重みづけは行われなかった。この事例では，都市化政策の環境影響に関する部分は，GISによる分析が多く，例えば「価値ある景観面積の喪失」と指標が設定された。

最終的に1つの案が内閣に選定されたが，交通については費用がかかりすぎるとして新しい交通システムの必要性が示された。計画レベルの戦略的環境アセスメントを実施する場合，詳細な内容が不透明であることから概略的な検討にならざるをえないが，既存のデータやGISなどのツールを使って評価を行っている。それでも複数案について，いくつかの評価項目ごとに定量評価を行い，適切な計画を選択できるように工夫されている。

4 オランダにおける交通プロジェクトの費用便益分析

（1） 費用便益分析への取組み

オランダでは，プロジェクトの評価において費用便益分析と多基準分析が長年併用されてきた。様々な評価手法による評価結果が各プロジェクトで示されたが，それらの結果は明快なものではなく，方法の妥当性や適用性が疑問視さ

れることがあった。そのため，議会の特別委員会がオランダの1998年以前の政策決定における質の低さを確認し，98年にオランダ交通・公共事業・水管理省と経済省が，社会資本プロジェクトの経済効果に関するガイドブックの作成に取りかかった。これは，社会インフラ，特に交通プロジェクトの経済評価において統一性をもたらすことを主な目的に進められたものであり，そのため当局はOEEI[12]（Onderzoeksprogramma Economische Effecten Infrastructuur）と呼ばれる社会資本の経済効果に関する研究プログラムを実施した。全部で8つの研究が行われたが，それをとりまとめたガイドブックが，2000年に発行した「社会資本プロジェクトの評価（Evaluation of infrastructural projects; Guide for cost-benefit analysis)」である。このガイドブックでは，大規模社会インフラの評価手法として費用便益分析を提案しており，OEEIに参加した研究機関によって広く支持されている。参加した機関は，大学，研究所，コンサルタント会社など11機関であり，プロジェクト評価に実際に係る機関が合意しているため，ガイドブックの有効性と理解の程度は高いと考えられる。オランダ政府は，この費用便益分析ガイドラインが全ての主要な交通インフラ計画に適用されるべきとし，現在のオランダにおける経済評価の基本的な考え方はこのガイドブックに従っている。OEEIでは，代替的な方法である多基準分析についても検討[13]したが，多基準分析における効果のウェイトが不透明で，ダブルカウントの危険性を秘めているという問題から，費用便益分析のガイドラインを示すこととなった。

また，AVV交通研究センターの経済評価サポートデスク（Support desk Economic Evaluation, SEE）は，交通・公共事業・水管理省に対して交通社会資本の経済評価，特にOEIガイドラインに関する質問についてアドバイスするなどして，費用便益分析の考え方，手法の理解を得るような取組みも行っている。

（2） 政策決定のプロセスと費用便益分析

ガイドブックでは，政策決定のプロセスにおいて，まず問題の把握そして解決策を検討し，予備的な事業可能性の検討を行った上で，問題を解決する代替

図 8-1　政策決定のプロセス

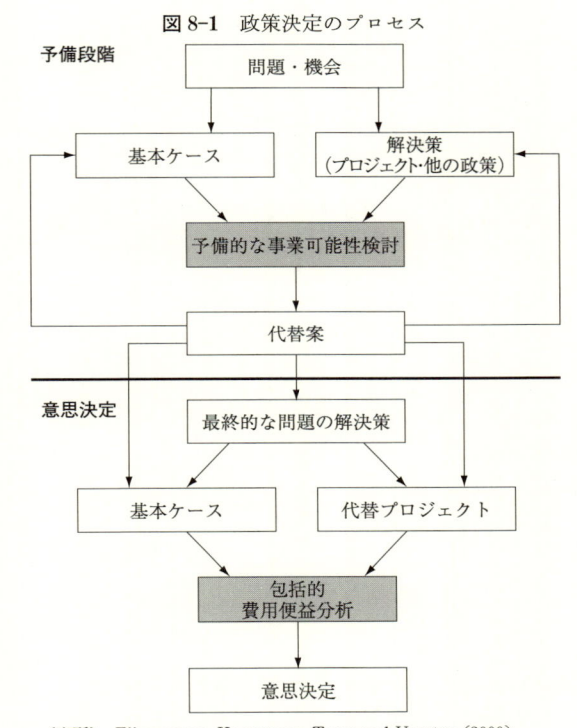

```
予備段階            問題・機会
                   ↙      ↘
           基本ケース      解決策
                         (プロジェクト・他の政策)
                   ↘      ↙
                予備的な事業可能性検討
                       ↓
                     代替案
─────────────────────────────────────
意思決定         最終的な問題の解決策
                   ↙      ↘
           基本ケース      代替プロジェクト
                   ↘      ↙
                    包括的
                   費用便益分析
                       ↓
                    意思決定
```

（出所）　Eijgenraam, Koopmans, Tang and Verster (2000).

案の包括的な費用便益分析を行うべきとしている（**図 8-1**）。そして，法的に要求されている環境影響評価と費用便益分析は同時に行われ，互いに連動するべきものであると考えられている。費用便益分析の狙いは，環境に与える影響も含めた社会経済的なリターンを分析することである。そのため，プロジェクトによる環境影響の情報を得る必要があるし，また環境影響評価も正確に環境への影響を分析するために，関連する経済影響を知る必要がある。

実際の評価に当たっては，まず実施しないケースも含めて代替案が提示され，事業収益性の分析が行われる。続いて，直接的な便益を対象とする部分的費用便益分析が行われ，それに間接効果を含めて全体的な費用便益分析が行われる。これらの事業収益性，直接的な便益による費用便益分析，総合的な費用便益分析の結果を踏まえて政策決定がなされるというシステムになる（**図 8-2**）。

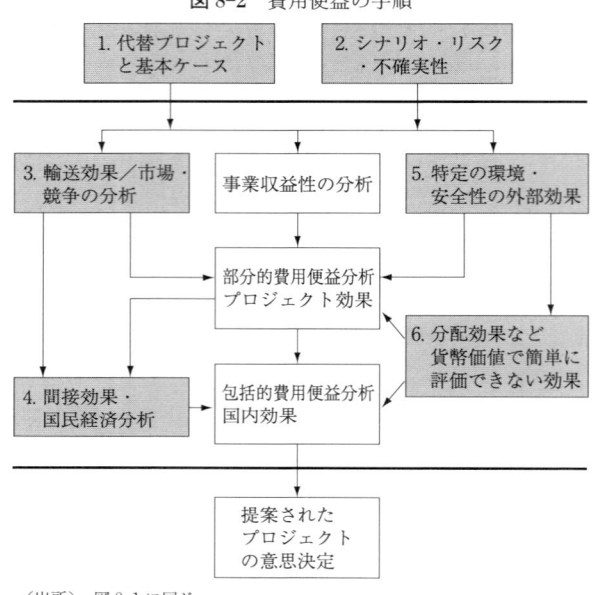

図 8-2 費用便益の手順

```
┌──────────────────┐   ┌──────────────────┐
│ 1. 代替プロジェクト│   │ 2. シナリオ・リスク│
│   と基本ケース    │   │   ・不確実性      │
└────────┬─────────┘   └─────────┬────────┘
         │                       │
   ┌─────┼───────────┬───────────┼─────┐
   ▼     ▼           ▼           ▼     ▼
┌──────┐ ┌──────────┐  ┌──────────────┐
│3.輸送│ │事業収益性│  │5.特定の環境・│
│効果/ │ │の分析    │  │安全性の外部  │
│市場・│ │          │  │効果          │
│競争の│ │          │  │              │
│分析  │ │          │  │              │
└──┬───┘ └────┬─────┘  └──────┬───────┘
   │          │               │
   │     ┌────▼─────────┐     │
   │     │部分的費用便益│◄────┤
   │     │分析          │     │
   │     │プロジェクト  │     │
   │     │効果          │     │
   │     └────┬─────────┘     │
   │          │         ┌─────▼──────┐
   │     ┌────▼─────┐   │6.分配効果など│
┌──▼───┐ │包括的費用│   │貨幣価値で簡単│
│4.間接│ │便益分析  │◄──│に評価できない│
│効果・│ │国内効果  │   │効果          │
│国民経│ │          │   │              │
│済分析│ │          │   │              │
└──────┘ └────┬─────┘   └──────────────┘
              │
         ┌────▼─────┐
         │提案された│
         │プロジェクト│
         │の意思決定│
         └──────────┘
```

（出所）　図 8-1 に同じ。

（3）　費用便益分析で扱うプロジェクトの効果と計測手法

　オランダのガイドラインでは，費用便益分析において社会資本プロジェクトの全ての効果を取り扱うこととしているが，その効果分類の考え方は，**表 8-1** に示される通りである。効果の考え方は 5 つ示されており，①その影響がオランダにもたらされるものか，他の国々にももたらされるものであるのか，②市場価格で評価することが可能か否か，③追加的な便益をもたらすものなのか，それとも便益の分配なのか，④直接的な効果か間接的な効果か，⑤供給者，利用者，または第三者にもたらされる効果なのかを検討して効果の抽出をする必要がある。

　高速鉄道を例にすれば，まず⑤について供給者便益，利用者便益があり，利用者の便益は費用節約の便益もあれば時間節約の便益もある。そのうち時間節約の便益は市場価格で表すことができないが，機会費用の観点から便益として計上される。また，高速鉄道が一般的な鉄道よりもリスクがあるとすれば，供給者にとっては保障されないリスクや利用者にとっては安全性の問題が生じる。

第 **8** 章　オランダの戦略的環境アセスメントと費用便益分析

表 8-1　効果の分類

因果関係\厚生評価		オランダ				外　国
		市場価格の効果		市場価格のない効果		
		再分配	効　率	効　率	再分配	
直接効果	供給者 利用者 第三者	営業利益 交通費低減		保障されないリスク 時間節約便益，安全 大気汚染，騒音		時間節約便益 大気汚染
間接効果		他の交通機関に対する効果 戦略的効果		混　雑 地域的不均衡		混　雑 為替効果

（出所）　図 8-1 に同じ。

また，騒音や景観，エネルギー消費の変化や CO_2 排出などの影響がある。このような直接的な影響以外に間接的な影響も考えられる。鉄道以外のモードにおいて渋滞が緩和されたり，企業立地に影響をもたらしたりするなどの効果が考えられるし，地域間の格差の是正などもある。これらの効果全般を5つの分類に従って検討することにより，交通プロジェクトの影響の範囲と大きさなどを知ることができる。

　費用便益分析ガイドブックは，リスクの扱いと幅広い経済効果について解説しており，特に幅広い経済効果は，交通効果の他のマーケットを通じた再配分効果であると述べている。ガイドブックでは，追加的な便益は，市場が最適に機能しない場合のみ認められる。また，プロジェクトがこれらの不完全性の大きさに影響を与えるか，生産と消費の国際的な移動をもたらす時にも認められるとしている。

　このガイドブックは，大規模な交通インフラプロジェクトのために主に書かれているが，小さなプロジェクトにも適用可能であるとしている。ただし，小プロジェクトの場合は比較的プロジェクトの便益を簡単に示せるが，大規模プロジェクトの効果は，より広く波及する。

　また，大規模な交通プロジェクトに対して費用便益分析を推奨しているが，その際幅広い効果，すなわち直接的間接的な社会経済効果全体を対象とすることが前提とされている。しかし，環境のインパクトなど貨幣価値で推計することが困難な項目もあるため，どうしても貨幣価値での評価が困難な場合は，費

表 8-2 評価の試算例

	金 額	関連事項
便 益		
直接便益		
―事業者収入	NLG 3 to 4 bn	
―利用者便益	NLG 2.25 to 3 bn	時間短縮
間接便益（長期的厚生効果）	NLG 0 to 2 bn	規模と効率性の上昇
CO_2削減便益	NLG 0.25 to 0.5 bn	
便益合計	NLG 5.5 to 9.5 bn	
費 用		
直接費用		
―事業費	NLG 4 to 4.5 bn	
―メンテナンス費	NLG 1 bn	
―運営費	NLG 1 bn	
費用合計	NLG 6 to 6.5 bn	
純便益	NLG －1 to ＋3.5bn	
地域間の所得分配効果		10%所得格差が減少
景観と迷惑被害		500 ha 1000人の被害

（出所）　図 8-1 に同じ。

用便益分析の便益あるいは費用に含めず，別途その定量的評価値を並列に表記することとしている。**表 8-2** は，その仮想例であり，直接的な便益として事業者収入が30億から40億ギルダー，利用者便益が22.5億から30億ギルダー，間接的な便益が 0 から20億ギルダー，CO_2削減便益が2.5億から 5 億ギルダー，合計55億ギルダーから95億ギルダーの便益が生じることを想定している。一方，コストは事業費，メンテナンス費，運営費などで60億ギルダーから65億ギルダーと試算された場合である。この時純便益は－10億から＋35億の範囲にあることが示され，さらに貨幣評価されなかった項目として，地域間の所得分配効果，景観と迷惑被害の影響が示される。このように貨幣価値で評価できないものも表記することで，全ての社会経済影響を見ることができ，政策決定の重要な判断材料となる。

　ガイドブックでは，間接効果の評価を推奨しているが，この方法にはマクロ生産関数アプローチ，他のケーススタディ，インタビュー調査等のフィールドワーク，モデルの 4 つが紹介されている。このうちモデルについては，空間的

な経済効果を分析する際に応用一般均衡モデルの適用が考えられることを示している。

また，環境の外部費用の算定については，ヘドニック価格法，旅行費用法など顕示選好法，CVM，コンジョイント分析など表明選好法，シャドープライスによる回避費用・再生費用などの方法が紹介されており，それぞれの理論性，必要な情報，信頼性，適用の範囲などが解説されている。

5 オランダの取組みから見た日本の評価制度への示唆

第1節で解説したように，オランダでは戦略的環境アセスメントは1987年に導入され，制度面では長い歴史を有している。環境影響評価と戦略的環境アセスメントが同様なプロセスとなっているが，これは環境管理法に位置付ける際，計画・プログラムレベルの環境影響評価と，事業レベルの環境影響評価が同時に導入されたことが影響していると考えられる。日本の場合，事業のみを対象とした環境影響評価を先に導入したため，その後計画・プログラムレベルの環境影響評価を導入するハードルは高くなってしまった。2011年に計画段階の環境配慮の手続きが盛り込まれたといっても，戦略的環境影響評価の導入とまではいかず，本格的導入は今後の課題となっている。オランダの戦略的環境アセスメントの導入はEUの指令に基づくものであるが，事業アセスと同時にいち早く導入したことから，米国らと並び環境影響評価の世界の先導国となった。長い時間をかけて徐々に制度を改正していくという日本の環境影響評価とは異なり，いち早く戦略的環境アセスメントまで一気に導入する点は，環境政策統合の加速という意味において効果的である。

また，法制度に関する環境影響評価については，オランダではe-testと呼ばれる独自の評価手法を取り入れている。社会資本整備やその他の開発事業を前提とする環境影響評価制度は，法政策は一般になじまないと考えられるため，オランダのように既存の環境影響評価制度とは別に評価システムを構築することが考えられる。日本では，2006年に策定した第3次環境基本計画において，戦略的環境アセスメントの共通的なガイドラインを作成することを明記すると

ともに，上位計画の決定に当たっての戦略的環境アセスメントの制度化に向けて取組みを進めている。2007年には「戦略的環境アセスメント導入ガイドライン」が策定され，続いて2011年には環境影響評価法において，事業の位置，規模などを検討する段階での配慮書手続を導入するため改正を行っている。環境省は，これに引き続き2012年に策定した第4次環境基本計画において，事業の位置・規模等の検討を行う段階よりも上位の計画，及び政策の策定や実施に環境配慮を組み込むための戦略的環境アセスメントの制度化に向けた検討を行うとしている。また，国土交通省は，2009年に「公共事業の構想段階における計画策定プロセスガイドライン」を策定している。このガイドラインでは，構想段階における計画策定プロセスにおいて，社会，経済，環境の各側面から総合的に検討を行い，合理的な計画案を住民参加の下で進めていくものを志向しており，戦略的環境アセスメントを含むものとなっている。このように日本においても本格的な戦略的環境アセスメントの導入に向けての動きがあり，今後オランダで進められているような政策，計画レベルの戦略的環境アセスメントが導入されることが期待される。

　交通プロジェクトの社会経済評価については，オランダではOEEIにおいて多基準分析と費用便益分析が比較されたが，多基準分析は，そのウェイトの付け方が困難であることから費用便益分析を推奨するようになった。一方，日本は総合評価方式で交通プロジェクトを評価する方式を取っており，費用便益分析はその一部に過ぎない。いわゆる3便益以外は項目ごとに指標化されたデータを示すか，定性的に記述することになっており，科学的な知見が最大限発揮されるようになっていない。オランダのガイドラインでは，効果分類を体系的に示した上で，可能な限り貨幣価値評価をする方法について解説しており，科学的知見を取り込む余地がある。間接効果については直接的な効果の転移に関する注意を解説した上で，地域的な再分配の効果を分析するための手法としての応用一般均衡モデルの適用可能性を論じている。環境への影響についてはヘドニック価格法などの顕示選好法と，コンジョイント分析などの表明選好法などが解説されており，先端の知見を導入しようとする取組みは評価できる。日本では，例えば道路の費用便益分析の便益項目は，基本的に走行時間短縮便

益，走行経費減少便益，交通事故減少便益のいわゆる3便益に限定されるため，オランダのように環境への影響も含めて幅広い効果の分析が盛り込まれるように検討していく必要があろう。

注
(1) 国土交通省道路局都市・地域整備局（2008）。
(2) Council Directive of 27 June 1985 on the assessment of the effects of certain public and private projects on the environment（85/337/EEC）.
(3) オランダ環境影響評価委員会「オランダ，SEA プロフィール」(http://www.eia.nl/countryprofile_detail_en.aspx?id=45 2012年11月5日アクセス)。
(4) European Commission, 2001, "2001/42/EC: European Directive 2001/42/EC on assessment of the effects of certain plans and programmes on the environment〔以下 EU-SEA 指令〕（一定の計画及びプログラムの環境に及ぼす影響の評価に関する欧州議会及び欧州理事会の指令），" July. (Directive 2001/42/EC of the European Parliament and of the Council of 27 June 2001 on the assessment of the effects of certain plans and programmes on the environment.)
(5) 住宅・空間計画・環境省（Ministry of Housing, Spatial Planning and the Environment）は，2010年に交通・公共事業・水管理省（Ministry of Transport, Public Works and Water Management）と統合し，社会資本・環境省（Ministry of Infrastructure and the Environment）となった。
(6) 現在（2012年11月）は，「環境影響評価のガイド（Handreiking milieueffectrapportage）」に従っている。
(7) 環境アセスメント研究会（2000）では，戦略的環境アセスメントとは「政策，計画，プログラムを対象とする環境アセスメント」と定義している。
(8) e-test は，環境省（2005）において詳細に解説されている。
(9) UNEP（2002），Sadler and McCabe（2002）.
(10) 環境省・三菱総合研究所（2003）は，効果的な SEA と事例分析で紹介されている事例について要約したものである。
(11) Bristow and Nellthorp（2000）.
(12) オランダでの報告書も OEEI としているが，名称はその後 OEI（Overzicht Effecten Infrastructuur）と変更され，現在は OEI と呼ばれている。
(13) オランダ KIM におけるヒアリング（2011年2月）より。

参考文献
環境アセスメント研究会『わかりやすい戦略的環境アセスメント』中央法規出版，2000年。
環境省『諸外国の戦略的環境影響評価制度 調査報告書』2005年。
環境省・三菱総合研究所「効果的な SEA と事例分析」2003年。
国立国会図書館「戦略的環境アセスメント」『調査と情報』第677号，2010年。

国土交通省大臣官房技術調査課「国土交通省における公共事業評価」『交通工学』第43巻第1号，2008年。
国土交通省道路局都市・地域整備局『費用便益分析マニュアル』2008年。
松行美帆子・木下瑞夫・西浦定継「土地利用計画に対するオランダ・イングランドの戦略的環境アセスメント制定及び事例の比較研究」『都市計画論文集』第43巻第3号，2008年。
Bristow, A. L., Nellthorp, J, 2000, "Transport project appraisal in the European Union," *Tranpct Policy*, Vol. 7, No. 1.
Eijgenraam, Carel J. J., Carl C. Koopmans and Paul J. G. Tang, and A. C. P. (Nol) Verster, 2000, "Evaluation of infrastructural Projects; Guide for cost-benefit analysis Section 1: Main report," CPB Netherlands Bureau for Economic Policy Analysis, Netherlands Economic Institute, April.
Eijgenraam, Carel J. J., Carl C. Koopmans and Paul J. G. Tang, and A. C. P. (Nol) Verster, 2000, "Evaluation of infrastructural projects Guide for cost-benefit analysis Section II: Capita Selecta," CPB Netherlands Bureau for Economic Policy Analysis, Netherlands Economic Institute.
Sadler, Barry and Mary McCabe, 2002, "Environmental Impact Assessment Training Resource Manual, United Nations Environment Programme."
UNEP, 2002, "Environmental Impact Assessment Training Resource Manual."

（石川良文）

第Ⅲ部

日本の交通部門の EPI

第9章

日本の交通・環境政策統合
―― 進展と課題 ――

1 日本の交通環境政策の推進体制

　日本の第二次世界大戦後の交通政策は，主として経済発展を促すための人員と物資の大量・迅速・安価な輸送を目的としてきた。そこで交通政策の中心は，道路に重点を置いた交通社会資本整備と，運輸業の安定的な経営による交通需要の充足を意図した需給調整規制に置かれてきた（西村・水谷，2003）。そして前者は建設省が，後者は運輸省がそれぞれ担ってきた。

　交通が引き起こす環境問題に対する反対が強まった1970年代以降，環境汚染や被害を緩和する措置が導入されてきた。自動車排出ガスによる大気汚染訴訟では，道路管理者である国や都府県の責任も問われたことから，排出ガス規制を強化するとともに，自動車税を排出ガスに応じた税率に設定しようとした。また温室効果ガス排出抑制の観点から，自動車の燃費基準を強化し，減税や補助金を供与して，技術開発や消費者の低燃費・低排出ガス車の購入を促してきた。こうした中で，自動車交通需要の抑制や人中心の道路作りへの転換を主張する意見が内部からも打ち出されるようになった。

　ところが日本の交通政策は，環境保全に関わる領域においても，行政の縦割り構造の中で形成・実施されてきた。すなわち，道路建設に関わる政策は旧建設省が，新幹線・空港・港湾建設と需給規制に関わる政策は旧運輸省が，環境汚染防止に関わる政策は環境省が，エネルギー及び自動車産業に関わる政策は旧通産省がそれぞれ権限を持っていた。このため，環境保全や持続性の観点から統合的交通政策を推進する司令塔を持たなかった。そこで，交通部門でEPIを実現し，既存の需要予測に応じた供給を重視する交通政策を，持続可

能な交通システムの構築を促す政策へと転換するには，国土交通省が持続可能な交通システムの構築の観点から政策を転換し，そしてその観点から他省庁とともに交通部門に関わる環境・エネルギー・産業政策を統合していく必要がある。

　本章では，交通部門においてどのように日本が環境保全及び気候変動政策を考慮してきたのかを概観し，こうした政策や措置の導入が，どこまで持続可能な交通システムの構築を促す政策や政策決定プロセスへの転換を進めたかについて，到達点を明らかにする。

2　自動車排出ガス対策の展開

（1）　1990年代半ばまでの自動車排出ガス対策

　自動車排出ガス対策は発生源対策，交通需要の低減対策，交通流円滑化対策，局地汚染対策に大別できる（大阪自動車環境対策推進会議，2010：50）。このうち日本で最も主要な対策となってきたものは，自動車排出ガス規制など発生源対策である。自動車排出ガス規制は1966年に運輸省の行政指導で一酸化炭素（CO）を規制したことに始まる。68年には大気汚染防止法に基づく規制となり，その後，規制対象となる汚染物質として炭化水素（HC），窒素酸化物（NOx），粒子状物質（PM），ディーゼル黒煙が加えられた（大阪自動車環境対策推進会議，2010：52）。

　初期の自動車排出ガス規制における注目すべき成果として，乗用車から排出されるNOxに対する1978年度規制（日本版マスキー法）が挙げられる。NOxを90％削減するという厳しい自動車排出ガス規制（マスキー法）が70年に米国で提案されたが，日本でも72年，これと同等の76年度規制が発表された。ところが米国では，自動車価格の上昇を通じた生産縮小や雇用減少への懸念からマスキー法が延期された（宮本，1989：188）。一方の日本では予定より2年遅れたものの，78年度規制として世界で最も厳しい規制が実現した。しかし日本の自動車産業は規制により打撃を受けることはなく，むしろこの後，世界の自動車市場を席捲することとなった。これは公害防止技術の開発をきっかけに，燃

第9章　日本の交通・環境政策統合

費節約などのオリジナルな技術開発が進んだ結果であるとされる（宮本，1989：188）。つまり「適切に設計された環境規制は，費用節減・品質向上につながる技術革新を刺激し，その結果国内企業は国際市場において他国企業に対し比較優位を獲得して利益を得る」（浜本・植田，1996）というポーター仮説の実例であるとも捉えられる。

しかしこの時期において大気汚染行政は必ずしも着実に発展したわけではない。1978年には二酸化窒素（NO_2）の環境基準が1時間値の1日平均値0.02 ppmから，0.04〜0.06 ppmのゾーン内またはそれ以下へと緩和された（平岡，2004）。また74年から実施された公害健康被害補償法の第1種地域の地域指定が88年2月末で打ち切られ，大気汚染による非特異性疾患が新たに認められなくなった（宮本，1989：174-177）。

NO_2による大気汚染は1978〜85年頃に改善の傾向にあったが，80年代後半に悪化に転じた。その原因として，自動車交通量の増大，NOx排出量の多いディーゼル車（直噴式車）へのシフト，車齢の伸びによる最新規制適合車への代替の遅れが挙げられる。そのため92年には自動車NOx法が公布され，首都圏，大阪・兵庫圏の特定地域における車種規制などが実施された。車種規制とは，NOxの排出基準に適合しない自動車は，新車のみならず使用過程車であっても一定の猶予期間後は車検に合格できなくなるというものである（自動車NOx対策法令研究会編，1994）。規制適合車への早期代替を強力に促す仕組みであった。このようにNOx対策が再び進展する中で，微小粒子状物質（PM）対策は後手に回った。ディーゼル重量車（車両総重量3.5t超）に対するPMの排出規制が開始されたのは94年である。

（2）　大気汚染公害裁判

1990年代以降は主要な大気汚染訴訟にも進展があり，自動車排出ガスによる大気汚染と健康被害との間の疫学的因果関係が認定されるようになった。西淀川大気汚染公害訴訟（第1〜4次）の第1次提訴は1978年にまでさかのぼるが，91年3月29日，第1次訴訟に対する判決があり，企業10社が排出する二酸化硫黄と浮遊粉じんによる健康影響が認定された。しかしこの時はNOxの健康影

響は認められず，道路管理者として被告となった国と阪神高速道路公団に対する損害賠償請求は棄却された（大塚，2004）。95年3月には原告と企業との間で和解が成立したため，95年7月5日の第2〜4次訴訟判決は国と阪神高速道路公団のみを対象とするものとなった。判決ではNO_2がSO_2との相加的影響により健康被害を生じさせたと認められた（新美，2004）。

国道43号線公害訴訟の第2審判決（1992年2月20日）では，道路から20m以内の沿道において騒音及び浮遊粒子状物質（SPM）が受忍限度を超えているとし，最高裁判決（1995年7月7日）で確定した（淡路，1996）。第1次川崎大気汚染公害訴訟の判決（1994年1月25日）ではSO_2と健康影響の因果関係は肯定されたが，自動車などによるNO_2との関係は否定された（篠原，2001）。しかし川崎第2〜4次訴訟判決（1998年8月5日）では，NO_2は単体で，またSPMとNO_2は相加的に作用して疾病を発症または増悪させる危険性があったとした（篠原，2002：149-150）。2000年1月31日の尼崎大気汚染公害訴訟判決では，NO_2による健康被害は認められなかったものの，SPMは認められた。そして国道43号線及び阪神高速道路大阪西宮線の沿道において一定濃度を上回るPM排出の差止めが認められた（平野・加川編，2005：822-824）。続いて2000年11月27日の名古屋南部大気汚染公害訴訟第1審判決でも，国道23号線において一定濃度を上回るPM排出の差止めが認められた。またSOx，PMについて健康被害との因果関係を認められる一方，NO_2については認められなかった。

1996年に提訴された東京大気汚染公害訴訟の特徴は，国，東京都，首都高速道路公団に加え，自動車メーカー7社が被告となったことであった。2002年10月29日の第1審判決では，道路管理者の責任が認められたが，自動車メーカーに対する損害賠償請求と大気汚染物質の排出差止め請求は棄却された（『判例時報』第1885号，2005年）。国は控訴したが東京都は控訴せず，後に述べるディーゼル車NO作戦の中で，国による控訴は「全くの不当と言わざるを得ない」としている（東京都環境局，2003：13）。なお同訴訟は2007年8月8日に和解が成立し終結した。

大気汚染訴訟の多くは和解で決着したが，和解条項が遵守されず道路公害対

第9章　日本の交通・環境政策統合

策は不十分だとの指摘もある（西村，2007：第5章）。とはいえ道路政策において自動車排出ガス対策が無視できないものとなる上で，大気汚染訴訟は重要な役割を果たしたと考えられる。

（3）　1990年代末以降の自動車排出ガス対策

　大気汚染訴訟の判決にも表れているように，1990年代後半から，自動車から排出される汚染物質のうちPM，とりわけディーゼル車から排出される粒子状物質（DEP）に対する懸念が強まった。2001年6月には自動車NOx法が改正され，自動車NOx・PM法が成立した。ターゲットとする汚染物質としてPMが加わった他，特定地域が愛知・三重県にも拡大された。

　しかし自動車NOx・PM法では，特定地域外から流入する自動車による排出を抑制できなかった。そこで大都市の中には条例により先導的に対処する例が見られた。東京都は2000年に環境確保条例を制定し，都内においてPM排出基準に適合しないディーゼル車を運行することを2003年10月から禁止した。同時に埼玉県，千葉県，神奈川県，横浜市，川崎市，千葉市，さいたま市でも条例を制定し，8都県市で広域的に実施された（東京都，2004：7-8）。兵庫県では2004年10月から環境の保全と創造に関する条例に基づき，神戸市，尼崎市，西宮市，芦屋市，伊丹市の一部においてNOxとPMの排出基準に適合しない大型ディーゼル車の運行を禁止した。大阪府では生活環境の保全等に関する条例により，2009年1月からNOx・PMの排出基準に適合しないトラック，バス等が対策地域内を発着地とすることを禁止した。

　2007年からは国の自動車NOx・PM法改正による流入車対策が始まった。「周辺地域」に使用の本拠を有する自動車を，特に対策が必要な「指定地区」において年間300回以上運行する事業者に対し，排出抑制計画の作成や報告を求めた。同時に局地汚染対策として，「重点対策地区」で多くの交通需要を生じさせる建物を新設する者に，排出抑制のための配慮を求めている（環境省，2007）。

　自治体の取組みの中でも，1999年4月に石原慎太郎氏が都知事に就任して間もなく繰り広げた，自動車使用と交通の在り方に関する問題提起は強力であっ

た。石原氏は戦闘的なスタイルを特徴とし，国や企業を動かすパワーを持っていた。東京都が取り組む3本の柱としてTDM東京行動プラン，ディーゼル車NO作戦，自動車使用に関する東京ルールが位置付けられた（東京都，2000a）。このうちディーゼル車NO作戦では，1999年8月に石原都知事が，都内でディーゼル乗用車に乗らないことや，排ガス浄化装置のディーゼル車への装着義務付けなど「5つの提案」を発表した（東京都，2006：40）。また国の自動車排出ガス規制の「4つの問題」を指摘した。すなわち，①決定的に立ち後れた粒子状物質規制の実施，②欧米よりも甘い日本の規制値，③実走行と乖離した排出ガス試験方法，④耐久走行距離の短さと使用過程車への排出ガス検査の違い，である（東京都，2000b：23-31）。2002年9月からは違反ディーゼル車一掃作戦も開始された。一連のキャンペーンの具体的な成果としては，ディーゼル車に対する新長期規制の前倒し，環境確保条例によるディーゼル車運行規制，軽油硫黄分規制の大幅前倒し達成などが挙げられる。浮遊粒子状物質（SPM）の環境基準は，都内自動車排出ガス測定局においてほとんど未達成であったものが，2004年には100％近くとなった（東京都，2006：40-41）。

　新長期規制（2005年度）以後もディーゼル重量車に対する排出ガス規制は強化された（**図9-1**）。1994年度規制のPM排出レベルを100とすると，新長期規制は4，2009年度規制は1に相当する。2009年度規制値は，2005年当時の測定方法の定量限界に近いレベルである（中央環境審議会，2005）。また乗用車等が排出するNOxに対する規制も，2000年に78年度規制以来，22年ぶりに強化され，2005年度の新長期規制でも再強化された。

　国による自動車排出ガス対策は，海外の自動車排出ガス規制，大気汚染訴訟，東京都のキャンペーンなど外的要因に突き動かされてきた面がある。またPMの規制が遅れるなど，最新の科学的知見を必ずしも迅速に反映してこなかった。しかし現時点では自動車排出ガス規制の水準は著しく向上し，国内のほとんどの測定地点でSPMの環境基準は達成された。ただし粒径2.5μm以下のPM2.5については2009年にようやく環境基準が設定されたばかりである。光化学オキシダントの環境基準達成率はほぼゼロに近いといった課題も残る。

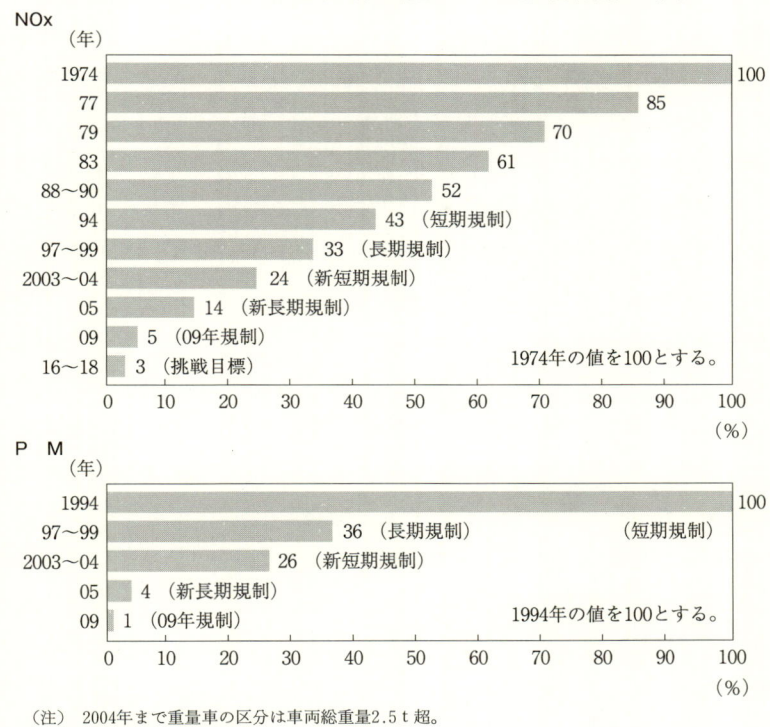

図 9-1 ディーゼル重量車（車両総重量3.5t超）規制強化の推移

NOx
（年）
年	値	規制名
1974	100	
77	85	
79	70	
83	61	
88〜90	52	
94	43	（短期規制）
97〜99	33	（長期規制）
2003〜04	24	（新短期規制）
05	14	（新長期規制）
09	5	（09年規制）
16〜18	3	（挑戦目標）

1974年の値を100とする。

PM
（年）
年	値	規制名
1994	100	（短期規制）
97〜99	36	（長期規制）
2003〜04	26	（新短期規制）
05	4	（新長期規制）
09	1	（09年規制）

1994年の値を100とする。

（注）　2004年まで重量車の区分は車両総重量2.5t超。
（出所）　環境省編（2011：183）。

3　自動車燃費基準

　自動車走行に伴う温室効果ガス排出を削減する手法には，発生源対策，交通需要の低減対策，交通流円滑化対策，エコドライブ促進などがある。このうち代表的な発生源対策が自動車燃費基準の設定である。

　省エネ及びCO_2排出削減のため，1979年以来，省エネ法に基づく燃費基準が定められてきた。99年には乗用車と車両総重量2.5t以下の貨物自動車を対象として，トップランナー方式が導入された。トップランナー方式とは，現在商品化されている自動車のうち最も燃費性能が優れている自動車をベースに，技術開発の将来の見通し等を踏まえて基準値を策定するものである。

自動車メーカーは目標年度において，9段階の各車両重量区分で加重調和平均燃費値が燃費基準値を下回らないようにすることが求められた。目標年度はガソリン車が2010年度，ディーゼル車が2005年度とされ，それぞれ1995年比22.8％，14.9％の燃費改善率が見込まれた（総合資源エネルギー調査会省エネルギー基準部会自動車判断基準小委員会他，2011）。ガソリン車の2010年度燃費基準では，設置後早々に基準達成車が高い割合を占めるカテゴリーが見られた。2000年度における基準達成車の割合は，1516～1766 kgの区分で47％，703～828 kgの区分で43％に達した。2004年度に出荷されたガソリン乗用車のうち82％が目標を達成した（総合資源エネルギー調査会省エネルギー基準部会自動車判断基準小委員会他，2007）。全体として目標の達成が容易であった可能性があり，また一部の重量区分では特に容易であったと見られる。目標時点が10年以上も先であったが，技術向上を十分に見込んだ適切な水準の目標が設定されていなかった。

2006年には車両総重量3.5 t超の重量車（トラック，バス）について，目標年度を2015年度とする燃費基準が導入された。重量車の燃費基準は世界で初めてだとされる（総合資源エネルギー調査会省エネルギー基準部会自動車判断基準小委員会他，2011）。

2007年には，乗用車と車両総重量2.5 t以下の貨物自動車を対象として，2015年度を目標年度とする新たな燃費基準が導入された。2004年比23.5％（13.6 km／ℓから16.8 km／ℓへ）の燃費改善率が見込まれた（総合資源エネルギー調査会自動車判断基準小委員会他，2011）。目標までの期間は旧基準より短縮されている。燃費の試験方法としてJC08モードが採用されることになり[1]，国際的な統一を図るという観点から乗用車の重量区分が16段階に細分化された。燃費基準にもこの細分化された重量区分が適用された。

重量区分別の燃費基準の下では，自動車メーカーは燃費基準達成のために重量別の販売構成をコントロールする必要がない。そのため自動車の大型化が，自動車全体の加重調和平均燃費値改善を妨げる可能性がある。燃費基準はエコカー減税・補助金の対象を決める物差しともなるため，オプション装着により重量区分が上がることで減税・補助金の対象となるケースも考えられる。事実，

1989年の物品税廃止・自動車税減税・消費税導入を引き金に，乗用車保有台数に占める排気量2.0ℓ以上の乗用車の割合は89年の6.5%から2001年の23.4%へと増加した。ただし軽乗用車も同時期に6.3%から20.5%へと増加しており，両極化が進んだ。2002年以降は排気量2.0ℓ以上の乗用車の割合はわずかに低下しており（国土交通省編，2008：20），徐々に小型化が始まった可能性がある。

米国の燃費規制は1975年以来，CAFE 規制（Corporate Average Fuel Economy Regulation）と言われる方式である。乗用車と小型トラックの2カテゴリーについて，各メーカーが販売する自動車の加重調和平均値が基準値を達成するよう規制してきた。燃費に劣る大型車の販売を増やすと目標達成が難しくなるため，大型車の燃費を改善するか，大型車の販売比率を低下させる必要がある。EU の CO_2 排出基準も類似した方式である。

日本の乗用車の2020年度燃費基準が2011年10月に固まった。2009年度実績値に対して24.1%（16.3 km／ℓ から20.3 km／ℓ へ）の改善率が見込まれている。新たに企業別平均燃費基準（CAFE）方式が採用されることが大きな特徴である。ただし単一の CAFE 基準値が設定されるのではなく，重量区分ごとに設定された燃費目標値を当該自動車メーカーの出荷台数実績で加重調和平均したものを CAFE 基準値とする。出荷した車両の加重調和平均燃費値（CAFE値）が CAFE 基準値を下回らない必要がある（総合資源エネルギー調査会省エネルギー基準部会自動車判断基準小委員会他，2011）。

日本の燃費基準は段階的に強化されているが，これまでは結果から見れば比較的早期に達成される水準であった。また欧米と比較して長期的な規制水準の目安が見えにくい。EU における乗用車の CO_2 排出規制では，2015年度までに130 g／km という基準値に加え，2025年の目標についても95 g／km という具体的かつ厳しい数字が示されている。米国でも2016年までに35.5マイル／ガロン（15.1 km／ℓ）という燃費基準があったが，2025年までに現行の約2倍に当たる54.5マイル／ガロン（23.1 km／ℓ）に引き上げることを最終決定された。短中期的な基準とともに，中長期的な厳しい目標を定めることは，企業の技術戦略を方向づける上でも重要である。

4　経済的誘因の活用

（1）　グリーン税制

　自動車交通による環境負荷を効率的に低減するため，自動車の取得，保有，使用の各段階において，税や補助金といった経済的誘因を活用することが考えられる。自動車関係諸税の水準や構造を適切に変化させれば，自動車の購入や交通行動に影響を及ぼすことを通じて，効果的に環境負荷を削減することが可能である。環境の観点から再構築された税制はグリーン税制と呼ばれ，そうした改革を税制のグリーン化と呼ぶことができる。

　自動車関係諸税の多くは道路特定財源とされてきた。道路特定財源とされてきた税には自動車取得税，自動車重量税，揮発油税，地方道路税（現在の地方揮発油税），軽油引取税，石油ガス税の6種類があり，石油ガス税を除き，本則税率に上乗せした暫定税率（現在の特例税率）が適用されてきた。一般財源とされてきた税には自動車税（道府県）と軽自動車税（市町村）がある。これらのうち取得・保有段階の税については2000年頃からグリーン化が進められてきた。

　自動車税のグリーン化導入の経緯は次のようにまとめられる。気候変動枠組条約第3回締約国会議（京都会議，COP3）を年末に控えた1997年4月，運輸政策審議会総合部会が「運輸部門における地球温暖化問題への対応方策について」と題する報告書を取りまとめ，CO_2排出量に基づく「自動車関係税制のグリーン化」を提唱した。運輸政策審議会総合部会は続いて99年5月，「低燃費自動車の一層の普及促進策について」と題する答申を提出した。環境庁大気保全局長の私的諮問機関である自動車環境税制研究会も99年7月，「自動車環境税制研究会報告書――環境政策からの自動車関係税制の活用について」をまとめた。これらに基づき，運輸省と環境庁が共同で，新規登録自動車の自動車税，軽自動車税，自動車重量税について，燃費を考慮して税額を増減させることを2000年度税制改正要望に盛り込んだ。また環境庁は，排出ガス規制基準の達成度合いをも考慮して自動車の保有に関する税を増減させること要望した

（兒山，2000）。これらは結局実現しなかったが，翌2001年度税制改正により自動車税のみを対象としたグリーン化がスタートした。この特徴としては，低燃費と低排出ガスという2つの軸により軽課の基準を定めたことと，新規登録後13年を超えているガソリン車に対する10％重課などと組み合わせることにより，税収中立を原則としたことが挙げられる（兒山・植田，2001）。この制度の骨格はその後も維持され，細部を更新しながら現在まで続いている。

　自動車税のグリーン化では東京都が国に先行した。1999年4月から実施された自動車税の超過不均一課税である。これは，東京都主税局長の私的諮問機関である大都市税制研究会による98年11月の答申「環境と自動車税制度のあり方について」に基づくものである。東京都指定低公害車などの自動車税を軽減し，登録後10年超であれば1割上乗せした。環境負荷の大きい自動車の税負担を引き上げるという点で当時としては画期的であり，国の制度を先導するものとなった（兒山，2000）。

（2）エコカー減税・補助金

　自動車関係諸税のグリーン化は，税収中立を建前としつつエコカーへの転換を促進してきたが，近年は財政負担を伴う大規模な自動車購入優遇施策が採用されている。リーマン・ショック（2008年5月）後の経済危機を受け，2009年4月からエコカー購入補助金制度が開始された。低燃費・低排出ガス認定車の購入に対し10万円（登録車の場合）を補助，特に車齢13年超の自動車を廃車にして2010年度燃費基準達成車を購入する場合には25万円を補助するという手厚いものであった。2010年9月末までが期限であったが，同年9月7日に累計で5827億円となり予算総額に達したため打ち切られた（経済産業省ニュースリリース，2010年9月8日）。

　2011年12月からは再びエコカー購入補助金制度が開始された（申請受付は2012年4月2日から）。低燃費車の購入に対し10万円が補助された（登録車の場合）。2013年1月末までが期限であったが，事業用自動車に関しては予算（219億円）に達したため2012年7月5日までで終了となった。自家用自動車については2012年9月21日に累計で2722億円となり予算総額（2747億円）に達し

たため打ち切られた。⁽⁷⁾

こうしたエコカー減税・補助金では対象となる自動車の割合が大きい。2012年7月に販売された登録車・軽自動車のうち77.7％が2015年度燃費基準を達成している。⁽⁸⁾ 特に環境性能が優れた自動車の購入に対する優遇というよりは、自動車購入全般を促進する減税施策という色彩が濃い。

（3） 減税と増税の動向

2009年4月の法改正により道路特定財源制度が廃止されたことで、自動車関係諸税の引き下げや廃止の圧力が増している。その結果、2012年度税制改正では自動車重量税の軽減などが実現したが、2014年4月に消費税率が8％へ（2015年10月に10％へ）引き上げられるのを機に、自動車取得税と自動車重量税の全廃に向けた動きが具体化している。総務省は2013年度からの両税の全廃を要望する方針であり、民主党の藤井裕久税制調査会長も、2014年度をメドに両税を廃止する考えである。2012年12月末に発足した自公連立政権では、自動車取得税の税率を2014年4月に引き下げ、2015年10月には廃止することとされた。自動車重量税は財源としての重要性を踏まえ残されるが、環境性能に応じた課税を検討する方針である。⁽¹¹⁾

自動車燃料に対する課税についても特例（暫定）税率撤廃への言及がしばしば見られる。特に民主党政権が2009年8月に発足した直後、2010年度税制改正の過程では、ガソリン税の暫定税率分をそのまま撤廃し大幅な減税とする案が一時有力となった（兒山、2010）。

2012年10月に導入された地球温暖化対策税（環境税）は珍しく増税型である。全ての化石燃料について289円／t-CO_2が課税され、具体的には石油石炭税の税率上乗せの形をとる。それに伴い自動車燃料も0.25円／ℓの増税となる。地球温暖化対策税は3段階で引き上げられるため、2014年4月に再度0.25円／ℓの増税、2016年4月に0.26円／ℓの増税となる。ただし増税額は3段階合わせても0.76円／ℓであり、現在の揮発油税率48.6円／ℓ、地方揮発油税率5.2円／ℓと比較するとわずかである。環境省はかつて環境税導入の要望において、自動車燃料を例外とするのが常であった。2005年度税制改正要望では軽油につ

いて2分の1に軽減，2005～2009年度税制改正要望ではガソリンと軽油について適用停止を求めていた。現行の税率に上乗せする形で自動車燃料にも環境税を課すことを求めたのは，道路特定財源制度廃止後の2010年度税制改正要望からである。[13]

（4） 道路利用への課金

　自動車の走行段階においては燃料税に加え，有料道路という形でも負担が課されてきた。日本の有料道路制度は，料金収入により債務を返済する償還制度を採用してきたことから，料金水準は諸外国に比して高い。これは本来の意図とは別に，高速道路利用を抑制する誘因を与えてきたが，高速道路無料化を公約とした民主党による政権発足（2009年8月）に前後し，様々な形で高速道路料金の大幅引き下げが行われた。「土日祝日片道上限1000円」（2009年3月～），全国37路線50区間における無料化社会実験（2010年6月～）などである。「平日上限2000円」も予定されたが，東日本大震災（2011年3月）を受けて撤回された。こうした極端な料金引き下げにより，甚大な影響を被った代替的な公共交通機関もあった。

　有料道路の割引は，環境ロードプライシングという形でも実施されている。ロードプライシングは通常，混雑緩和や環境負荷低減のため道路の利用に対し課金しようという考え方であり，料金の割引というロードプライシングは変則的である。2001年から阪神高速道路と首都高速道路の一部において，代替ルートの一方の大型車料金を割り引くことで，住居系エリアから非住居系エリアへ走行ルートの転換が促されている。課金型のロードプライシングは2000年のTDM東京行動プランで本格的に議論され，対象区域，金額，効果予測，法的根拠，課金収入の使途など詳細な検討がなされた（東京都ロードプライシング検討委員会，2001）。ロードプライシングは2003年度以降の早期導入を目指すとされていたが（東京都，2000c），その後，立ち消えとなった。

（5） 課税根拠転換の必要性

　日本ではガソリン及び軽油にかかる税率は，国際的に見て低い水準にある。

また最近10年間で税率を引き上げている国が大半であるのに対し，日本は一定である（兒山，2010）。これは自動車燃料税が道路特定財源とされ，過去の税率の引き上げが明示的に財源調達目的であったことと関係している。道路にかかる費用の全部または一部を賄うための負担に対する理解は比較的広範に得られたが，それ以外の根拠に対する理解は成熟していない。そこで道路特定財源制度が廃止され，利用者負担という根拠が曖昧になると，単純に減税・料金引き下げを求める声が強まることになる。EUでは混雑や環境悪化という外部不経済の抑制を重視した課金制度への移行を徐々に進めている。このような，自動車に関する税・料金の新たな考え方への理解を求め，それに基づく税・料金の水準や構造を追求することは今後の課題となる。

5　道路政策の転換

第二次世界大戦が終結した1945年以降約10年の間に，道路整備の基本的な仕組みが整った。52年に有料道路制度が創設され，53年に道路特定財源制度が創設された（道路行政研究会編，2010：10）。有料道路制度は，高速自動車国道や都市高速道路等，特定の道路について利用者から料金を徴収できる仕組みである。償還主義の原則により，料金徴収期間内の料金収入で総費用（建設費，維持管理費，支払い利息等）を償い，最終的には無料化されるという建前である。道路特定財源制度は，揮発油税や軽油引取税等の使途を道路整備に限定し，道路を緊急かつ計画的に整備するための財源を確保する制度である。

1954年には第1次道路整備五箇年計画が策定され，第12次（1998～2002年）まで続いた。この間，長く貫かれていたのは，道路整備が立ち遅れているという認識である。計画された投資額も，**図9-2**のように五箇年計画の改定ごとに数十％ずつ伸び，第11次五箇年計画（1993～97年度）では76兆円に達した。年間道路投資額も89年度以降，10兆円を超え，ピークとなる98年度には15.4兆円に達した。財源面で道路特定財源制度と有料道路制度の役割は大きく，2000～2008年度の道路投資に占める特定財源の比率は，国費で平均92％，地方費で平均46％であった（道路行政研究会編，2010：106-107）。

第9章　日本の交通・環境政策統合

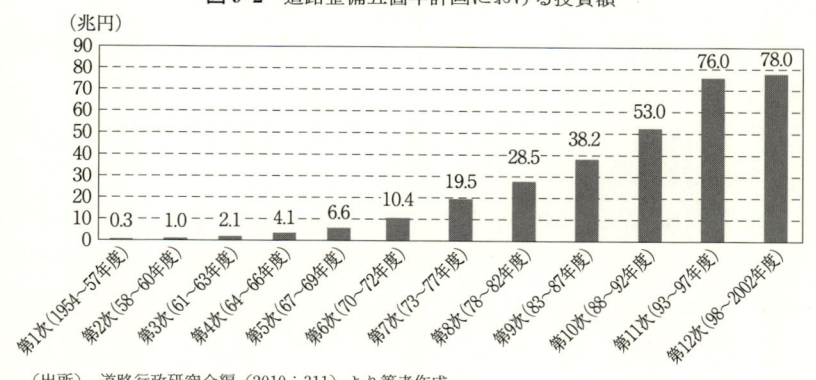

図9-2　道路整備五箇年計画における投資額

(兆円)
- 第1次(1954〜57年度): 0.3
- 第2次(58〜60年度): 1.0
- 第3次(61〜63年度): 2.1
- 第4次(64〜66年度): 4.1
- 第5次(67〜69年度): 6.6
- 第6次(70〜72年度): 10.4
- 第7次(73〜77年度): 19.5
- 第8次(78〜82年度): 28.5
- 第9次(83〜87年度): 38.2
- 第10次(88〜92年度): 53.0
- 第11次(93〜97年度): 76.0
- 第12次(98〜2002年度): 78.0

(出所)　道路行政研究会編（2010：311）より筆者作成。

　基調として量的拡大路線が続く中，道路政策に転換点がなかったわけではない。第1の転換点は1960年代後半から70年代前半であり，公害・環境問題への注目が集まる中での道路公害批判であった。交通事故死者数が1万6765人に達し，第1次交通戦争の深刻さがピークに達したのも70年である。しかし整備目標において生活配慮の手直しが多少行われた程度で，大きな転換とはならなかった。第2の転換点は80年代前半における，道路整備はもう十分であり所期の目標達したとするだという大蔵省による批判であった。建設省側は様々な指標により，道路整備が不十分であると反論し（西村，2007：110，151-152），やはり大きな変化には至らなかった。

　第3の転換点は1990年代後半，道路整備を推進する側から登場した（西村，2007：152）。97年6月の「道路審議会建議」に象徴される「道路政策の原点からの見直し」である。建議はその提言の特徴を次の3点にまとめている。第1は建議の策定過程において初めてパブリック・インボルブメント（PI）方式を採用し，「キックオフ・レポート」等を通じて国民と対話を行い，その内容を提言に反映した。第2は道路政策の基本的考え方を供給量から社会的価値（国民生活や経済活動にとっての価値）へ転換し，戦略的施策展開（達成すべき目標を設定し，関係者と連携して施策を計画的，重点的に実施）の方法を提示した。第3は「評価システムの導入」「重点投資とコスト縮減」「パートナーシップの確立」「社会実験の積極的実施」の4つの考え方を示した。より具体的なレベル

では，TDM（交通需要マネジメント）施策による交通需要の調整・抑制に取り組むことや，道路空間の再構築により，車中心から人中心の道路作りへ転換することなども述べられている。

　建議がこのように画期的な内容（西村，2007：131）であるのに対し，翌1998年度からの第12次道路整備五箇年計画は従来通りで，両者の間には落差があるとも評価される（西村，2007：137）。とはいえ第12次道路整備五箇年計画の計画投資額は初めて前計画並みに抑えられた。また年間道路投資額は98年度の15.4兆円をピークに年々減少し，2007年度からは９兆円を割り込んでいる。ただしこの原因は新たな道路政策の理念よりは逼迫する財政事情によるところが大きかったであろう。道路特定財源による道路投資はわずかな減少にとどまったが，一般財源によるものは大きく減少した。2009年４月には法改正により，道路特定財源が一般財源化された。道路への新規投資のハードルが上がっただけでなく，増大が確実に増大する道路ストックの維持管理・更新費の財源をいかに確保するかが課題となる。

　道路整備の計画は，1954年度を初年度とする第１次道路整備五箇年計画から2002年度を最終年度とする第12次計画まで継続して策定されてきたが，道路，空港，港湾などと事業分野ごとの五箇年計画の策定に関する批判が高まり，第12次道路整備五箇年計画が道路計画としては最後になった。2003年度からは道路，空港，港湾，都市公園，下水道，治水など９つの事業分野別計画を統合し，社会資本整備重点計画として一括して計画されるようになっている。社会資本整備重点計画の大きな特徴は，計画策定の重点を従来の「事業量」から「達成される成果」へと変更するなど，社会資本整備の重点化・効率化を推進している点にある。2003年に第１次計画（2003～2007年度）が策定されてからこれまで，第２次計画（2008～2012年度）を経て，2012年８月に第３次計画（2012～2016年度）が閣議決定された。第３次計画では，３つの視点，９つの政策課題，18のプログラムにおいて「環境」を主眼に置いた施策設定がなされている。まず視点では，「国や地球規模の大きな環境変化」，政策課題としては「地球環境問題への対応」「快適な暮らしと環境の保全」，プログラムとしては「低炭素・循環型社会の構築」「健全な水循環を再生」「生物多様性を保全し，

人と自然の共生する社会の実現」「健康で快適に暮らせる生活環境の確保」が示されており，本計画において環境問題は取り組むべき問題として強く認識されている。特に計画策定中に生じた東日本大震災での原発事故に起因するエネルギー問題を大きな課題として取り上げ，低炭素・循環型社会の実現に対して改めて注力することとしている。その中で，交通分野においては低炭素化に資する公共交通の利用促進，共同輸配送の推進，貨物鉄道輸送へのモーダルシフトの推進などが謳われており，環境問題の解決に向けた取組みが示されていることは環境政策統合の面から評価できる。

　この社会資本整備重点計画は，既述のように交通政策のみを扱ったものではなく，社会資本整備全般にわたってその事業の重点的，効果的かつ効率的な推進を狙ったものである。そのため現行の制度では，日本の総合的な交通政策についての中長期計画は存在しない。ただし，第3次社会資本重点計画ではその点を改め，中長期の社会資本整備のあるべき姿を提示するようになっており，既述した18のプログラムはその姿を現している。

　交通政策の中長期計画として期待されるのが，2011年3月8日に閣議決定され衆議院に提出された交通基本法案における「交通計画の策定」である。法案では，第15条において「政府は，交通に関する施策の総合的かつ長期的な推進を図るため，交通に関する施策に関する基本的な計画を定めなくてはならない」と明示され，さらに第3項「交通基本計画は，国土の総合的な利用，整備及び保全に関する国の計画並びに環境の保全に関する国の基本的な計画との調和が保たれたものでなければならない」とされている。このように「環境の保全に関する国の基本的な計画との調和」において，今後法案が成立されれば交通政策における環境政策統合の根拠が位置づけられる。ただし，第4項では「内閣総理大臣，経済産業大臣，国土交通大臣は，交通基本計画の案を作成し，閣議の決定を求めなければならない」としており，計画策定においてEUのように環境関連の部局（省庁）が主体的に参画することはない。これについては，さらに第5項において「内閣総理大臣，経済産業大臣及び国土交通大臣は，前項の規定により交通基本計画の案を作成しようとするときは，あらかじめ，環境保全の観点から，環境大臣に協議しなければならない」としており，環境部

局（省庁）の関与が一部位置づけられていることが注目される。

6　交通・環境政策統合の到達点

　交通部門における環境政策の史的展開を検討した結果，下記の点が再確認された。

　第1に，日本の交通環境政策の決定には，環境外部性の内部化の観点が組み込まれていない。このため，自動車排出ガス対策は，最新の科学的知見を迅速に反映して強化するというよりは，むしろ海外の自動車排出ガス規制，大気汚染訴訟，東京都のキャンペーンなど外的推進力に突き動かされ，また道路課金の根拠を道路建設から環境外部性の内部化に転換することに対する社会の理解も進んでいない。

　第2に，これまでの交通環境政策手段には中長期的な視点が欠けている。環境基本計画の数値目標や京都議定書の排出削減目標を達成するために，経済産業省は燃費基準を段階的に強化し，国土交通省は環境行動計画や社会資本重点計画で低炭素化に資する公共交通の利用や共同輸配送，貨物鉄道輸送へのモーダルシフトの推進をビジョンとして掲げた。そしてこのビジョンを具現化するために，2010年に低炭素都市作りガイドラインを公表し，2012年に都市低炭素化促進法を制定して，市町村に低炭素まちづくり計画の策定を促している。

　ところがこうした政策や措置は，2050年までの温室効果ガス排出半減を掲げる福田ビジョンや，2020年までの25％削減目標というコペンハーゲン合意を費用効率的・体系的に達成する観点から導入されたわけではなく，またこれらの政策・措置による温室効果ガス排出削減の中長期目標も設定されていない。他方で自動車利用の代替手段と期待される公共交通も，地方では自動車利用の増加と人口減少，運輸業における需給規制緩和の中で赤字が拡大し，路線の縮小・廃止に追い込まれているところが少なくない。このことは，導入された政策や措置が，企業の技術戦略や地方自治体の都市交通計画・政策の方向を変えるのに十分に強い推進力を持っているわけではないことを示唆している。

　第3に，交通社会資本整備を中心とした交通政策に代わる，持続可能な交通

システムを構築するための交通政策の導入を推進する制度的基盤が確立されていない。財政制約から道路投資額は削減され,「無駄」の徹底的な排除の観点から公益法人改革や地方整備局支出の見直しが進められた。また道路特定財源も一般財源化され, 一本化された長期計画の目標も「事業費」から「達成される成果」へと転換された。そして高速道路整備計画を立案し推進してきた国土交通省の諮問機関の国土開発幹線自動車道建設会議（国幹会議）と, その設立根拠となっている国土開発幹線自動車道建設法を廃止する法案も提出された。さらに国土交通省の社会資本整備審議会の道路分科会が2012年2月に公表した建議の中間取りまとめでは, 自動車中心の道路整備から多様な道路利用者の共存のための道路整備と, 既存の道路の利用者ニーズに対応した改善への転換を提唱している。

　ところが現実には, 交通基本法案は2012年11月の衆議院解散に伴い廃案となって制定されなかった。このため, 様々な理由で自動車へのアクセスが困難な交通弱者の移動の権利を保障する交通基本権は確保されず, この権利の確保とEPIの観点から地方自治体が地域交通計画を策定し, 計画実行のため国から安定的な財政支援を得るための根拠も確立できなかった。また国幹会議の廃止法案は廃案となる一方で, 国幹会議に代わって審議を行うことになっていた社会資本整備審議会では新たな高速道路整備の審議は行われず, 民主党政権が凍結した高速道路事業の新規着工も国土交通大臣が一部区間について解除するなど, 高速道路整備計画の決定プロセスは混乱したままの状態が続いている。さらに日本高速道路保有・債務返済機構の債務の一部を政府の一般会計に承継し, 減額された債務を活用してETCの整備と高速道路料金の引き下げを行ったことで自動車利用を誘発し, 他の交通手段の運営者に深刻な悪影響を与えた。[15]

　これらの点を演繹すると, 道路に重点を置いた交通社会資本整備という日本の交通政策の中心パラダイムは厳然として存在しており, 環境汚染や気候変動などの環境問題, そして財政制約はその変更を促してきたものの, 持続可能な交通システムの構築に向けた政策手段と政策決定プロセスを転換する十分な推進力とはなりえていないと評価することができる。

注
(1) 従来の10・15モードと比較すると細い速度変化で運転したり，コールド・スタート（エンジンを冷めた状態から始動させること）の測定を加えたりすることから，表面的には燃費が1割程度悪化したように示されるが，より走行実態に即した方法とされている。
(2) European Commission ホームページ「Reducing CO_2 emissions from passenger cars」(http：//ec.europa.eu/clima/policies/transport/vehicles/cars/index_en.htm 2012年9月20日アクセス)。
(3) 『産経新聞』2012年8月29日。
(4) 経済産業省ホームページ「環境対応車への買い換え・購入に対する補助制度について」(http：//www.meti.go.jp/policy/mono_info_service/mono/automobile/kai-kae.html 2012年9月21日アクセス)。
(5) 経済産業省ホームページ「エコカー補助金」(http：//www.meti.go.jp/topic/data/091112aj.html 2012年9月21日アクセス)。
(6) 国土交通省報道発表資料，2012年7月4日。
(7) 経済産業省ニュースリリース，2012年9月21日。
(8) 日本自動車工業会ホームページ「2012年度『新 自動車取得税・自動車重量税の減免措置』対象台数（販売）」(http：//www.jama.or.jp/tax/exemption201205/subject_sale/new_2012.html 2012年9月20日アクセス)。
(9) 『日本経済新聞』2012年7月13日。
(10) 『日本経済新聞』2012年8月28日。
(11) 『日本経済新聞』2013年1月25日。
(12) 環境省ホームページ「地球温暖化対策のための税の導入」(http：//www.env.go.jp/policy/tax/about.html 2012年9月21日アクセス)。
(13) 環境省ホームページ「環境税に関する検討経緯」内の各年度税制改正要望資料による(http：//www.env.go.jp/policy/tax/plans.html 2012年9月21日アクセス)。
(14) 交通需要マネジメント（TDM）を表題に含む文献の大半は1993年以降に刊行された。2008年以降は見られなくなるが，TDMの各手法の定着ないし陳腐化と，心理的手法を重視したモビリティ・マネジメント（MM）の流行に伴う現象である。
(15) 民主党政権はさらに2010年に，減額債務3兆円の使途を新規の高速道路整備に転用できるようにする道路整備事業財政特別措置法の改正案を閣議決定した。しかしこの改正案はその後廃案となった。

参考文献
淡路剛久「道路公害の責任を認めた二つの判決（下）」『環境と公害』第25巻第4号，1996年，54-58頁。
大阪自動車環境対策推進会議『大阪における自動車環境対策の歩み 平成21年版』大阪自動車環境対策推進会議，2010年。
太田和博「道路整備の中期計画と道路政策の課題」『国際交通安全学会誌』第33巻第1号，2008年，24-33頁。

大塚直「西淀川事件第1次訴訟」淡路剛久・大塚直・北村喜宣編『環境法判例百選』(『別冊ジュリスト』第171号) 有斐閣, 2004年.
環境省『自動車NOx・PM法の改正について』(パンフレット) 2007年.
環境省編『環境白書　平成23年版』日経印刷, 2011年.
国土交通省『環境行動計画　2008』2008年.
国土交通省編『国土交通白書　2008』ぎょうせい, 2008年.
兒山真也「循環型社会づくりにおける交通」『商大論集』第52巻第1号, 2000年, 1-23頁.
兒山真也「運輸部門の温室効果ガス削減対策・政策」諸富徹・山岸尚之編『脱炭素社会とポリシーミックス』日本評論社, 2010年, 97-128頁.
兒山真也・植田和弘「スタートする自動車関係諸税のグリーン化とその課題」『税務弘報』第49巻第3号, 2001年, 6-13頁.
自動車NOx対策法令研究会編『逐条解説自動車NOx法』中央法規出版, 1994年.
篠原義仁「川崎大気汚染公害訴訟」『法律時報』第73巻第3号, 2001年, 56-58頁.
篠原義仁『自動車排ガス汚染とのたたかい』新日本出版社, 2002年.
総合資源エネルギー調査会省エネルギー基準部会自動車判断基準小委員会・交通政策審議会陸上交通分科会自動車交通部会自動車燃費基準小委員会『合同会議　最終取りまとめ』2007年.
総合資源エネルギー調査会省エネルギー基準部会自動車判断基準小委員会・交通政策審議会陸上交通分科会自動車部会自動車燃費基準小委員会『合同会議　最終取りまとめ』2011年.
中央環境審議会『今後の自動車排出ガス低減対策のあり方について (第八次答申)』2005年.
東京都『TDM東京行動プランのあらまし』(パンフレット) 2000年a.
東京都『東京都環境白書2000』2000年b.
東京都『TDM (交通需要マネジメント) 東京行動プラン』2000年c.
東京都『東京都環境白書2004』2004年.
東京都『東京都環境白書2006』2006年.
東京都環境局『東京都のディーゼル車対策　国の怠慢と都の成果』2003年.
東京都ロードプライシング検討委員会『ロードプライシング検討委員会報告書』2001年.
道路行政研究会編『道路行政　平成21年度版』全国道路利用者会議, 2010年.
道路審議会『道路審議会建議　道路政策変革への提言——より高い社会的価値をめざして』1997年.
新美育文「西淀川事件第2次〜第4次訴訟」淡路剛久・大塚直・北村喜宣編『環境法判例百選』(『別冊ジュリスト』第171号) 有斐閣, 2004年.
西村弘『脱クルマ社会の交通政策』ミネルヴァ書房, 2007年.
西村弘・水谷洋一「環境と交通システム」寺西俊一・細田衞士編『環境保全への政策統合』岩波書店, 2003年, 97-124頁.
浜本光紹・植田和弘「環境規制と技術革新」植田和弘他『新しい産業技術と社会システム』日科技連出版社, 1996年, 1-27頁.
平岡久「二酸化窒素環境基準告示取消請求事件」淡路剛久・大塚直・北村喜宣編『環境法

判例百選』(『別冊ジュリスト』第171号）有斐閣，2004年。
平野孝・加川充浩編『尼崎大気汚染公害事件史』尼崎公害患者・家族の会／尼崎大気汚染公害訴訟弁護団，2005年。
宮本憲一『環境経済学』岩波書店，1989年。

（兒山真也・石川良文・森　晶寿）

第10章

日本の道路事業における費用便益分析と EPI

1　道路事業の評価と環境問題

　2009年時点で地球上には10億台近くの自動車がある。環境的に持続可能な交通に向けた政策が求められるが，交通インフラやサービスの供給側の在り方が，需要側のマネジメントの在り方と並び重要な課題である。自動車交通を成立させる上で最も重要なインフラが道路であるが，道路整備が環境や安全に及ぼす影響には正負両面がある。道路整備による走行条件改善は環境負荷を低減させるが，結果として自動車交通量が増加すれば環境負荷は増大する。道路政策の実施に当たっては，環境への影響を慎重に見極め，政策決定の判断材料とする必要がある。

　しかし現実の道路政策において環境問題はややマイナーな克服すべき課題の１つに過ぎなかった。1990年代には公共事業全般の効率化が求められる中，個別道路事業の評価に関しても費用便益分析マニュアルが策定された。しかしこれまで，その標準的な手順では環境に関する費用や便益は算定されていない。道路政策において環境政策統合（EPI）が進捗していないことを示す１つの証左と言えるだろう。

　道路事業の費用便益分析において環境に関する評価を明示的に取り入れることで，より環境負荷の小さい代替案が選択されることを通じて，あるいは道路整備の抑制を通じて，環境負荷の軽減が期待される。本章では，導入後10年以上を経て制度として定着した道路事業評価を環境への貢献という観点から検証し，今後の改良に向けた課題や有効性を検討する。

　以下，第２節で日本におけるこれまでの道路整備を振り返る。第３節では道

路事業評価の制度的展開について述べる。第4節では道路事業の費用便益分析の特徴と課題を明らかにする。第5節では2008年の費用便益分析マニュアル改定前後における，費用便益分析の結果の比較を行う。第6節では費用便益分析とEPIの関係について検討する。第7節では結論として，費用便益分析には意義があるが，EPIの観点に基づく要請を十分に満たすものとならない可能性があることを主張する。

2　道路整備の展開と環境問題

（1）　道路整備の進展

　第二次世界大戦が終結した1945年以降，約10年の間に道路整備の基本的な仕組みが整った。道路整備五箇年計画が第12次まで更新され，財源面では有料道路制度や道路特定財源制度に支えられ，道路投資額は90年代にピークに達した。92～99年の8年間にわたり，道路投資額は年間13兆円を超えている（**図10-1**）。改良済み道路延長（幅員5.5m以上）は1954年度の5万8347kmから2009年度の71万818kmへ，55年間で12.2倍となった（図10-1）。産業や生活の自動車依存が高まり，2009年度の自動車の旅客輸送分担率は74％（人ベース），貨物輸送分担率は92％（tベース）となった。

（2）　道路整備システムの変革と投資削減

　1991年のバブル経済崩壊後，景気対策として公共事業が増大した。しかし日本経済の長期低迷，政府債務の増大，急速な高齢化，近い将来の人口急減など厳しい社会経済事情の下で，90年代末から道路整備の仕組みは大きく変化しつつある。国土交通省の9本の事業分野別長期計画を統合した第1次社会資本整備重点計画（2003～2007年）の策定，2004年の道路関係四公団の民営化，2009年の道路特定財源の一般財源化などが挙げられる。2009年度の道路投資額は5.9兆円と最盛期の4割以下に減少している。こうした過程で，道路整備は一定の水準に達し，道路整備にはすでに多くの無駄が発生しているという認識が国民の間に浸透した。道路利用に関しても2002年度以降，経済低迷や地方部で

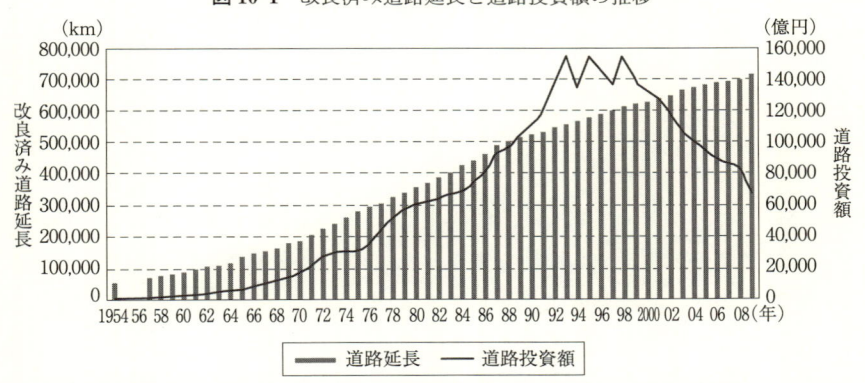

図 10-1　改良済み道路延長と道路投資額の推移

(出所)　道路延長は国土交通省（2011），道路投資額は道路行政研究会編（2010）より筆者作成。

の人口減少により，自動車走行台 km は減少局面に入っている。ただし地方部では依然として自動車のシェアが高まっている。

　自動車による環境問題への対応は，自動車排出ガス規制や自動車燃費基準強化など，技術進歩への依存度が高かった。こうした環境規制にとどまらず道路政策において環境が重視され始めたのは1990年代半ば以降である。97年には環境影響評価法が公布され，同年12月には京都で開催された COP 3 で京都議定書が採択された。また同年に公表された『道路審議会建議』は道路政策転換の象徴であり，EPI の萌芽と見なすこともできる。翌98年には地球温暖化対策推進法が制定された。このように環境対策が進展した時期に，現行の公共事業評価システムは整備された。

　国土交通省が設置した公共事業評価システム研究会による『公共事業評価の基本的考え方』（2002年）には，社会資本整備の5つの役割の1つとして環境の保全と創造が掲げられている。2004年には『国土交通省環境行動計画2004』が策定され，環境の保全・再生・創造が国土交通行政の本来的使命とされた。使命を実現するための6つの基本的改革の1つが環境負荷の小さい交通への転換である。具体的施策として EST モデル事業やグリーン物流総合プログラムがある。2008年には取組みをさらに強化するため，『環境行動計画2008』（国土交通省，2008）に改定された。少なくとも計画の上では，強い環境

重視の姿勢が表れており，外形的には EPI が進展しつつあるという評価も可能であろう。

3　道路事業評価の制度的展開

　環境行動計画において環境保全が本来的使命とまでされていることから，本来は道路事業の評価指標も環境を重視したものとなって当然であろう。しかし現行の道路事業の評価制度は必ずしもそうではない。

　道路事業の評価制度は，国土交通省所管公共事業の評価制度の1つとして規定されている。全ての公共事業が事業ごとの評価マニュアル等に基づき評価される。公共事業の評価制度の目的は，公共事業の効率性とその実施過程の透明性の向上を図ることである。2002年には政策評価法が施行され，公共事業評価もこの評価制度の一環として位置づけられた。公共事業の評価には新規事業採択時評価（1998年度～），再評価（1998年度～），事後評価（2003年度～）の3段階があり，各段階の評価に関する「実施要領」が策定されている。「費用対効果分析」の実施もここに規定されている。[1]道路事業についてはさらに「実施要領細目」や『道路事業・街路事業に係る総合評価要綱』（2005年2月）があり，新規事業採択時の評価指標の項目や総括表の作成方法が規定されている。評価指標の大項目は，①事業採択の前提条件，②費用対便益，③事業の影響，④事業実施環境の4つである。第1の項目である「事業採択の前提条件」は，便益が費用を上回っていることと，円滑な事業執行の環境が整っていることである。よって第2の項目である「費用対便益」と合わせ，費用と便益は形式上，2度考慮されることになる。

　道路事業の費用便益分析は1990年代半ばから試行されていたと見られるが，1998年6月，道路事業に対する『費用便益分析マニュアル（案）』が策定された。同時に『客観的評価指標（案）』も策定された。マニュアルは2003年8月に改定され，2008年11月に再改定された。

　道路事業の費用便益分析マニュアルは道路局と都市・地域整備局が策定したものであるが，国土交通省所管の各種公共事業について，計測手法の高度化や

整合性の確保を目的として，2004年に『公共事業評価における費用便益分析に関する技術指針』が策定された。2008年6月の改定では，CO_2の削減効果の貨幣価値原単位や，支払意思額に基づく生命価値の評価が新たに記載された。2009年6月にもわずかながら加筆があった。

道路事業の費用便益分析では便益費用比（B／C）が重視されている。ここでBは毎年の粗便益の割引現在価値の和であり，Cは毎年の粗費用の割引現在価値の和である。他に純現在価値（B－C）や内部収益率があるが，技術指針ではこれら3つの指標を示すこととし，指標間に優劣をつけていない。Boardman, Greenberg, Vining and Weimer（2011：33-34）はいくつかの理由により純現在価値が最も適切な基準だとする。例えば便益費用比は，マイナスの支払意思額が便益から差し引かれるか，費用に加えられるかにより大きな影響を受ける。こうした操作が不可能だという点で純現在価値がより客観的である。しかし道路事業の費用便益分析マニュアルでは原則として便益費用比を示すことが求められている。

費用便益分析が導入された当初はB／C＞1.5が条件であった。しかし2003年に道路事業評価手法検討委員会で議論された結果，条件はB／C＞1に緩和された。計測上の誤差を無視した甘い基準となった。費用便益分析が複数の代替的プロジェクトの優先順位をつけるために用いられるのであれば，この変更は大きな意味を持たない。しかし現在の使われ方は，便益が費用を上回っていることの確認のためである。費用便益分析そのものに多額の費用を要するにもかかわらず，チェック機能としての有効性は十分とは言い難い。

4 道路事業の費用便益分析の特徴と課題

2008年の道路事業の費用便益分析マニュアル改定は，定期的な見直しによるものであり，基本的な構造には変化がない。しかしマニュアル改定の検討では，2008年に活発であった道路事業の評価に関する国会での議論の一部も反映されている。本節では費用便益分析マニュアルの特徴を述べるとともに課題を明らかにする。

（１）　基本的構造

　道路事業の便益は，将来のある時点における道路ネットワークと交通量推計を前提とし，当該道路の有無による交通状況の比較を行うことで算定されている。現在は2030年時点の交通状況が推計されている。検討期間内の各年次の便益は，2030年時点の便益と車種別走行台kmの変化率から算定される。各年次の便益と費用は４％の割引率を用いて現在価値化される。走行台km（将来交通需要）の予測は2008年に下方修正されたが，これは便益を減少させる要因となる。

（２）　計測される便益項目

①走行時間短縮便益

　費用便益分析マニュアルには３つの便益の計測手法が示されている。走行時間短縮便益，走行経費減少便益，交通事故減少便益である。ほとんどの便益計測において圧倒的に大きな割合を占めるものが走行時間短縮便益である。走行時間短縮便益は，道路整備が行われない場合の総走行時間費用から，それが行われる場合の総走行時間費用を差し引くことで算定される。

　費用便益分析マニュアルには，所得接近法及び機会費用法により設定された車種別の時間価値原単位（円／分・台）が示されている。これらの値は2008年度のマニュアル改定に当たり大幅に減少した。乗用車で36.2％もの減少率である。総便益に占める走行時間短縮便益の割合は大きく，おおむね９割前後を占めるため，時間価値原単位の減少は便益全体に大きな影響を及ぼす。国土交通省（2009）によれば，減少の要因は，時間価値を求める基礎データとして小規模事業所の賃金データも含めるようにしたことなどである。しかしBoardman, Greenberg, Vining and Weimer（2011）のレビューによれば，時間価値は課税後賃金率の50％前後である。したがって賃金率そのものを用いた費用便益分析マニュアルの値は依然として過大かもしれない。ただしBoardman, Greenberg, Vining and Weimer（2011）では混雑時の時間価値は非混雑時の２倍ともされ，マニュアルの値が一概に過大であるとも言えない。

　2008年のマニュアル改定では新たに，災害等による通行止めを考慮する方法

と，冬季の交通状況を考慮する方法も記載された。これらの方法を用いることで，計測される便益は大きくなる。

②走行経費減少便益

走行経費減少便益は，走行条件改善による燃料費，油脂費，タイヤ・チューブ費，車両整備（維持・修繕）費，車両償却費等が減少する便益である。計算式の基本的構造は走行時間短縮便益と同じであり，走行経費原単位（円／台km）がマニュアルに設定されている。走行経費原単位は4種の道路・沿道タイプごと（1.一般道〔市街地〕，2.一般道〔平地〕，3.一般道〔山地〕，4.高速・地域高規格道），車種ごと，速度ごとに設定されている。高速度に達した領域を除き，速度が大きいほど原単位は小さくなることから，道路整備により速度が上昇すれば便益が生まれる。また交差点や信号がなく等速走行が可能な高規格道の原単位が小さいことから，高規格道の整備もまた便益を生む。

走行経費原単位は2008年のマニュアル改定の際に変更された。車種や道路タイプにより減少したものもあるが，乗用車の場合で43～60％増加した。主な要因は燃料費のデータ更新と車両償却費の見直しである。

③交通事故減少便益

交通事故減少便益は，道路整備により交通事故の社会的損失が減少する効果を金銭評価したものである。社会的損失としては人的損害額，物的損害額，事故渋滞による損失額が算定される。マニュアルには道路・沿道タイプごとに，車線数や中央分離帯の有無により区別した交通事故損失額算定式が示されている。算定式は走行量（台km）及び交差点通過数（台・個所）を説明変数とする。道路の規格が高いほど算定式のパラメータが小さいため，道路の改良が便益を生む。

2003年のマニュアルは，人的損失額を十分に評価したものではなかった。人的損失額は財産的損失額と精神的損失額からなる。前者は逸失利益と医療費に代表される。後者に対応するものとして慰謝料が計上されていたが極めて小さかったため，人的損失額は死亡の場合ですら3億3500万円に過ぎなかった。しかし内閣府（2007）が独自の全国調査に基づき支払意思額に基づく確率的生命価値（the Value of a Statistical Life, VSL）を2億2600万円とし，国土交通省

(2009) でもこれを適用することが妥当とされた。そこで2008年の費用便益分析マニュアルでも交通事故損失額算定式のパラメータがこれに基づくものに変更され，最大で30％以上増大した。ただし内閣府（2007）で得られた VSL も，米国運輸省（DOT）のガイダンスで採用された5800（3200～8400）万ドル（2007年価格）や米国環境省（EPA）の7900万ドル（2008年価格）と比較すると依然として小さめである（USDOT, 2008；USEPA, 2010）。日本の研究でも Tsuge, Kishimoto and Takeuchi（2005）による3億5000万円，宮里（2010）による818～22億3600万円といったより大きな推計値が示されている。研究の蓄積を踏まえた上方修正の余地がある。

2008年のマニュアルで精神的損失額が採用されたのは死亡のみである。2010年の交通事故死者数4863人に対し，負傷者数は89万6208人，重傷者数に限っても5万1525人に達する。負傷については精神的損失額を無視することによる過小評価はいまだ解消されていない。負傷による精神的損失の相対的な重み付けについては，英国で重傷の評価に用いられたスタンダード・ギャンブルという手法があり，日本でも Koyama and Takeuchi（2004），越他（2005）といった研究事例がある。こうした手法を含めた交通事故の損失評価については国土交通省の研究会では2008年から，内閣府の検討委員会では2010年から検討され，後者は内閣府政策統括官（2012）としてまとめられている。

④環境改善便益

環境改善便益の計測手法について，費用便益分析マニュアルには明記されていない。マニュアルで具体的に示された便益項目は上に述べた3便益のみである。ただしマニュアルでは推計手法や原単位を公表することを条件に，3便益以外の項目を計算に入れることを明確に認めている。表10-1 に示すように3便益は世界的に共通に計測されている最も基本的な便益項目であり，諸外国ではその他の多様な便益を計測しているケースがある。これらの中には騒音，CO_2，大気汚染といった環境改善便益も含まれている。二重計算は避ける必要があるが，3便益以外にも計測可能な便益はある。道路投資の評価に関する道路投資の評価に関する指針検討委員会編（1999）に手法が提案されている他，国土交通省が設置した非公式の研究会でも2005年度から計測手法が検討されて

第 10 章　日本の道路事業における費用便益分析と EPI

表 10-1　費用便益分析の評価項目の国際比較

		日本	ドイツ	ニュージーランド	英国	フランス
便益（金銭換算項目）	直接効果					
	走行時間の短縮	◎	◎	◎	◎	◎
	走行費用の減少	◎	◎	◎	◎	◎
	交通事故の減少	◎	◎	◎	◎	◎
	舗装による運転者の走行快適性の向上			◎		
	追い越し機会の増加によるイライラ減少			◎		
	所要時間の信頼性向上			◎	○	
	騒音減少		◎		◎	◎
	CO_2 減少		◎		◎	◎
	大気汚染減少			◎		
	歩行者等の交通遮断の解消			◎		
	健康（サイクリングの機会等）				○	
	利用可能な交通手段の増加				○	
間接効果	雇用創出		◎		○	
	農業・畜産の生産性向上			◎		
	料金収入					◎
	税収増大					◎

（注）　◎はマニュアルで規定済，○は手法を検討・試行中を指す。
（出所）　第2回道路事業の評価手法に関する検討委員会「資料2」2008年9月5日（http://www.mlit.go.jp/road/ir/ir-council/hyouka-syuhou/2pdf/2.pdf　2009年3月12日アクセス）。

きた。

　CO_2 については国土交通省の技術指針（国土交通省，2009）でも計測することが望まれるとされている。そして公共事業の評価に用いるべき，被害費用に基づく貨幣価値原単位として1万600円／t-C（2006年価格）が提示されている。限界被害費用は最大でも50ドル／t-C と結論付けた Tol（2005）のレビュー論文の結論より2倍程度大きいが，極端な値ではない。こうした原単位が与えられれば，費用便益分析マニュアルの枠組みの中で CO_2 排出量削減便益を算出することはさほど難しくない。道路整備の有無各ケースにおける CO_2 排出量は，車種ごとに自動車の走行台 km と，走行台 km 当たり CO_2 排出量との積から求められる。後者は高速度の領域を除き，速度の増加とともに減少すると考えられる。関数のパラメータは土肥・曽根・瀧本・小川・並河（2012）による排出係数が利用可能である。道路整備により速度が上昇すれば CO_2 削減便益が生じる。

しかし走行時の CO_2 削減便益を計上しても，費用便益分析の結果にはほとんど影響を及ぼさない。すでに多くの事業で客観的評価指標の1つとして CO_2 排出削減量が計算されている。これらの値に貨幣価値原単位を掛け合わせても， CO_2 削減便益が総便益の1％にも満たないケースがほとんどである。ただし道路建設時や建設資材製造時に排出される CO_2 も算定するならば結果に影響が及びうる。環境省（2010）は環境影響評価に用いるための温室効果ガス排出量算定方法を示しており，そこでは建設段階も含まれている。

騒音改善便益についても類似した枠組みで評価可能である。道路規格の向上，非居住地地域への経路転換，交通流の分散といった要因により騒音改善効果が生じうる。騒音レベルの推定には日本音響学会の等価騒音レベル算定式を用いることができる。交通量，大型車混入率の上昇，速度の上昇は騒音レベル悪化の要因となる。騒音曝露人口は沿道人口密度から推定できる。騒音レベル改善に対する貨幣評価原単位は，ヘドニック法や仮想評価法（CVM）により推定された値を用いることができる。ただし日本では新しい研究事例がやや不足している。また分析対象とする道路網が大きければ作業量がかなり大きくなる。環境基準を上回る場合のみ評価するという考え方もあるが，それを支持する十分な根拠はない。

大気汚染改善便益についても算定は可能であるが，現在のところ便益計測の精度は不十分と言えるだろう。車種ごと，速度ごとの窒素酸化物（NOx）と浮遊粒子状物質（SPM）の排出係数（g／台km）は土肥・曽根・瀧本・小川・並河（2012）により報告されている。排出係数は高速度に達するまでは速度上昇に伴い低下する。道路整備の有無各ケースにおける自動車からの排出量，大気質への影響，大気汚染への曝露による健康影響，健康の金銭的評価額を推計することで，大気汚染改善便益が得られる。しかし日本では大気汚染に関する疫学調査や，健康の金銭評価に関する研究は十分でない。特に自動車からの大気汚染物質による長期曝露リスクに関しては，余命短縮による損失をいかに評価するかにより金銭評価額が大きく異なりうる。

以上に述べた，現行の費用便益分析マニュアルの枠組みに基づく算定方法によれば，道路整備は必然的に環境改善便益を生む。なぜなら将来のある時点に

おける道路ネットワークと交通量推計を前提として，当該道路の有無による交通状況が比較されることで，必然的に速度が上昇するからである。環境改善便益の組み入れによりB／Cが上昇し，「環境保護派」の期待とは裏腹に，道路事業を推進する根拠が強まる。環境改善便益が大きい事業が相対的に優位となる効果もあるが，これを生かすためには費用便益分析を事業の優先順位付けにも用いる必要がある。より適正に環境要素を組み入れる手法としては，道路建設等に関連する環境負荷を考慮することや，個別道路事業評価のレベルでも交通手段転換や新たなトリップの発生の影響を考慮することが考えられる[2]。

（3） 検討年数

　検討年数は2008年のマニュアル改定で40年から50年に10年間延長された。これにより便益の割引現在価値の合計は大きくなる。逆に用地費など，現在価値化して控除することが認められている残存価値は減少し，便益の増分の一部は打ち消される。Boardman, Greenberg, Vining and Weimer（2011：153）はハイウェイの場合，20年程度が多いという。これは20年程度で大規模修繕が必要になるためである。50年という検討年数はかなり長く，結果的に便益を大きくする。現実の耐用年数に即して検討年数を長く取ることは理論的に問題ないが，長期であれば大規模修繕の費用も適切に算定する必要がある。

（4） 道路網

　道路整備により交通量や所要時間が大きく変化する周辺道路は費用便益分析の対象とすべきであるが，どの範囲まで含めるべきか明確な根拠を持って決めることは簡単ではない。従来から道路網がかなり広く設定されるケースがあった。例えば2006年度新規箇所である近畿自動車道名古屋神戸線（菰野〜亀山）（18 km）では，44万3208 kmの道路網が設定された。2009年の日本全国の改良済み道路延長の60％にも相当する。こうした広範な道路網の設定は，ドライバーが感知できないほどの微小な便益をかき集めることで，便益の水増しを図るものだという直感的な疑いを抱かせる。道路整備による交通状況や走行時間費用の変化は①新設道路，②主な周辺道路，③その他道路，に分けて記載される

ことになっているが，便益の相当部分がその他道路の便益で，これを除くとB／C＜1となるケースも少なくない。こうしたことも上記の疑いを強める材料である[3]。

費用便益分析マニュアルは分析対象とする道路網の範囲について次のように規定している。2003年版マニュアルでは，「対象とする道路整備プロジェクトの有無により配分交通量に相当の差があるようなリンクは全て含むように，道路網を設定する」となっている。「相当の」という語が曖昧ではあるが，常識的な記述であろう。ところが2008年版マニュアルでは，「相当の」という語があえて削除された。交通量がわずかでも変化するリンクは全て含むことが原則となったと考えられる。2008年には国会で，道路網をより限定した範囲で便益を算出すべきだという趣旨の質疑がなされた（衆議院国土交通委員会，2月6日）。しかし2008年のマニュアル改定はこの要請とは逆のものとなった。

2008年のマニュアル改定における時間価値原単位の縮小は，粗便益の大部分を占める走行時間短縮便益の減少に直結する。そこでB／Cを高めるため，計算上ゼロではない便益はすべてかき集めて算入しようとしたという仮説を立てることができる。この点については第5節で検討する。

(5) 感度分析

費用便益分析マニュアルでは，基本的な感度分析の対象として交通量，事業費，事業期間の3要因を挙げている。このうち交通量の感度分析については，多くの分析で±10％の変動幅を採用している。しかしFlyvbjerg (2003) によれば，道路プロジェクトのうち半数で，需要予測は20％以上外れている。交通量の感度分析の幅として10％は小さく，下位ケースでもB／C＞1の条件をパスする可能性が高まることになる。

(6) 課税の超過負担

公共事業の財源調達に際して課税の超過負担が生じる。追加的税収1単位当たりの死重的損失が課税の限界超過負担（Marginal Excess Tax Burden, METB）であり，本来は事業の費用に上乗せして算定すべきものである。しか

し日本の公共事業の費用便益分析ではMETBは算定しないことで統一されている[(4)]。Boardman, Greenberg, Vining and Weimer (2011) によれば所得税を想定したMETBは1ドル当たり20セント前後，最大で43セントにもなる。ITF (2011) によれば，労働に対する課税から計算された公的資金の限界費用 (Marginal Cost of Public Funds, MCPF) を考慮すると，1ユーロの公共投資は1.2〜1.5の重みを付けて評価すべきで，フランスの交通プロジェクトでは1.3が採用された。

5 費用便益分析マニュアル改定前後での分析結果の比較

(1) 比較の方法

ここでは，2008年の費用便益分析マニュアル改定前後で，分析結果がどのように変化したか検証する。方法は大筋において西村 (2011) に従ったが，対象年度を拡張し，データ数が大幅に増加した他，データ選定基準，データの取り扱い，着目する指標など細部において異なる。ここでは，国土交通省道路局がインターネット上に公開している国の直轄事業のデータを利用している。補助事業と高速道路事業は含まれない。

マニュアル改定後のデータとして，2008〜2010年度の3年間の再評価結果を用いた（以下，新評価とする）。同一の道路事業を比較するため，これらに対応するマニュアル改定前のデータを2003〜2007年度の評価結果からピックアップした（以下，旧評価とする）。同一の事業であっても新設（または改築）道路延長に変更があったものや，今回の比較に必要なデータが完備していないものは除外した。その結果，237事業（2008年度58件，2009年度43件，2010年度136件）のデータが得られた[(5)(6)]。基準年にばらつきがあるため，便益と費用は4％の割引率を用いて2008年度価格に変換した。

(2) 結　果

新評価と旧評価のB／Cを比較すると，新評価で低下したものが88％（209件）を占めた。年度別では97％，88％，85％であった。またB／Cが30％以上

表10-2 新旧評価におけるB／Cの比較

(単位：件)

		新評価のB／C							
		～1	1～1.5	1.5～2	2～2.5	2.5～3	3～4	4～5	5～	計
旧評価のB／C	～1	0	0	0	0	0	0	0	0	0
	1～1.5	7	28	3	0	0	0	0	0	38
	1.5～2	4	33	15	2	1	0	0	0	55
	2～2.5	2	22	11	3	2	0	1	0	41
	2.5～3	0	13	11	6	0	0	0	0	30
	3～4	0	9	12	4	8	5	2	0	40
	4～5	0	6	11	1	1	1	0	0	20
	5～	0	2	3	0	0	3	2	3	13
	計	13	113	66	16	12	9	5	3	237

（注）網掛け部分は旧評価と新評価とでB／Cに大きな変化がなかったものの件数である。これより右上（左下）の領域は新評価でB／Cが上昇（低下）した事業である。
（出所）筆者作成。

表10-3 道路網の規模（道路網／新設道路）の変化

(単位：件)

年	縮小 (1／2以下)	縮小(縮小率 50％未満)	不変	拡大(拡大率 2倍未満)	拡大 (2倍以上)	計
2008	7(12)	10(17)	1(2)	24(41)	16(28)	58(100)
2009	4(9)	11(26)	0(0)	21(49)	7(16)	43(100)
2010	42(31)	21(15)	0(0)	35(26)	38(28)	136(100)
計	53(22)	42(18)	1(0.4)	80(34)	61(26)	237(100)

（注）（ ）内は％。
（出所）筆者作成。

低下したものは全体の51％にのぼる。この傾向は**表10-2**からも確認できる。B／Cが上昇したもの（右上の領域）は非常に少ない。2003年以前の基準であるB／C＞1.5をパスしないものは，旧評価では16％（38件）にとどまるが，新評価では53％（126件）に増加している。さらに新評価ではB／C＞1をパスしないものが5％（13件）ある。

B／Cを構成する要素別に見ると，まず便益は新評価で減少したものが87％（206件）を占めた。便益が30％以上減少したものは全体の54％であった。B／Cとほぼ同じ傾向である。また便益減少の程度は，時間価値原単位の減少率とも符合する。次に，費用は新評価で減少したものが62％（146件），増加したも

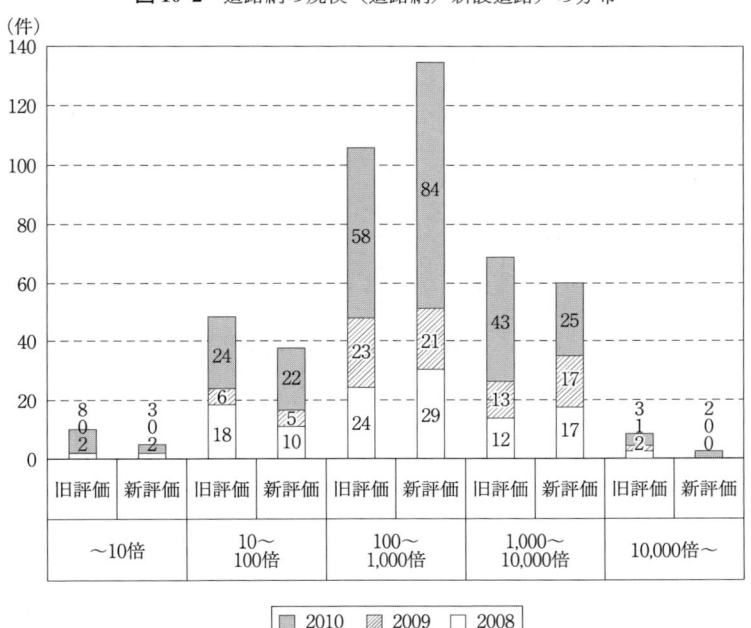

第 10 章　日本の道路事業における費用便益分析と EPI

図 10-2　道路網の規模（道路網／新設道路）の分布

	～10倍		10～100倍		100～1,000倍		1,000～10,000倍		10,000倍～	
	旧評価	新評価	旧評価	新評価	旧評価	新評価	旧評価	新評価	旧評価	新評価
2010	8	3	24	22	58	84	43	25	3	2
2009	0	0	6	5	23	21	13	17	1	0
2008	2	2	18	10	24	29	12	17	2	0

（出所）　筆者作成。

のが38％（91件）であった。費用が30％以上減少したものは全体の2％，30％以上増加したものは全体の14％にとどまり，新評価と旧評価の差が比較的小さい。以上から新評価では，便益の減少が主な要因となり，B／Cが低下する傾向が生じたものと考えられる。

では便益の上積みを図るため，費用便益分析の検討対象とする道路網の規模を拡大する傾向は生じたのであろうか。ここでは道路網を新設道路延長で割った値──新設道路の何倍の道路網を設定しているか──を道路網の規模とする。**表 10-3** よれば，新評価で道路網の規模が拡大したものが60％，縮小したものが40％であり，増減が混在していることがわかる。しかし拡大したものの割合は年々低下し，3年間で順に69％，65％，54％となった。拡大傾向はほぼ見られなくなってきた。また道路網が2倍以上に拡大したものが全体の26％ある一方で，2分の1以下になったものも22％にのぼる。道路網の変化が比較的大き

い場合があることがわかるが，一方的な拡大傾向は見られない。西村（2011）は2008年度の再評価で道路網が拡大したことを明らかにしたが，その後の年度ではこのような傾向は弱まった。マニュアルの改定による道路網の拡大は限定的なものにとどまっている。B／C＞1という基準が緩く，あえて道路網を拡大する動機がないとも考えられる。

図10-2によれば，道路網の規模は新設道路の10倍に満たないものから，1万倍を超えるものまで幅広いことがわかる。1万倍を超えるものは旧評価で6件，新評価で2件ある。1000〜1万倍のものは旧評価で68件（29％），新評価で59件（25％）ある。しかし旧評価と比べて新評価で増加したのは100〜1000倍の区分のみであり，中庸に収束する方向にあることがわかる。ただし100〜1000倍が適切であるかどうかは自明ではない。新設道路の有無による配分交通量と所要時間の差がどの程度であれば道路網に含めるべきか——1kmのリンクの走行時間が何秒以上変化する場合に効果を計上すべきなのか——根拠ある基準を決めるのは難しい。さらに言うならば新設道路の有無による配分交通量の差のみを基準とすると，かえって不自然な道路網の設定となるおそれもある。なぜなら新設道路と代替的な道路では交通量と走行時間は減少し，補完的な道路では交通量と走行時間は増加する。しかし両機能の相殺により，新設道路と空間的に近接していながら交通量と走行時間がほとんど変化しないリンクもあり得るからだ。

道路網の範囲について基準の厳密化を図る以外に，費用便益分析の中身をより詳細に公開することも適正な分析につながりうる。現在，道路整備による交通状況の変化が具体的に示されているリンクはごく一部であり，大部分のリンクは「その他道路」として集計値が示されているのみである。道路事業は他の事業と比較すると情報公開が進んでいるという評価もあるが，情報の保存と公開についてはさらなる改善の余地がある。

6 費用便益分析はEPIに資する道具か

欧米の交通投資評価において，費用便益分析の有用性については合意され，

意思決定への活用も進んでいる。費用便益分析は客観性が長所であり，環境に関する便益や費用の算定を含め，分析手法の改善も進められている。しかしあらゆる場において費用便益分析は議論を呼び（ITF, 2011：18），意思決定を全面的に費用便益分析に委ねようという潮流は見られない。むしろ逆の方向性が見られ，英国やフランスでは費用便益分析が意思決定に果たす役割が以前より低下している（ITF, 2011：18）。本節では，環境的持続可能性に向けて交通投資の費用便益分析をいかに活用することができるか，EPIに資する道具となりうるのかを検討する。

（1） 費用便益分析の誤謬と環境重視の立場からの忌避

環境保全あるいは環境的持続可能性といった目標と費用便益分析との親和性に関しては疑念が持たれやすい。米国では費用便益分析が環境規制の実施や強化を妨げる障壁と見なされてきた経緯がある。1981年にR・レーガンによる大統領命令12291号により，主要な規制政策について分配や公平性を加味した費用便益分析と言える規制影響評価（Regulatory Impact Analysis, RIA）が命じられた際も，環境保護派は費用便益分析に対する不信感を抱き，その使用に反対する傾向があった。そして費用便益分析の改良のための議論にも参加しないことから，結果的に議論が規制反対派に支配されることになった（Revesz and Livermore, 2008）。

それに対し日本の道路事業における費用便益分析は文脈がやや異なる。費用便益分析の現状に対する環境保護派ないし道路建設反対派の不信感は根強いが，費用便益分析において環境が明示的に考慮されていないことを問題視し，それらを考慮するならば分析がよりよいものになるという期待感が示唆されるケースもある（例えば鈴木〔2012〕）。道路政策に対する立場を問わず，共通の土俵でよりよい費用便益分析の在り方を探ることができる可能性がある。ただし費用便益分析の実情に関しては，恣意的な便益の過大評価や費用の過小評価，情報公開と市民参加手続きの不十分さ，第三者機関による審査制度の欠如が指摘されるなど評価は低い。

Revesz and Livermore（2008）は，環境保護派の立場に理解を示しつつも，

環境や健康を守る上での費用便益分析の有効性を主張する立場から，費用便益分析の改善すべき点を論じた。そこでは過去数十年間にわたり実施されてきた費用便益分析に見られる，以下8つの主要な誤謬について検討された。日本とは文脈に差異があるとはいえ，費用便益分析の在り方を考える上で有益な示唆を含む。

①全ての意図せざる結果は悪い結果である（規制による付随的便益を考慮しない）。
②富は健康と等しい（規制による富の減少は健康を損なう）。
③高齢者はより価値が低い。
④人は（健康状態の悪化に）適応できない。
⑤人はいつもよくないことを先延ばしにしたがる。
⑥私たちは子供たちよりも価値がある。
⑦人は自ら使用するものにしか価値を見出さない。
⑧産業は（新たな規制に）適応できない。

まずはこれらの誤謬を理解し，次いでそれを踏まえて費用便益分析に改良を施すことが必要である。そのことを通じて，費用便益分析は規制に関する意思決定を改善する役割を果たすことができ，そして環境，健康，経済的繁栄に資することができる（Revesz and Livermore, 2008：51）。

（2） 交通投資の費用便益分析と EPI

費用便益分析において，環境に関する費用や便益が結果に及ぼす影響が大きいならば，分析に含めるべきである。また仮に分析結果に及ぼす影響が小さいとしても，温室効果ガス排出のように強い政治的関心が持たれる環境影響については，透明性やアカウンタビリティ向上のため，できる限り分析に含めるべきである。しかし環境をどのように含めるかという客観的手法についても，分析結果をどのように活用するかという政策判断についても，広範な合意はない。環境を含めた費用便益分析を行っても，手法に疑義が生じたり，分析結果と環境的持続可能性との矛盾が指摘されたりする可能性がある。こうした事態がもたらされる主な要因としては以下のようなケースを想定できる。

①交通需要予測に課題がある。費用便益分析において代替的交通機関からの転換や，時間帯の変更は必ずしも厳密に考慮されない。その結果，環境改善便益の算定にもバイアスがもたらされる可能性がある。

②プロジェクトの価値が高まるような操作の余地がある。環境影響に直接関係しない部分で便益の積み増しが図られるおそれがある。分析対象ネットワークの範囲を極端に拡大するといったことも含む。

③環境に関する便益及び費用の項目が限定的である。多様な環境問題のうちごく一部しか考慮しない。あるいは環境改善便益を計上する一方で環境悪化費用を計上しない。

④環境価値の評価に課題がある。環境悪化による健康影響を評価する段階等を含め，環境に関する便益や費用の評価は多くの不確実性を伴う。また金銭評価値が小さければ，事実上，環境影響を無視した分析となる可能性がある。金銭評価値の小ささの一部は，長期的な影響に対する割引に起因する。

①や②については，より精緻かつ恣意性を排した客観的分析を行うことが重要である。その制度的担保として，独立・中立の第三者機関による審査の導入は考えられる手法である（鈴木，2012）。③については，一定の精度で計測可能なものは算定することが望ましい。④はEPIとの関連において本質的な課題である。例えば温室効果ガスの排出はこのケースだと言えるだろう。温室効果ガス1t当たりの損害費用はさほど大きなものとは評価されない。費用便益分析を絶対的な基準と考えるならば，2050年に温室効果ガスを80％削減するといった目標は支持できない。逆にこのような温室効果ガスの野心的削減目標を前提とするのであれば，環境に関する個別政策の評価に費用便益分析をそのまま用いることは不適切である。

温室効果ガス排出の金銭評価値が小さい原因の一部は，遠い将来の損害に対する割引である。割引に関しては多くの議論がある。長期については一定の割引率（指数割引）ではなく，時間を通じて逓減する割引率（time-declining discount rate）を用いようという議論もある。これは行動経済学における双曲割引とも類似した構造を持つ。一例としてNewell and Pizer（2003）は，当初50

年目までは3.5%，以後100年目までは2.5%，200年目まで1.5%，300年目まで0.5%，300年目以降は0.0%（割引なし）を提案した（Boardman, Greenberg, Vining and Weimer, 2011：263）。また将来世代については割引が適用できないとする議論もある（Revesz and Livermore, 2008）。

　割引率の調整は費用便益分析の枠内における対処であるが，環境的持続可能性に特別の重みを与えるという方法もある。ただしこれは費用便益分析ではなく多基準分析（Multi-Criteria Analysis, MCA）になる。欧州では費用便益分析と多基準分析との関係についての議論が比較的盛んであり，また多基準分析に対して否定的ではない。多基準分析には階層分析法（AHP），コンコーダンス法をはじめ多様な手法があるが，ITF（2011）では英国で用いられている評価要約表（Appraisal Summary Table, AST）のような手法も多基準分析の1つと見なしている。AST はプロジェクトの純現在価値や各種環境指標などを統合することなく1枚のシートにまとめたものである。多基準分析には規範的判断が入ることを前提としたものであり，効率性の観点からは費用便益分析に劣る。にもかかわらず欧州であえて多基準分析が肯定されるのは，より上位の環境目標達成を重視する姿勢の現れであり，EPI への指向と共通の根を持つものと考えられる。ただし上位の目標はもっぱら持続可能性というわけではなく，経済成長も同様に上位の目標という（ITF, 2011：18）。

　日本における道路事業評価では費用便益分析の活用はむしろ不十分で，補助的な役割しか与えられていない。第3節で述べたように総合評価が実施されているが，そこに環境的持続可能性という上位目標が位置付けられているわけでもない。現時点においては，道路事業評価の中に EPI の概念は存在しないと言える。

7　費用便益分析の有用性と限界

　道路事業の評価手法として費用便益分析は定着した。環境改善便益は評価項目になっていないが，CO_2 削減便益については将来的に評価項目となる可能性が高く，大気汚染や騒音についても可能性がある。現行の分析枠組みでは，

環境改善便益の算入は便益を大きくし,道路事業を促進する効果を持つ。しかし費用便益分析を優先順位の決定に用いるならば,環境改善便益が相対的に大きい事業の順位を上げる効果はある。

　費用便益分析は,効率性基準により道路事業を厳しく選別することを通じて環境的持続可能性に資することもできる。しかし現在の役割は,事業採択の前提条件であるB／C>1という緩い基準の確認にとどまっている。費用便益分析は結果的に,事業に正当性を付与する役割を果たしている。近年は道路投資額が減少しているが,事業評価よりむしろ財政制約や,公共事業費削減という政治判断によるものと考えらえる(大橋他,2011:178)。

　2008年のマニュアル改定により時間価値原単位の大幅縮減を余儀なくされたことで,算定される便益は縮小した。検討対象とする道路網の規模拡大を促すような文言の改定が同時になされ,現実にそうした傾向はある程度観察されたが,度を超したものではなかった。評価手法の全てをマニュアルの中に明文化することは難しいが,より詳細な情報を公開することは,常識に合致し,環境的持続可能性に資する道路事業評価を実施する上で有用である。

　現行の費用便益分析の枠組みに環境の観点を付加することは可能である。しかしよりマクロ的な視点から,道路以外の交通モードとの代替・補完関係を考慮した評価や,環境負荷の小さい都市構造の形成まで考慮した評価が必要なケースもあるだろう。現在の道路事業の費用便益分析は平均10 km程度の道路が対象となっており,評価手法もそれに対応したものである。国土交通省(2008)は,気候変動や生物多様性の保全に対するこれまでの認識の低さとともに,総合的・統合的な取組みの重要性を強調している。費用便益分析にもそれを反映させ,環境の保全・再生・創造を中心的な課題の1つとし,事業間の連携・統合を図る必要がある。それは3便益以外の多様な便益を計上しようという姿勢と矛盾するものではない。ただし,費用便益分析において上記のような改良がなされても,EPIの観点からの要請とは不整合となる可能性がある。野心的な環境改善を上位目標として優先するという規範的な判断をするのであれば,多基準分析の適用も考える必要がある。

［付記］　本章は科学研究費補助金・特定領域研究「東アジアの経済発展と環境政策」の成果の一部を含み，Koyama（2013）を基に加除・補正したものである。

注
(1)　ここでは費用対効果分析は費用便益分析と同義である。日本の政策評価では，効果と便益とを明確に区別しないことが多い。
(2)　鉄道プロジェクトの評価ではモーダルシフトによるCO_2排出量削減便益を算定することになっている。
(3)　もっとも，主な周辺道路については3〜5路線程度を記載することとなっており，影響が大きい道路も一部はその他道路に含めざるをえない。
(4)　道路事業の評価手法に関する検討委員会『第2回道路事業の評価手法に関する検討委員会議事録』2008年9月5日。
(5)　3年間の再評価件数463件（各年度149件，84件，230件）に対し51％である。これとは別に高速道路株式会社による44事業の再評価結果が公開されているが，対応する旧評価のデータが得られなかったため本章の分析には含まれない。
(6)　西村（2011）は2008年度と2003年度のデータを比較し，43事業を対象としている。
(7)　B／C＞1をパスしない13件も，3便益以外の効果が大きいことや残事業のB／Cが1を上回ることなどを理由に，最終的には全て事業継続と判定された。

参考文献

大橋弘他「わが国における政策評価──この10年を振り返って（パネル討論）」阿部顕三他編著『現代経済学の潮流2011』東洋経済新報社，2011年。
環境省『道路事業における温室効果ガス排出量に関する環境影響評価ガイドライン』2010年。
公共事業評価システム研究会『公共事業評価の基本的考え方』2002年。
国土交通省『環境行動計画　2008』2008年。
国土交通省『公共事業評価の費用便益分析に関する技術指針（共通編）』2009年。
国土交通省『道路統計年報　2010』2011年（http：//www.mlit.go.jp/road/ir/ir-data/tokei-nen/index.html　2011年8月10日アクセス）。
国土交通省『交通経済統計要覧』運輸政策研究機構，各年版。
国土交通省道路局企画課道路事業分析評価室「費用便益分析マニュアルの改定について」『高速道路と自動車』第52巻第5号，2009年，30-33頁。
国土交通省道路局都市・地域整備局『費用便益分析マニュアル』2003年。
国土交通省道路局都市・地域整備局『費用便益分析マニュアル』2008年。
国土交通省道路局都市・地域整備局『道路事業・街路事業に係る総合評価要綱』2009年。
越正毅他『道路交通における人身被害に伴う損失額推計に関する調査研究』国土交通省道路局・道路経済研究所，2005年。
鈴木堯博「道路建設事業における評価制度の問題点」『環境と公害』第41巻第2号，2012年，32-37頁。
道路行政研究会編『道路行政　平成21年度』全国道路利用者会議，2010年。
道路投資の評価に関する指針検討委員会編『道路投資の評価に関する指針（案）第2版』

日本総合研究所，1999年。

土肥学・曽根真理・瀧本真理・小川智弘・並河良治「道路環境影響評価等に用いる自動車排出係数の算定根拠（平成22年度版）」『国土技術政策総合研究所資料』第671号，2012年。

内閣府『交通事故の被害・損失に関する調査研究報告書』2007年。

内閣府政策統括官（共生社会政策担当）『交通事故の被害・損失の経済的分析に関する調査 報告書』2012年。

並河良治・髙井嘉親・大城温「自動車排出係数の算定根拠」『国総研資料』第141号，2003年（http://www.nilim.go.jp/lab/bcg/siryou/tnn/tnn0141.htm　2012年4月9日アクセス）。

西村弘『脱クルマ社会の交通政策』ミネルヴァ書房，2007年。

西村弘「道路整備と費用便益分析」『交通権』第28巻，2011年，49-61頁。

宮里尚三「労働市場のデータを用いた Value of a Statistical Life の推計」『日本経済研究』2010年，63，1-28頁。

Boardman, A. E., D. H. Greenberg, A. R. Vining, and D. L. Weimer, 2011, *Cost-Benefit Analysis Fourth Edition,* Pearson.

Flyvbjerg, B., 2003, *Megaprojects and Risk,* Cambridge University Press.

International Transport Forum (ITF), 2011, *Improving the Practice of Transport Project Appraisal, Roundtable Report 149,* OECD.

Koyama, S., 2013, "Toward Environmentally Sustainable Transport? The Evolution of Cost-Benefit Analysis for Road Projects in Japan," in Mori, A. (ed.), 2013, *Environmental Governance for Sustainable Development: East Asian Perspectives,* United Nations University Press.

Koyama, S. and K. Takeuchi, 2004, "Economic Valuation of Road Injuries in Japan by Standard Gamble," *Environmental Economics and Policy Studies,* 6(2), 119-146.

Newell, R. G. and W. A. Pizer, 2003, "Discounting the Distant Future: How Much du Uncertain Rates Increase Valuations?," *Journal of Environmental Economics and Management,* 46(1), 52-71.

Revesz, Richard L. and M. A. Livermore, 2008, *Retaking Rationality: How Cost-Benefit Analysis Can Better Protect the Environment and Our Health,* Oxford U. Pr.

Tol, R. S. J., 2005, "The Marginal damage Costs of Carbon Dioxide Emissions: An Assessment of the Uncertainties," *Energy Policy,* 33, 2064-2074.

Tsuge, T., A. Kishimoto, and K. Takeuchi, 2005, "A Choice Experiment Approach to the Valuation of Mortality," *Journal of Risk and Uncertainty,* 31(1), 73-95.

U. S. Department of Transportation (USDOT), 2008, Revised Departmental Guidance: Treatment of the Value of Preventing Fatalities and Injuries in Preparing Economic Analysis. (http://ostpxweb.dot.gov/policy/reports/080205.htm　2011年8月8日アクセス)。

U. S. Environmental Protection Agency (USEPA), 2010, *Guidelines for Preparing Economic Analyses: Pre-publication Edition.*

（兒山真也）

第11章

環境的に持続可能な交通（EST）モデル事業
―― EUと日本の取組みの比較考察 ――

1　研究の背景・目的及び分析手法

（1）研究の背景・目的

　日本の交通政策の中に環境的に持続可能な交通（EST）の概念が持ち込まれたのは，2000年にOECDがESTプロジェクトの統合レポート及びガイドラインを取りまとめ，2001年5月のOECD環境大臣会合でこれが承認されて以降のことであった。この検討結果を受けて，2004年度より3年間にわたり，国土交通省が中心となって環境負荷の小さい交通への転換を目的に「環境の面から先進的な取組み」を行う地方自治体を対象とした国土交通省環境行動計画モデル事業（ESTモデル事業）が展開された。他方，欧州においても，2002年以降，欧州委員会は都市における持続可能な交通の革新的なプログラム「シビタス（City-Vitality-Sustainability, CIVITAS）」イニシアティブを展開し，EU内の都市における先進的で環境にやさしい具体的な交通プロジェクトを支援してきている。

　本章では，環境政策統合（Environmental Policy Integration, EPI）の分野において日本を対象とした事例研究が少ないことを踏まえ，日本とEUの都市におけるESTを目指したモデル事業について，その施策内容に着目して分析を進め，事業のパフォーマンスや事業継続の推進力の相違が何に起因するのかについて考察する。

　こうした内容の先行研究としては，欧州においては，Jordan and Lenschow（2008）がEPI施策の分類と評価の枠組みを示しているが，交通部門を含めて具体的部門についての分析はなされていない。一方，EEA（2005）は，部門横

断的及び交通部門を含めた部門専門的な視点から，EU加盟国におけるEPIを促進する制度面及び手続面の施策の内容とその評価につき分析している。EEA (2005) は，欧州委員会の交通担当総局がEPIの進展状況を定性的・定量的指標にて評価する枠組みとして開発したTERM (Transport and Environment Reporting Mechanism) につき，統合戦略の採用，統合手続と協力，交通と環境両部門のモニタリングシステム，戦略的環境アセスメントの導入や外部費用の内部化など政策統合の指標を有することを評価し，手続面の統合とそれによる政策対応につき期待している。

日本においては，西村・水谷 (2003) が，環境保全に資する政策手段や技術の内容及びそれらの導入による効果を論じており，交通システムにつき分析している。また，根本 (鎭目) (2003) は，持続可能な経済の実現のための課題を分析し，EPIを環境経済政策の展開の視点から捉えて分析している。交通部門については，日本の交通部門を対象に，環境保全の政策手段と制度の進展及び導入の可能性を論じている。これらは，EPIの内容及び環境保全効果について，具体的事例に基づき分析・評価がなされている。一方，EPIの進展及び導入の実現やそのための制度や手続き，意思決定のプロセスについての分析は余りなされていない。

(2) 分析手法

EST事業の施策内容，戦略性の程度及び計画策定プロセスにおける統合性の評価については，May (2005) が，持続可能な交通政策実現のための意思決定プロセスにつき，EU域内の都市に対して行った実態調査に基づき開発した「EUにおける都市交通システムの最適かつ持続可能な計画策定のための手続き」(Procedures for Recommending Optimal Sustainable Planning of European City Transport Systems, PROSPECTS) を活用して分析を試みる。その上で，事例検討対象都市につき，文献検索やヒアリング及び実際に運用されている各種計画相互間の関係によって具体的政策・施策の導入状況を確認し，この内容から政策形成プロセスの変化を推定する。

2 ESTと交通部門における部門横断的取組み

（1） PROSPECTSと持続可能な交通

　PROSPECTSは，EUの共通交通政策（Common Transport Policy, CTP）に示された持続可能な交通の達成のために，欧州委員会の環境と持続的発展プログラムの下で2000年から2003年に実施されたプロジェクトであり，EU域内の60超の都市に対して行った持続可能な交通政策実現のための意思決定プロセスの実態調査の結果から，May（2005）は，交通施策群と交通戦略との相互関係をまとめている（表11-1）。

（2） ESTと交通部門における部門横断的取組み

　2001年のOECD環境大臣会合で，OECDはESTガイドラインを承認したが，ここでは，これまでの交通需要予想に基づき対策を検討する考え方と異なり，将来の目標を所与のものとしてその達成のために必要な施策を検討する，いわゆるバックキャスティングの手法を取り入れた。そして，EST達成のために技術施策，モード転換施策及びこの2つの組み合わせによる施策の3つのシナリオを想定した。この第2・第3のシナリオによる施策検討が必要であるとすれば，交通モードの変更のために，環境目標に沿った交通政策，交通の構造を変更させるための政策が不可避となり，都市計画や土地利用政策の変更などの長期かつ総合的な取組みが必要となるとされる（加藤，2008）。

　ESTでは，こうした部門横断的な統合的政策への変更が求められることから，本来，ESTの推進と交通政策や環境政策，都市計画・土地利用政策との環境面での政策的な統合（EPI）は密接な関係にあると言える。例えば，EUにおけるESTとEPIの関係は，欧州委員会が2009年に策定した都市交通のアクションプランに定める具体的アクションプログラムの第1のテーマとして統合的政策の促進が掲げられ，政策形成において環境と交通を結合するための統合的アプローチが必要である旨が提唱されていることに示される（CEC，2009）。

第11章 環境的に持続可能な交通(EST)モデル事業

表11-1 具体的施策群の持続可能な交通戦略への寄与度

施策群	持続可能な交通戦略による分類				
	車利用の削減	交通需要の減少	公共交通の改善	道路網の改善	車両等の技術革新
土地利用手法	○○	○○○○	○○	○	
インフラ整備	○○		○○○○○	○○○	○○○○○
インフラ維持管理	○○	○	○○○○	○○○○○	○○○
情報提供	○○	○○○	○○○	○○	
行動啓発手法	○○○○	○○			
価格付け	○○○○○		○○○	○○	○○○○○

(出所) May(2005)による欧州都市の分析結果に技術革新分野での想定を加味して筆者作成.

3 日本のESTモデル事業とEUのシビタスイニシアティブの概要

(1) 日本のESTモデル事業

2004年6月策定の国土交通省環境行動計画(国土交通省, 2004)を受けて同年11月に公募が開始されたESTモデル事業は,26都市(27事業)を対象として選定したが,この具体的施策内容をPROSPECTSの戦略分類を用い,ハード・ソフト面の施策毎に区分け整理したものが**表11-2**である.

これによると,選定されたほとんどの都市において,旧来型の道路整備,鉄軌道整備や駅前整備などのインフラ整備が主要な施策であることがわかる.加えて,バスサービスのハード・ソフト両面からの支援も広く志向され,これらによる道路ネットワークの改善や公共交通の改善が主要な戦略となっている.また,交通行動の変化を期待する交通需要マネジメント(TDM)や心理的手法を中心としたモビリティマネージメント(Mobility Management, MM)の試行を中心に,ほとんどの都市で車利用の削減のための戦略が検討されていた.他方,交通需要の減少そのものにつながる施策に取り組んだ都市は,都市中心部や公共交通沿線への居住を促進する施策を掲げた富山市のみであった.

(2) EUのシビタスイニシアティブへの取組み

シビタスイニシアティブは,欧州委員会が都市における持続可能な交通を支援するために,具体的なパイロットプロジェクトをソフト・ハード両面で支援

第Ⅲ部 日本の交通部門の EPI

表 11-2 日本の各都市における EST モデル事業の主要施策と戦略別分類

		持続可能な交通戦略による分類				
		車利用の削減	交通需要の減少	公共交通の改善	道路網の改善	車両等の技術革新
札幌市	ハード施策			タクシープール社会実験	路外荷捌き施設設置	
	ソフト施策	TDM 各種調査				
八戸市	ハード施策	・通学路等歩道整備 ・トランジットモール社会実験の検証		・路線バス整備，バス路線再編，コミュニティバス導入 ・バス情報提供，バスロケーションシステム導入		低公害バスの導入
	ソフト施策					
仙台市	ハード施策	歩道整備		・新駅設置，駅前広場整備 ・バス停整備 ・バスロケーションシステム導入	幹線道路整備，アクセス道路整備，交差点改良	低床 CNG バスの導入
	ソフト施策	・自動車利用プラン策定 ・MM（公共交通利用・パークアンドライド啓発）				
新潟市	ハード施策			・駅前バスターミナル整備 ・バス路線整備		
	ソフト施策				通行規制見直し	
上越市	ハード施策			バス路線整備，バス情報提供システム導入	鉄道立体交差化，交差点改良	
	ソフト施策	MM（公共交通利用意識啓発等）				
柏市・流山市	ハード施策	駐輪場整備，自転車走行路の検討		・駅前広場整備 ・バス PTPS システム導入 ・バスロケーションシステムの導入，コミュニティバス社会実験		低床 CNG バスの導入
	ソフト施策			バス路線再編，バス共通カード社会実験		
三郷市・八潮市	ハード施策	・トランジットモール社会実験 ・駅前駐輪場整備		・駅前広場整備，鉄道・バス乗換施設整備 ・駅前バスターミナル整備 ・コミュニティバス導入，公共交通相互情報提供システム導入	幹線道路アクセス道路整備	
	ソフト施策	・TDM（サイクルアンドバスライド促進啓発） ・MM（バスマップ配布，トラベルフィードバックプログラム）		バス路線再編		

236

第 11 章　環境的に持続可能な交通（EST）モデル事業

荒川区	ハード施策	駅前駐輪場整備		コミュニティバス導入			
	ソフト施策	・カーシェアリング導入支援（ヒアリング） ・MM（公共交通利用意識啓発資料配布等）					
神奈川県	ハード施策						
	ソフト施策	・カーシェアリング導入支援（ヒアリング） ・レンタサイクル利用情報収集 ・MM（公共交通利用促進トラベルフィードバックプログラム）					
秦野市	ハード施策	駐輪場整備（サイクルアンドバスライド）		・バス PTPS システム導入 ・乗合タクシーの実証運行			
	ソフト施策	・企業バス相互相乗社会実験 ・TDM（ノーマイカーデー運動，イベント用パークアンドバスライド）					
静岡市	ハード施策			・駅前広場整備 ・バス停整備 ・バスロケーションシステム導入	幹線道路整備，バイパス整備，中心部アクセス道路整備	低床 CNG バスの導入	
	ソフト施策	サイクルシェア（放置自転車再利用）の社会実験		・バス路線整備 ・電車・バス共通カード導入			
富山市	ハード施策			・LRT 整備 ・バス路線整備，コミュニティバス社会実験	鉄道立体交差化，幹線道路整備，踏切拡張		
	ソフト施策		街中居住支援，公共交通沿線居住支援，中心部再開発支援				
石川県	ハード施策	・駐車整備（パークアンドバスライド） ・駐輪場整備，自転車走行路整備		・バス PTPS システム導入 ・バス路線整備，バスロケーションシステム導入	幹線道路整備，道路拡張，交差点改良		
	ソフト施策	・MM（トラベルフィードバックプログラム） ・サイクルアンドライドの検討					

（次頁に続く）

第III部　日本の交通部門の EPI

		持続可能な交通戦略による分類				
		車利用の削減	交通需要の減少	公共交通の改善	道路網の改善	車両等の技術革新
豊田市	ハード施策	・駐車場整備（パークアンドライド） ・歩道整備 ・自転車・歩行者道整備 ・パークアンドライド情報システム整備		・鉄道複線化，駅前広場整備 ・デマンドバス・バスロケーションシステム導入	バイパス整備，道路拡張，鉄道高架化，交差点改良，信号制御高度化	ハイブリッド車購入補助
	ソフト施策	・エコカーシェアリング ・MM（トラベルフィードバックプログラム）				
三重県	ハード施策	駐車場整備（パークアンドライド）		鉄道施設整備，駅施設改良，駅前広場整備	駅アクセス道路整備	低床CNGバスの導入
	ソフト施策	・TDM（パークアンドライド社会実験） ・MM（トラベルフィードバックプログラム）				
京都府	ハード施策			・駅前広場整備，駅舎改築 ・バス停整備		
	ソフト施策	MM（車利用方法啓発，居住者・企業・学校向けマップ配布，トラベルフィードバックプログラム等）	低環境負荷街づくりの検討			
奈良県	ハード施策	・駐車場整備（パークアンドライド） ・駐輪場整備，自転車道の情報提供		・駅前広場整備，駅舎改築 ・バス停整備	幹線道路整備，交差点改良	低床CNGバスの導入
	ソフト施策	・TDM（マイカー自粛運動） ・MM（トラベルフィードバックプログラム）		・バス路線整備 ・電車・バス共通カード導入		
大阪市	ハード施策			駅舎改良		
	ソフト施策	・大気汚染改善のためのロードプライシング実験 ・MM（トラベルフィードバックプログラム）				
豊中市	ハード施策			駅舎改良		
	ソフト施策	自転車走行路の調査研究，交通教育プログラムの開発				
和泉市	ハード施策				アンダーパス整備	
	ソフト施策	MM（車利用方法啓発，トラベルフィードバックプログラム）				

第11章　環境的に持続可能な交通（EST）モデル事業

丘庫県（尼崎市）	ハード施策	・自転車走行路整備			排水性舗装道路整備	
	ソフト施策	・MM（公共交通利用啓発）		バス停の立地調整		
神戸市	ハード施策	・歩道整備		・駅舎改良，駅前広場整備，駅前歩行者デッキ整備 ・駅前バスターミナル整備		
	ソフト施策	・カーシェアリング（企業・住民間） ・TDM（パークアンドライド業者との連携），MM（トラベルフィードバックプログラム）		・都心バス社会実験 ・バス運行時刻調整		
福山市	ハード施策	・レンタサイクル事業支援		・駅前広場整備 ・バスロケーションシステム試行，ループバス試行		
	ソフト施策	・TDM（ノーマイカーデー運動），MM（学校における交通行動意識啓発のためのトラベルフィードバックプログラム）				
広島市	ハード施策	・駐車場整備（パークアンドライド） ・歩道整備		・路面電車LRT化，電停改良 ・駅前広場整備 ・乗合タクシー導入	自転車専用道整備，幹線道路整備	低公害・低床CNGバスの導入
	ソフト施策	・TDM（ノーマイカーデー運動）		バス路線整備	路上荷捌きルール制定	
松江市	ハード施策			・バス停整備	バイパス道路整備，幹線道路整備	
	ソフト施策	MM（公共交通利用啓発）		・バス運行時刻調整（相互連絡等），公共交通利用促進会議の設置		
松山市	ハード施策	・トランジットモール導入 駐輪場整備（サイクルアンドバスライド），自転車走行路整備		・駅前広場整備 ・バス停整備，バスレーン整備 ・バスロケーション設備導入		
	ソフト施策	・TDM（サイクルアンドバスライドニーズ調査），MM（トラベルフィードバックプログラム）		電車・バス共通カード導入	交差点改良，道路空間整備	低床路面電車・バスの導入

（注）　ここでは，施策を具体的なプロジェクトレベルで捉えて分類している（例えば，自治体が民間企業等によるハード整備の支援を対象とした施策をとる場合，ハード面の施策としている）。
（出所）　国土交通省「環境的に持続可能な交通　これから導入を進めるためのESTデータベース」（http://www.mlit.go.jp/sogoseisaku/environment/est_database/index.html　2012年6月30日アクセス）のデータを用いて，May（2005）による戦略分類を基礎に技術革新分野を加味して筆者作成。

表11-3 シビタスイニシアティブにおける主要施策と戦略別分類

	持続可能な交通政策による戦略分類				
	車利用の削減	交通需要の減少	公共交通の改善	道路網の改善	車両等の技術革新
ハード施策	・公共交通利用者向け駐車場整備(パークアンドライド) ・自転車・歩行者用スペース,自転車道・歩道の整備		・発券システムの整備・統合的整備 ・バス専用レーン導入 ・GPSによるバス運行情報提供		・バイオ燃料の活用(CNG,LPG,バイオディーゼル燃料の活用) ・低公害バス・ハイブリッドバス・自家用車の導入促進策の導入 ・電気自動車の導入とカーシェアリング ・バイオ燃料利用タクシーの導入 ・水上バスの導入 ・省エネトラムの導入
ソフト施策	・都心部への車によるアクセス制限・低排出区域の設定 ・自転車利用促進策の導入 ・TDM(パークアンドライド,カーシェアリングなどの啓発) ・MM ・ロードプライシングの導入 ・貨物車進入制限区域の設定 ・職場におけるカーシェアリング ・バイクシェアリング ・通信技術による移動情報・駐車場情報の提供	・効率的都市貨物交通の支援 ・通信技術による貨物配送支援 ・効率的配送システムの設計支援 ・水上交通の効率的運行	・デマンド型の公共交通間の接続 ・複合的料金体系の設定 ・効率的バス路線整備 ・新たな担当官庁の設立支援 ・インターモーダル施策の促進 ・通信技術	・速度制限 ・学校区域の表示 ・地域安全計画作成の支援 ・安全キャンペーンの実施	

(出所) シビタスウェブサイト (http://www.civitas.eu/index.php?id=24 2012年7月1日アクセス)。

する枠組みとして2002年より実施されている。これは，都市における先進的かつ環境にやさしい具体的な交通プロジェクトを支援する点で，日本のESTモデル事業（及びこれに引き続くEST普及事業）の比較対象となる。

都市交通について欧州委員会によって2009年に策定された都市交通におけるアクションプランは20の具体的施策を掲げるが，この多くがシビタスイニシアティブによる具体的な取組みを前提とした内容となっている（CEC, 2009）。すなわち，シビタスイニシアティブは，EUとしての都市交通政策を実施するための主要なツールとしての位置づけにあると言える。シビタスイニシアティブは，現在もEU各国の都市レベルでの交通プロジェクトに対して継続されており，これまで61都市で実施の実績がある。これらの都市は，低公害燃料及び車両，公共交通，TDM，MM，安全，車依存から脱却したライフスタイル，都市貨物交通，通信技術の活用の8つの分野に該当するプロジェクトを実施しているが，主要な具体的施策をPROSPECTSの戦略分類を用いて整理し，ハード・ソフト面の施策ごとに区分けしたものが，**表11-3**である。これによると，ESTの戦略分類としては，日本の施策分布と比較して，第1に，車利用の削減のために多くの施策がソフト面の施策を中心に展開されていることがわかる。第2に，公共交通の改善及び低公害車両等の導入強化などでハード面での施策も認められるが，こうした取組みの中で大型インフラ整備によるものは見られず，日本のESTモデル事業で一般的な道路インフラ整備に係る施策はEST事業の枠内では扱われていない。第3に，日本は公共交通の改善に係る施策がとりわけハード面で取り進められていたと言える。

4　日本とEUにおける主要都市の事例検討

(1) 日　本

①対象都市の選定

ESTモデル事業が多面的・総合的な取組みとしてなされているかどうかに着目し，表11-2の分類から，戦略分布，事業対象となった交通モード分布，及び施策のハード・ソフト面での展開の3つの視点から事例対象として選択す

表 11-4 広島市の「交通ビジョン推進プログラム」にある全施策の分類

施策群	持続可能な交通政策の戦略分類				
	車利用の削減	交通需要の減少	公共交通の改善	道路網の改善	車両等の技術革新
土地利用手法	●道路空間を活用した賑わい空間の創出（大通りのリニューアル事業）				
インフラ整備	○パークアンドライド用駐車場の充実（民間駐車場の利用促進策）		●鉄道輸送改善事業の検討 ○既存路面電車の機能強化（LRV導入，電停改良等） ●路面電車拠点と都心のアクセス強化策の検討 ○鉄道駅前広場及び自由通路の整備 ○乗合タクシー導入支援 ○主要鉄道駅及び駅前道路のバリアフリー化 ●新駅設置の検討	○広島高速道路の整備 ○広島高速道路関連道路の整備 ○近隣市町に連絡する広域連絡幹線道路の整備 ●生活道路の整備 ●市街地及び住区を形成する路線の整備 ○環状型都市計画道路の整備	○低公害バスの導入促進 ○低床車両（バス，路面電車）の導入促進
インフラ維持管理	●放置自転車の防止・撤去 ●駐輪場の整備及び有効活用 ●歩行者・自転車空間の確保		○バス走行環境（バス専用レーン）向上策の検討 ○急行バス・深夜バスの運行拡大 ●ICカードシステムの導入検討	●信号運用及び車線運用の見直し(局所的渋滞対策) ●広域避難路及び緊急輸送路の整備 ●橋りょうの耐震補強（落橋防止対策） ●電線類の地中化 ○路上荷捌きルールの徹底	
情報提供			○運行情報等の提供システムの充実 ●交通拠点における交通サインの充実		
行動啓発手法	●交通安全教育教室の開催 ○時差通勤の推進 ○ノーマイカーデー運動の推進				

第 11 章　環境的に持続可能な交通（EST）モデル事業

価格付け	●ロードプライシングの研究		●アストラムラインの各種運賃制度の導入 ●生活交通を維持するためのバス運行対策費補助 ●広告付きバス停上屋設置支援（民間公共交通事業支援）	●有料道路の料金割引等の本格実施に向けた調整	

(注)　1：各具体的施策の施策群への分類は、リーズ大学における持続可能な交通政策の研究プロジェクト（KonSULT）における分類に従い、May（2005）による戦略分類を基礎に技術革新分野を追加している。
　　　2：○印はESTモデル事業の対象施策。
　　　3：●印はESTモデル事業以外に実施された施策。
(出所)　広島市「交通ビジョン推進プログラム」より筆者作成。

べき都市を検討した。その結果，交通需要の減少以外の各戦略を網羅し，鉄道・軌道・バス・タクシー・徒歩の各モードに対応する施策を実施，バス交通についてソフト面での施策を備え，かつ貨物交通への対応を含む事業内容を包括的に展開する広島市を事例検討の対象として選定した。

②広島市の事業の具体的内容と評価

広島市は，2005年6月にESTモデル事業に選定され，2006-07年度の2年間にわたり事業を実施した。具体的な事業の内容は，**表11-4**にあるESTモデル事業の施策（○印で示す）の通りである。

PROSPECTSに基づき，持続可能な交通政策の推進施策群と戦略の相互関係（表11-1）に着目して本ESTモデル事業を分析した結果，下記の点が明らかとなった。第1に，ESTモデル事業の施策群の多くは，インフラ整備の施策群に集中し，公共交通の改善，道路ネットワークの改善及び車利用の削減が主たる戦略分野となっている。他方，ESTモデル事業以外に上位の交通計画の下で同期間に実施されていた施策を見ると，インフラ整備への対応施策に加えて，バス対応を中心にインフラ維持管理のための複数の施策，情報提供，土地利用手法（都市中心部の道路空間の開放）や価格付けへの検討等の取組みの広がりが確認でき，全体として包括的総合的な交通政策分野での取組みを志向していたことが推定される。第2に，交通需要の減少以外の各戦略分野において，戦略への寄与度が相対的に大きいと予想される施策群が選択されている。表

図 11-1 広島市の総合計画，都市計画，環境計画，交通計画及び EST モデル事業の時系列的関係

	1998	1999	2000	2001	2002	2003	2004	2005	2006	2007	2008	2009	2010	2011	2012
総合計画	広島市基本構想（1998年6月策定～2009年9月）												広島市基本構想（2009年10月策定～）		
都市計画					都市マスタープラン（2002年1月策定～）										
環境計画					環境基本計画(2002年10月策定～2007年5月)					環境基本計画(2007年6月策定～)					
交通計画		新たな公共交通体系づくりの基本計画（1999年11月策定～）					新たな交通ビジョン（2004年6月策定～2010年6月）						広島市総合交通戦略（2010年7月策定～）／新たな交通ビジョン（2010年7月策定～）		
								交通ビジョン推進プログラム（2005年度～2007年度）					交通ビジョン推進プログラム（2010年7月策定～）		
ESTモデル事業									ESTモデル事業（2006年度～2007年度）						

（出所）広島市資料に基づき筆者作成。

11-4 にある通り，広島市においては EST モデル事業と上位の交通計画におけるその他の施策群と戦略分野との間の関係が強く，かつ持続可能な交通戦略への寄与度の高い施策が選定されている。

一方，広島市においては**図 11-1** の通り，市の基本計画，環境基本計画及び交通基本計画が進展したが，交通政策の環境基本計画における位置づけ及び環境政策の交通基本計画における位置づけ，さらには交通部門における環境政策の市の基本計画における位置づけから，以下の分析が可能である。第 1 に，環境基本計画では，新計画において，「自動車排気ガスの削減」を第 1 の施策項目とし，「環境への負荷の少ない交通体系の構築」を目指すとする。交通基本計画においても，その改定の過程で「環境負荷の低減」が明記され，自動車部門の温室効果ガス排出量の絶対量削減が明示的に指標化された。さらに，自動車使用抑制を目的とする管理制度も自主的に新たに開始された。交通部門における環境面での対応に対する認識の深化や環境基本計画における交通政策での取組みが明確に認識され，かつ実体としても，地球温暖化問題への対応のうち自動車排気ガスへの対応を重点的に定めるように変化した。こうした内容から，より明確に交通政策と環境政策の一体的対応が特徴付けられるようになっていると言える。第 2 に，市の基本計画（新基本構想）においても，「自動車使用の抑制に向けた取組み」が明記され，より明確に自動車部門からの CO_2 排出削

第 11 章　環境的に持続可能な交通（EST）モデル事業

減を政策優先分野として認識していることが読み取れる。[1]

　これらの取組みの多くは，広島市が自主的に指向した事業であり，取組み内容の進展も EST モデル事業への参加を契機としてもたらされたと市は認識していない。[2] そして，こうした認識は，国からの補助と市が自らの予算措置により取り組む事業との関係からも読み取れる。[3] すなわち，広島市の自主的な取組みは，国の予算を契機とするものではなく，その推進力の基本は広島市としての政策ビジョンの具体的内容に由来する可能性がある。

　広島市において交通部門における部門横断的な対応が主要な政策課題であったことは，2007年度末から2011年度末までの間に市の部局内で導入されていた部局横断型の政策検討の枠組み（「クロスセクション」）に，環境政策と交通政策関連として環境局及び道路交通局を含めた部局による「エネルギー・温暖化対策クロスセクション」が含まれていたことからも推察される。この部局横断型の検討の枠組み内において検討される施策は，厳しい市財政の下にもかかわらず予算要求段階における一律のシーリングの対象外とされた。[4]

(2) EU

①対象都市の選定

　EU における持続的な交通政策の地方都市レベルでの取組み事例の1つは，1997年及び2000年から交通計画を定め，[5] また2020年までの中期の気候変動対応計画の下で都市交通分野の多様な施策に取り組むゲント市である。ゲント市では，シビタスイニシアティブによって24件のプロジェクト（2011年現在）が実施されてきている（**表 11-5**）。

②ゲント市の事業の具体的内容と評価

　ゲント市におけるシビタスイニシアティブによるプロジェクトを一覧すると，車利用の削減に向けて集中的に取組みを進めていることがわかる。また，施策群と戦略分類の分析（表 11-1）から，車利用の削減，公共交通の改善及び車両等の技術革新の各戦略分野で効果的な施策を進めていると評価しうる。公共交通の改善のための施策は少ないが，これはすでに国鉄駅と都心部及び主要エリア間を結ぶバス・トラムが整備されていることが背景と推定される。このため，

表 11-5 ゲント市のシビタスイニシアティブにある全施策の分類

施策群	持続可能な交通政策の戦略分類				
	車利用の削減	交通需要の減少	公共交通の改善	道路網の改善	車両等の技術革新
土地利用手法					
インフラ整備	・駅・都市中心部間移動用の半公共的カーシェアリング ・駅周辺部の参加型再開発（駐輪場整備等） ・中心部の駐車場制限と郊外のパークアンドライド駐車場の整備 ・パークアンドライド専用乗車券の導入等の施策強化策 ・事業者向けカーシェアリング		・B30等多様な低公害型バス導入とCO_2排出比較 ・ハイブリッドバスの導入促進 ・バス・トラム停留場所の再編とアクセスの改善		・バイオディーゼル生産支援 ・バイオディーゼル利用の低公害車の導入促進支援
インフラ維持管理	・IT利用による自転車盗難防止 ・歩行者専用地区への各種アクセス制限 ・駐輪場の整備 ・自転車道の整備 ・徒歩空間の確保 ・市所有自転車の燃料利用状況管理	・都市中心部での物流効率化のための組織的協議体の設立と具体的議論の促進	・自転車利用者の安全向上のための事故防止策強化		
情報提供	・自転車利用者のルートプランの検索端末の設置 ・イベント時の公共交通等利用のための包括的情報提供策			・パークアンドライド用駐車場，道路状況等複数モード利用のための情報提供装置の設置	

第 11 章　環境的に持続可能な交通（EST）モデル事業

行動啓発手法	・従業員の公共交通利用促進のための民間企業によるモビリティ・プラン作成の支援 ・公共交通・自転車利用・徒歩移動促進のための学校による交通プラン作成の支援 ・住民との交通対話による公共交通・自転車利用，徒歩移動の促進					
価格付け						

(注)　各具体的施策の施策群への分類は，リーズ大学における持続可能な交通政策の研究プロジェクト（KonSULT）における分類に従い，May（2005）による戦略分類を基礎に技術革新分野を追加している。
(出所)　シビタスウェブサイトを基に筆者作成（http://www.civitas-initiative.org/index.php?id=66&sel_menu=35&city_id=88　2012年6月30日アクセス）。

　これら公共交通機関のいっそうの低公害化及びアクセスのさらなる改善に向けた施策が取り進められている。シビタスイニシアティブの導入の効果としては，EUからの財源獲得もあるが，市が策定した交通計画上の重点分野の具体的実施や他都市における新たな知見の取得が挙げられる。[6]

　ゲント市の各種計画の詳細な内容については情報が欠けているために本章では計画相互間の関係に基づく分析は尽くせないが，EST施策に対応する環境政策の取込み内容との観点については，聞き取り調査によって，意識的あるいは実態としてEPIの取組みがなされていることは確認できなかった。都市郊外の商業施設の開発において土地政策と駐車場及び公共交通との間での政策的統合を進めたとのことであるが，特にこの事業も，シビタスイニシアティブにより促進を図るもの，あるいはEPIを新たな政策の方向性として位置づけてとり進めたものではなかった。[7]

　一方，ゲント市においては，欧州委員会が2008年に発効させた「大気汚染改善指令（Directive 2008／50／EC）」が交通部門における環境問題への対応の大きな原動力となった。[8] 2020年までの具体的な大気汚染改善目標の義務化により，

EU加盟国各都市においては，交通部門と家庭部門における対策が求められることとなったことから，シビタスイニシアティブの有無にかかわらず，ゲント市は交通部門における対策を着実かつ速やかに進展させる必要があった。こうしたニーズに対応するために利用されたことから，シビタスイニシアティブによって市の政策形成プロセスが変化することはなかった。すなわち，ゲント市においてはESTの取組みは進んでいると評価しうる一方，暫定的評価ながら，EPIの取組みは必ずしも進んでいないと推定される。

5　日本とEUにおけるモデル事業の評価の試み

（1）　日本とEUにおけるモデル事業の比較

　以上の点を踏まえて，日本のESTモデル事業と欧州のシビタスイニシアティブとを比較すると，下記の相違が存在することが明らかになった。

　第1に，持続可能な交通の実現に向けた中長期的な政策の方向性の有無である。具体的事業を実施する自治体には，モデル事業を支えるべき「環境的に持続可能な交通政策」にかかる中長期の政策の方向性が明確に伝えられる必要があるが，このシビタスイニシアティブは2002年の開始よりこれまで10年にわたり，プラットフォームを共有し継続されてきている。また，個別パイロットプロジェクトの実施期間が終了した後も担当者相互交流制度（Staff Exchange Scheme）などにより，共通の基盤を都市間で継続的に維持しうる支援体制を取っている。[9]加えて，上述の分野ごとに各都市が情報交換を行う仕組みを備え，具体的な取組みが進められている。一方，日本におけるESTモデル事業は，既存の各種整備事業に対する補助金を活用するインフラ整備が主要な具体的施策となった。[10]この意味で大きな政策の方向性の変化を各都市に伝えること，またプロジェクトの実施期間を超えた持続的な取組みを志向するものにはなり難かった。

　第2に，経験共有の目的の相違である。EUも日本も，優秀な取組みや実績を挙げた都市を表彰し，好事例を広範に普及させる活動は共通に行っている。[11]ところがEUの取組みは，具体的分野ごとの途中経過段階での情報交換もなし

うる都市ネットワークの形成であり、かつプロジェクト実施期間を超えて問題点の共有やベストプラクティスの普及を目的とし、EUレベルが示した交通分野における政策の方向性の結果としてその具体化の1つとして実施されてきた。ただし、EUにおける補完性原則から、規則（Regulation）、指令（Directive）及び決定（Decision）を伴う項目でない限りは、欧州委員会の方針は、加盟国、地域、都市に形式的にも実質的にも強制力は伴わないため、EU各レベル間での連携は、欧州委員会が引き続きかなりの工夫を必要とする分野である。

　第3に、EPIの視点からは、EST事業を取り進めることでEPIが進展することとは認められなかった。EUにおいては、ESTの取組みが進んでいる都市であってもEPIの導入が促進される訳ではなかった。日本においても、ESTの取組みとEPI施策の導入との相関は認められなかったが、都市自らが実質的にEPIを取り進めていると推定されうる都市が確認された。これらに見られるESTモデル事業の差異はどのような要因によるものであろうか。以下では、EST概念の導入と政策的位置付けに着目し分析を行うこととする。

（2）　比較結果にかかる考察：EST概念の政策的位置付け

　EUにおけるシビタスイニシアティブは、都市の交通政策としてのEUの総合的取組みたるアクションプランの下で主要な政策実現施策として組み込まれている。EUの取組みにおける特徴は、共通の問題への解決をEUレベルで支援し、これによってEU全域での共通する問題解決のために情報を共有し、解決策を開発することを目的として、このために、地域主体によるプロジェクトを各地域の独自性を尊重しつつ推進していることにある（CEC, 2009）[12]。一方、日本におけるESTモデル事業の政策的位置付けは、国土交通省環境行動計画によれば「公共交通機関の利用を促進し自家用自動車に過度に依存しない」ことがESTの実現とされ、これによって「地域におけるESTの実現を図る」とされる（国土交通省, 2004）。『国土交通白書』においては、2007年度版より、ESTモデル事業が政策の方向性として記載されたが、ここでも「新たな横断的施策への取組み」として、荷主・輸送業者の連携・協働、企業の通勤等における公共交通機関利用促進、省エネ法の運輸事業者適用等と同列で、地域にお

ける取組みの支援策とされた。(13) こうした政策的位置付けは，モデル事業を引き継いだ EST 普及促進事業においても引き継がれ，EST の目的は地域におけるEST の実現に矮小化された。

また，日本においては，EST の具体的施策として「次世代型路面電車システム（LRT）の整備やバスの活性化等の公共交通機関の利用促進，自転車利用環境の整備，道路整備や交通規制等の交通流の円滑化対策，あるいは低公害車の導入促進等の分野」が例示された（国土交通省，2004）。こうした大型のインフラ整備を伴う道路整備及び交通流対策は，EU のシビタスイニシアティブには存在しない。加藤（2008）は，日本の EST モデル事業は，新たな補助・支援制度が設けられたわけでなく，従来からある諸制度を選定地域が優先的に活用できるようにするというものであったと分析している。

さらに，本来，EST はより中長期的な温暖化防止策の一環として位置付けられるが，日本においては京都議定書目標達成計画への貢献が重視されているために3年間という短期の計画となった（加藤，2008）。EU では，プロジェクトの継続を前提として中期にわたる工夫がなされているので，この点においても対照的な取組みとなった。

前述した通り，本来は EST と EPI は密接な関係にあるはずであるが，日本の場合には上記の通り EST 概念が政策的転換として導入されなかったために，こうした関連性は希薄となった。

6　日本の EST モデル事業の評価と課題

日本の EST モデル事業は，従来の国土交通政策の根幹である交通インフラ整備優先から需要管理を視野に入れた持続可能な交通を実現する政策への転換を目的に実施されたわけではなく，具体的事業も既存の予算枠組に貼り付けられていった。しかしながら，モデル事業を通じて，公共交通，とりわけバス交通網維持に向けた取組みが広く行われるなど，限定的ながらも持続可能な交通の実現に向けた取組みは進展した。

半面，中長期の政策の方向性，それを踏まえたプロジェクト継続を前提とし

た中長期の取組み，そのためのより強固な知見共有・情報交換の仕組みの構築を課題として残した。主要な施策は，地域における取組みの支援策として各種整備事業に対する既存の予算の枠組みを活用する形で実施されたため，大きな政策の方向性の変化が政府から各都市に伝えられることを伴わなかった。また，プロジェクトの実施期間を超えた持続的な取組みを促すものでもなかったため，各都市にとって環境的に持続可能な交通との視点からこれらインフラ整備を捉える機会も限定的であったと言える。さらに，モデル事業が契機となって環境政策，土地利用政策と交通政策の統合を進展させることにはならなかったが，この要因の1つとして，EST概念の導入における政策的位置付けの差異が寄与した。

モデル事業の内容に関しては，TDMやMMなどの概念の普及には貢献したと想定しうるが，その多くはパークアンドライド型のインフラ整備によるTDMやアンケート方式のMMの試行方式であり，車利用の削減や交通需要そのものの減少に切り込む施策を創出するには至らなかった。

注
(1) ただし，具体的施策に落とし込んでいく過程では，旧来型のインフラ整備施策が交り込む状況も見られる。
(2) 広島市への聞き取り調査（2012年5月実施）に基づく。
(3) 例えば，ノーマイカーデー（マイカー乗るまぁデー）推進，環境にやさしい共同集配の推進やトランジットモールの導入に向けた検討などは，国等の補助の有無には影響を受けず事業実施を判断している（広島市への聞き取り調査〔2012年5月実施〕に基づく）。
(4) 事務的負担を考慮して本制度は2011年度末で廃止されたが，これを引き継ぐ企画担当会議として市長，副市長，財政局長，企画総務局長及び付議案関係局長等がメンバーとなる「広島市幹部会」を設置している。市は議会に対して，クロスセクションが一定の定着を見た旨の説明をしたとのことである（広島市への聞き取り調査〔2012年5月実施〕に基づく）。
(5) 現在，この後続となる新しい計画を策定中である（ゲント市への聞き取り調査〔2012年3月実施〕に基づく）。
(6) ゲント市への聞き取り調査（2012年3月実施）に基づく。
(7) 同上。
(8) 同上。なお，この大気汚染改善指令がEU都市の交通部門における環境対応の大きな要因となっていることは，アムステルダム市への聞き取り調査（2012年1月実施），及

びユトレヒト市への聞き取り調査（2012年3月実施）においても確認された。
(9) 欧州委員会モビリティ・運輸総局での聞き取り調査（2012年1月実施）に基づく。
(10) 地方道路整備臨時交付金とその実質的な代替である地域活力基盤創造交付金，まちづくり交付金，交通結節点改善事業，都市鉄道利便増進事業，交通安全統合補助等の各種交付金及び補助金の活用が多く見られた。
(11) 国土交通省が交通エコモビリティ財団に委託して，EST普及推進フォーラムを開催し，EST交通環境大賞の受賞団体を表彰している。ただし，普及啓発活動は2009年の事業仕分けにより予算が削減され中止に追い込まれた。
(12) シビタスイニシアティブのウエブサイトにおいても同様の政策的位置付けが示されている。
(13) 白書における扱いはESTモデル事業が終了するまで同様であった。

参考文献

EST普及推進委員会「環境的に持続可能な交通（EST）ポータルサイト」2012年（http://www.estfukyu.jp/mezashite.html　2012年6月30日アクセス）。

加藤博和「EST実現のための交通施策の用件と日本における課題」第37回土木計画学研究発表会投稿原稿，2008年。

交通政策審議会環境部会「中間とりまとめ」国土交通省，2004年。

国土交通省「国土交通省環境行動計画」国土交通省，2004年。

国土交通省「環境的に持続可能な交通　これから導入を進めるためのESTデータベース」（http://www.mlit.go.jp/sogoseisaku/environment/est_database/index.html　2012年6月30日アクセス）。

国土交通省『国土交通白書』2005-2007年。

西村弘・水谷洋一「環境と交通システム」寺西俊一・細田衛士編『環境保全への政策統合』岩波書店，2003年。

根本（鎭目）志保子「交通政策――道路と自動車の利用転換に向けて」寺西俊一編『新しい環境経済政策――サステイナブル・エコノミーへの道』東洋経済新報社，2003年。

広島市ホームページ「広島市基本構想」1998年（http://www.city.hiroshima.lg.jp/kikaku/g-plan/kihon.html　2012年3月17日アクセス）。

広島市ホームページ「新たな公共交通体系づくりの基本計画」1999年（http://www.city.hiroshima.lg.jp/koutsuu/toshikoutsuu/plan/koutsu_1.html　2012年3月17日アクセス）。

広島市ホームページ「都市計画マスタープラン」2001年（http://www.city.hiroshima.lg.jp/www/contents/0000000000000/1122872584027/index.html　2012年3月17日アクセス）。

広島市「広島市環境基本計画」広島市，2001年。

広島市「広島市地球温暖化多作地域推進計画」広島市，2003年。

広島市「新たな交通ビジョン」広島市，2004年。

広島市「交通ビジョン推進プログラム――ひと・環境にやさしく，活力ある広島の交通体系をめざして　2005-2007」広島市，2005年。

広島市「広島市環境基本計画(改定計画)」広島市,2007年。
広島市「広島市基本構想」広島市,2009年。
広島市「広島市総合交通戦略」広島市,2010年。
Commission of the European Communities (CEC), 2009, Action Plan on Urban Mobility, COM (2009) 490, Brussels: CEC.
European Environment Agency (EEA), 2005, *Environmental policy integration in Europe state of play and an evaluation framework, EEA Technical report No. 2/*, 2005, European Environment Agency.
Jordan, Andrew J. and A. Lenschow (eds.), 2008, *Innovation in Environmental Policy,?* Cheltenham: Edward Elgar.
May, A., 2005, "Decision Makers' Guidebook," Deliverable, No. 15, European Commission Community Research.

(稲澤　泉)

終 章
EPI の進展に向けて

本書は，次の3つの課題を解くことを目的に執筆された。
(1)欧州の EPI 先導国の EPI の進展と到達点を踏まえた上で，日本の EPI の到達点と課題を明らかにすること。
(2)現在欧州で EPI 推進政策の議論の焦点となっている，環境や持続性の観点からの事前政策評価の到達点と課題を明らかにすること。
(3)交通部門の EPI ないし持続可能な交通システムの構築について，欧州での経験を踏まえつつ，日本の到達点と課題を明らかにすること。

本章は，この3つの課題それぞれについて得られた知見を整理し，日本が持続可能な発展，及び持続可能な交通システムを実現するために必要な政策決定プロセスと政策手段の改革を考察する。

1 欧州と日本の EPI の到達点と課題

EPI は，エネルギーや交通，農業，財政，地域開発などの「非」環境部門とそれを管轄する省庁が環境影響を考慮し，その政策や行動の中に環境や持続性に対する懸念を統合することである。統合的環境政策手段や統合的交通政策を導入し，環境負荷の低い事業を実施したとしても，単発的なものにとどまる限り，持続可能な発展や持続可能な交通システムの構築にはあまり寄与しない。持続可能な発展を進展させるには，政策手段の導入・改善や事業を継続的に行うようにすることが重要となる。このためには，政策決定プロセス及び社会の認識枠組みを，環境を含めた統合的なものに変える必要がある。交通部門では，従来まで前提とされていた「予測に基づいた（インフラサービスの）供給拡大

及び質の向上」という認識枠組み・パラダイムを,「既存の（インフラ）設備を前提とした需要管理と複数の手段の統合的利用によるアクセスの改善」に転換することが必要となる。EPI は，革命的ではない方法でこの転換を迫る手段と位置づけることができる。

　しかし実際に EPI を進展させることは容易ではなかった。欧州では，1998年の欧州委員会理事会で「目標と結果による管理」が合意され，加盟国は中長期目標・達成期限・進展報告書を EU に提出することが求められた。しかし，リスボン戦略の作成・改定で成長と雇用が強調されるにつれ，環境保全や持続可能な発展は目標の１つとして残ったものの，報告書の作成・提出は形骸化し，EPI も後退を余儀なくされた。また英国とオランダは，省庁融合や環境内閣，下院環境監査委員会の設置などの政府機構改革を積極的に行った。ところが，行政内部の文化・慣行，そしてその背後にある社会の認識枠組みを短期間で変えることはできなかった。

　この苦境を打破したのが，持続可能な発展戦略と，気候変動問題に対する社会的な関心の高まりであった。欧州閣僚理事会は加盟国に持続可能な発展戦略の作成と指標による進行管理を義務づけた。また京都議定書が発効し，スターン・レビューや IPCC の第 4 次報告書によって，「なりゆき」ないし何もしないことによる環境外部性の費用が莫大になることが明らかにされると，欧州各国や EU は予防原則の観点から厳しい中長期目標を提案し，多様な利害関係者による議論を経て提案された中長期目標を決定した。そして持続可能な発展戦略で設定した環境指標や温室効果ガス排出削減目標を達成するために，ドイツと英国は，環境省が管轄ないし官邸が省庁間の調整を行うものから，首相及び官邸が総括責任を持ち各省庁に執行を促すものへと政府機構を改革してきた。さらにドイツは，環境の現状と中長期目標，進捗状況を多様な利害関係者や市民に広範に公表することで，より厳しい環境政策の導入に対する国民の理解を拡大しようとしてきた。また EU とオランダは，温室効果ガス排出削減目標を各部門に割り振り，バックキャスティングなどの定量的分析を用いて各部門が目標を達成するのに必要となる政策手段とその程度を明示し，全体の温室効果ガス排出削減目標との整合性を保つことができるように，各省庁が計画や政策

終　章　EPIの進展に向けて

を作成することを促している。

　ドイツは，日本と同様に省庁の制度上の独立性と専門性が高いため，組織改革や政策決定プロセスの改革は非常に困難であった。そこで，エコ税制改革と再生可能エネルギー及びコジェネレーションの固定価格買取制度等の統合的環境政策手段を先行して導入し，徐々に改善してきた。この結果，環境産業にとって新たな市場が創出され，中小企業や革新企業などの企業群に利益をもたらした。そこで環境省がこうした企業群を組織化して政治的な圧力団体に仕立てた。このことにより，政権が代わる，あるいは環境保全に対する政治的な優先順位が低下しても，導入された統合的意思決定プロセスや統合的環境政策手段を反転させることを困難にした。

　日本でも，持続可能な発展戦略と気候変動問題に対する社会的な関心の高まりがEPIを推進する原動力となった。そして官邸に地球温暖化対策推進本部を設置するなど，官邸が中心となって取り組む機構は整備された。ところが，温室効果ガス排出削減目標の多くは，原子力発電所の新設と稼働率の向上，森林吸収，外国からのクレジット購入，企業の自発的取組みという既存の政策・制度をほとんど変更せずに対応可能な方法で達成し，その他の部分について，各省が部門政策と整合する範囲で作成し，経済的費用を要する取組みは予算要求を行って対応することとした。このため，各省庁は財源的な裏付けを得られた範囲で環境や持続性を統合したプログラムや事業を実施するだけで，統合的環境政策手段の導入範囲を拡大することはおろか，統合的意思決定への転換を進展させてこなかった。

2　政策・規制の事前環境評価の効果

　欧州がEPIを試行錯誤して推進した中で，統合的政策決定を実現する有力な政策として着目するようになったのが，持続性影響評価であった。欧州委員会はこれを規制影響評価の性格も合わせ持つインパクトアセスメントとして，ドイツは規制影響評価の一部として実施している。

　インパクトアセスメントが政策決定に有益な情報を与えるには，評価範囲の

広さ，多角的な側面の統合的評価，多様な利害関係者の参加によるバランスの取れた情報の投入，評価の質の保証が不可欠である。

そこで欧州委員会は，各総局よりも行政的地位が上位の事務総局がインパクトアセスメントプロセスを管理し，各総局に政策構想段階からインパクトアセスメントの準備を義務づけた。そして，分野横断型の政策提案に関しては，欧州委員会内部の関係する総局や外部の利害関係者が参加するインパクトアセスメント運営グループを立ち上げて，早期段階から政策提案の作成に関与できるようにした。さらに，政策提案総局が作成したドラフトを審査するインパクトアセスメント委員会を立ち上げ，その意見を公表するなど改善を重ねてきた。

こうした統合的政策決定へのシフトは，2011年欧州交通白書における「交通需要予測に基づいた供給」パラダイムの転換と，炭素削減目標の達成の観点からの交通計画の策定をもたらした。そしてこのパラダイム転換が受容されるために，経済モデルだけでなく，交通需要モデルをはじめ多種多様な統合化可能なモデルを開発し，バックキャスティングを行って，炭素削減目標を経済的・社会的費用の少ない方法で達成するための政策手段や通時的な投資計画を提示するようになった。ただし，インパクトアセスメントの透明性と信頼を高めるべく行ってきた外部の利害関係者，特に産業界のプロセスへの参加と定量分析に基づいた評価は，環境や社会への影響や将来に対する影響など，定量化と予測が困難な影響を過小評価するなど，新たな課題を提起している。

対照的に日本の社会資本整備重点計画の策定プロセスでは，必ずしも統合的政策決定へと移行しているわけではない。確かに計画策定の重点は，これまでの個別計画による「事業量」から「達成される成果」へ移され，計画の達成度合いを評価する指標の選定と目標値は示されるようになった。しかし，その指標は，「国際航空ネットワークの強化割合（発着回数）」「港湾取り扱い貨物量」「道路交通における死傷事故率」などであり，EUの交通計画で示されている経済・社会・環境への影響を捉える指標群とはなっていない。このため，これらの指標群は，EUのように交通政策による経済面・社会面・環境面の実績評価と中長期にわたる今後の将来予測を科学的評価手法により分析し，現計画や次期計画に活かすものとなっているわけではない。しかも省庁間協議は警察庁

と農林水産省等に限定され，利害関係者からの意見聴取も計画案の策定後にパブリックコメントと都道府県から行われる方式となっており，EUのように計画案策定の早期段階から環境関連総局を含むほぼ全ての省庁や外部の利害関係者から意見を聴取し，計画案に反映させることを義務づけられているわけではない。さらに，計画策定後の事後評価は各指標に基づいて行っているものの，EUのように計画実施中の実績値と将来の科学的シミュレーションを併用した事後評価にはなっていない。このため，複数の代替案の中から最適な案，特に環境保全や気候変動防止の観点を十分に組み込んだ案の選定は，担保されているわけではない。

3 交通部門におけるEPI

欧州では，持続可能な交通システムを実現するための手段として，道路空間に対する需要の成長管理，移動管理，すでに整備された複数交通手段の統合的活用（inter-modality）に重点が置かれてきた。そこでEUは，「目標設定・達成期限・結果のモニタリング」方式と革新的なパイロット事業を通じて，加盟国の取組みを推進してきた。ところがリスボン戦略改定後は交通需要管理の考えは受け入れられなくなり，交通環境政策の焦点はエコ・イノベーション，複数国の国境をまたぐ鉄道・水運への投資，及び環境外部性の内部化へとシフトせざるをえなくなった。そこで，大気汚染モニタリングを強化し，科学的知見を蓄積した上で大気汚染改善指令を公表するとともに，大気汚染費用の内部化の観点からユーロビニエット指令を導入した。また気候変動の外部費用の内部化の観点から自動車排ガス規制とバイオ燃料割合目標を導入し，燃料税に炭素税の要素を加える改革を提案した。そしてそれらを最低限の基準・料金として遵守するように加盟国に求めてきた。

大気汚染改善指令に関しては，達成期限に遅れる加盟国も存在したものの，おおむねEU指令を遵守してきた。ところが，EU基準を超える水準の統合的交通政策を各国が独自に実施することは容易ではなかった。国土制約から交通・空間・環境統合を歴史的に追求してきたオランダでも，ABC立地政策は，

全ての地方自治体で実施されたわけではなく，経済的に「過度」に大きな負担をもたらしたとして廃止に追い込まれた。対距離課金（キロメーター・プライス）は，心理的負担の大きさ等から国民的合意を得ることができず，最初の提案から10年を経た4度目の提案でも法制化することはできなかった。

　日本は，道路に重点を置いた交通社会資本整備と，運輸業の安定的な経営による交通需要の充足を意図した需給調整規制を交通政策の中心としてきた。その枠の中で，海外の自動車排出ガス規制，大気汚染訴訟，東京都のキャンペーンなど外的要因に突き動かされてNOx・PMの規制基準を強化し，地球温暖化対策として自動車燃費基準を段階的に強化し，自動車のグリーン税制改革を行った。さらに運輸省・建設省・国土庁を統合して国土交通省を設立し，道路・鉄道・空港・港湾などの個別整備計画を社会資本整備重点計画に統合した。そして道路公団民営化の論議を経て道路特定財源を一般財源化し，地元利益誘導型の高速道路整備推進の原動力となっている国土交通省の諮問機関，国土開発幹線自動車道建設会議（国幹会議）を廃止する法案を提出するなど，政策決定プロセスの改革も目指してきた。

　ところが道路特定財源の廃止は，それを課税根拠としていた自動車燃料税の廃止を求める声を大きくするとともに，税金で道路を整備できる道を開いた。また国幹会議の廃止法案は廃案となる一方で，国幹会議に代わって審議を行うことになっていた社会資本整備審議会では，新たな高速道路整備の審議は行われず，民主党政権が凍結した高速道路事業の新規着工も国土交通大臣が一部区間について解除するなど，高速道路整備計画の決定プロセスは混乱したままの状態が続いている。また道路事業の費用便益分析のマニュアルも，分析結果の使われ方や分析枠組みによる限界から，新規道路建設事業を抑制する仕組みとしては機能しているわけではない。

　その一方で，自動車利用の増加と人口減少，需給調整規制の緩和は，地方の公共交通の採算を悪化させ，路線の縮小・廃止を余儀なくしている。しかし交通基本法案は廃案となって制定されず，様々な理由で自動車へのアクセスが困難な交通弱者の移動の権利を保障する交通基本権の確保や，EPIの観点から地方自治体が地域交通計画を策定し，計画実行のため国から安定的な財政支援

を得るための根拠を確立することはできなかった。

　こうした中で，欧州が「次善の策」として進めてきた自動車交通の環境外部性の内部化を根拠とした課税は，日本では政治的な議論の俎上にも登っていない。

　1997年6月の『道路審議会建議』を受けて，国土交通省は，公共事業に対するパブリック・インボルブメントや，交通需要管理（TDM）施策による交通需要の調整・抑制の社会実験を実施するようになった。そしてOECDでの議論を参照にEST（環境的に持続可能な交通）の概念を導入し，地方自治体に補助金を供与してモデル事業を実施した。ところが，統合的交通政策を確立しないまま，従来型のインフラ整備に有利な補助金を優先的に供与した。しかも京都議定書目標達成計画への寄与を重視したために，3年間という短期の計画となった。この結果，中長期的な政策の転換とそれを見据えた新たな取組みは見られなかった。公共交通，とりわけバス交通網維持が主要な取組みとなり，交通需要管理は社会実験としてしか実施されなかった。

4　政策提言と課題

　この3つの結論からも明らかなように，欧州は既存の「需要予測に基づいた供給」パラダイムを転換しようとし，環境保全や気候変動防止の目標を達成する観点から部門計画や政策手段，技術開発の方向を決める目標指向の意思決定システムへと改革したのに対し，日本は「需要予測に基づいた供給」を前提として環境・気候変動政策を強化するという従来のパラダイムを維持し続けている。このため日本では，交通環境政策は国民から批判を受けない程度に強化するもの，持続可能な交通システムの構築は新たな予算を獲得して追加的に行うプログラムと見なされた。しかも予算の固定化を嫌う財政当局の意向から，3〜5年の社会実験を行う程度の予算しか配分されず，その効果の事後評価をその後の予算配分や部門計画・政策に反映する制度も確立していない。この結果，既存の部門政策の中核を変更することにはならなかった。

　しかしこの従来型のパラダイムでは，2050年までの温室効果ガス排出削減の

60〜80％削減といった非常に野心的な環境目標を達成することは容易ではない。その一方で，財政赤字は拡大し，累積債務も膨れあがり，財政の持続性が懸念される事態となっている。しかも多額の財政支出の無駄遣い(1)や目的外使用(2)が指摘され，国民の増税に対する抵抗感はますます大きくなっている。従来型の新規予算獲得による対応というアプローチは持続的なものではない。

とはいえ，日本が国際社会の一員として生きていくためには，温室効果ガス排出削減目標などの国際公約を遵守しないという選択をすることは容易ではない。

EPIを推進して「需要予測に基づいた供給」パラダイムを転換し，統合的意思決定プロセスを制度化することは，この二律背反状況から脱却できる可能性を高くする。「需要予測に基づいた供給」パラダイムの転換は，国民のアクセスを確保しつつ国内資源や既存のインフラ設備の有効活用を推進することになる。統合的意思決定プロセスの制度化は，部門計画や政策の策定段階で環境影響を含めた全ての費用を組み込み，環境目標の達成を技術開発やインフラ構造の変革が可能な中長期の観点から立案することを可能にするため，短期間に実施するには経済的・社会的費用が高すぎて，社会的合意を得るのが困難な統合的環境政策手段やプログラム，事業の円滑な実施を可能にし，環境目標達成に要する経済的影響と財政支出を少なくすることができる。

本研究で得られた知見を敷衍すると，日本でEPIを推進する，すなわち，各省庁が環境保全を自らの政策の中に取り込んで主体的に立案・実施するという統合的意思決定プロセスを制度化し，定着させるためには，少なくとも以下3つの政策・制度の導入が求められる。

（1） 官邸主導の目標と結果による管理への移行

第1は，現在の環境基本法の下で実施している環境基本計画を，持続可能な発展戦略として，官邸などより行政的地位の高い政府機関で策定し，モニタリングを行って，未達成の場合にはより強力な統合的環境政策手段の導入を義務づけるようにすることである。現行の方式では，環境省が国全体のビジョンと環境目標を環境審議会の審議を経て設定する一方で，具体的な政策手段や施策

は各省庁が設定したものを採り入れるという二元型で，各省庁が提示した政策手段や施策を全て実施すれば，環境目標を達成できるということにはなっていない。このため，期限内に環境目標を達成できなくても，各省庁は責任を負う必要はない。各省庁がより真剣に取り組むようにするには，目標が未達成の場合により厳しい統合的環境政策手段の導入を義務づける必要がある。

温暖化防止対策目標達成計画では，官邸に地球温暖化対策推進本部を設立して進行管理を行うなど，「目標設定・達成期限・結果のモニタリング」方式を取り入れている。ところが，日本の行政的慣行では，さらに厳しい政策・措置の導入に際しては，各省庁が新たな予算を要求するだけで，目標達成に対して必ずしも責任を負うわけではない。むしろ未達成の目標を達成するために必要な予算を追加的に要求することが慣行となっている。この行政的慣行を変えるには，予算を効率的・効果的に使う責任を各省事務次官が負うようすることや，決算の国会承認の迅速化，それによる次期予算への反映が不可欠である。

そしてこうした首相・官邸主導の管理がうまく機能するには，英国とドイツで見られたように，首相・官邸が環境や気候変動目標に対して強く政治的に関与すること，そしてビジョンと戦略の作成をすることが不可欠となる。[3]

（2） 持続性影響評価の導入

第2に，全ての省庁・部門の主要な計画及び政策を対象とし，その経済・社会・環境への影響を同時に評価する持続性影響評価を導入して計画や政策形成の早期段階に実施すること，そしてそれらが中長期の環境目標の達成と整合的であることを各省庁が科学的根拠に基づいて示すことを義務づけることである。これが制度化されれば，各省庁はバックキャスティングなどのシミュレーション分析を行い，自らの計画や政策が環境目標を達成できることの科学的根拠を示すようになるであろう。その際にシミュレーションの前提条件や仮定，使用したモデルを全て公表することを義務づければ，多様な研究者による追実験や検証を通じて，シミュレーションの結果だけでなく，計画や政策もより社会的な合意が得られやすいものへと改善されることが期待できる。そして持続可能な交通システム構築を目的とした統合的計画や政策が導入され，事後評価の結

果，高い実績を挙げたと評価された地方自治体に対して継続的な供与が可能な補助金が創設されれば，地方自治体も短期間で当面抱える課題への対応を超えて，長期的な視点に立った改革を促すことが期待される。

　ここで重要となるのは，第1の提案と同様に，官邸など各省庁より行政的地位の高い政府機関が，政策の整合性を担保する観点から持続性影響評価のプロセスを担うことである。現在実施されている環境影響評価や戦略的環境アセスメントでは，環境省が他省庁の事業について意見を述べ，デザインや立地の変更を求めることができる。ところが持続性影響評価は，中長期計画や政策といった各省庁の目的そのものに関わる内容の調整を要求するため，行政的地位が同等ないしそれ以下の省庁が担うことになれば，それに対する反発も大きくなる。しかも環境省が担うことで環境の観点のみが強調されると，経済成長戦略を優先する政権の下では，骨抜きにされることになる。

　この意味で，首相や政権が，官邸機能を強化して「目標設定・達成期限・結果のモニタリング」方式及び影響評価をいかに使いこなすかが重要となる。そこで科学的知見を根拠とし，多様な利害関係者の意見を受け入れて計画・政策を作成することを行政的慣行として定着させることが重要となる。

　このためには，ドイツがEU指令の遵守のために法制化したように，まず戦略的環境アセスメントを法制化してプログラムレベルの環境影響評価から実施することが現実的であろう。その上で戦略的環境アセスメントを費用便益分析の前に実施する，あるいは費用便益分析に代えて多基準分析でプログラムや事業の実施を判断することが行政的慣行として定着すれば，環境を犠牲にして高い（経済的）純便益をもたらす，ないし費用便益比率を持つ事業を早期段階から議論の遡上に乗せ，整備を前提としない議論を行うことが可能になるものと考えられる。

(3) EPI推進の賛同者を増やす政策の導入

　EPIの推進が環境や持続性の観点からどれほど魅力的であっても，国会議員が賛同し環境省などの行政が動かなければ，法律として整備されず，経済成長や雇用など環境以外の課題が優先され，導入された環境政策手段も撤回され

るか骨抜きにされる。国会議員の賛同者を増やすには，投票やロビー活動を通じて国会議員の行動に大きな影響を及ぼすことができる団体を増やすこと，そしてこうした団体と議員・行政がよりよい法案や政策を推進する環境政策ネットワークを構築することが重要となる。

これを実践するためには，ドイツのエネルギー部門の経験を敷衍すれば，統合的環境政策手段の中で経済的利益を得られる企業を増やすことができるものを優先的に導入すること，及びメディアなどを通じて絶えず環境（悪化）の状況を正直に市民に発信し，意識喚起を図り続けることの2つが求められる。ドイツでは，再生可能エネルギー固定価格買取制度の導入が，風力発電や太陽光発電の供給企業や機器の製造企業，バイオ燃料の精製企業やその原料を生産する農家など，多様な主体に経済的利益をもたらした。これらの利益を得られた主体は，既得権益となった経済的利益を守るために，政策の撤回に対する防波堤の役割を果たし，さらに政策を強化する推進力ともなった。これが，社会全体の認識枠組みに転換をもたらし，ますます統合的環境政策手段の導入や統合的意思決定を容易にするという，本書第1章の図1-4に示されるようなEPIの好循環サイクルをもたらした。

日本でも，再生可能エネルギーに関しては，2012年に固定価格買取制度の運用が始まったことで，多くの日本企業が再生可能エネルギー供給に参入するようになり，風力発電や太陽光パネルの生産だけでなく，燃料電池，自動電力需給調整などの関連ビジネスも拡がりを見せている。こうした企業群が成長して国内及び国際市場で競争力を獲得し，雇用を生み出すようになれば，次第に政策を撤回することは容易ではなくなっていくことが期待される。

交通部門でも，統合的環境政策手段の導入によって経済的利益を得られる企業は少なからず存在する。環境外部性や炭素排出の要素を統合した交通燃料税は，日本企業が進めてきた低燃費・低排出の乗用車の開発・普及を後押しし，学習効果・量産効果もあいまって国際競争力を高めることになる。そして道路課金による税収を公共交通サービスの運営・改善目的の支出に充当するというパッケージもまた，バスや軽便鉄道（LRT）の低床化・ユニバーサルデザイン化など乗客の乗降の円滑化のための技術開発を後押しし，乗客や運営者にとっ

ての魅力を高めて製造企業の国際競争力を向上させることになる。

　ところが日本では，LRTは初期費用の高さから富山市など限られた都市でしか採用されていない。バス高速輸送システム（BRT）も鹿島鉄道線の廃線跡や東日本大震災で被災したJR気仙沼線・大船渡線の一部で運行されているだけで，積極的に展開しているわけではない。また路線バスは，鉄道廃線によって代替バスが運行されるようになった地域でも，路線・運行本数の少なさ，混雑による定時運行の困難と自動車普及による需要減少の負のスパイラルの中で，運営赤字に苦しんでいる。このため，低床化・ユニバーサルデザイン化されたLRTやバスを新たに購入できる事業者は限られており，国内市場の規模は受注生産に近いほど限定されている。このため，国内企業は積極的に技術開発を行って国際競争力を向上する誘因を持たない。むしろ既存の乗用車販売による利益を確保するために，自動車利用の抑制につながる交通部門のEPIに反対し続ける可能性もある。

　交通部門のEPIが交通弱者の交通権や移動の権利を保障する政策と結びつき，その観点から土地・空間利用政策や都市政策を再構築して新たな富の創造の場となれば，EPIによる経済的便益は，都市住民をはじめ国民に広く及ぶ可能性がある。ただし，統合の範囲が交通弱者の交通権保障のための補助金による既存のバス路線の維持と狭く捉えられると，受益者の範囲も限定されるため，政策を撤回する防波堤とはなりにくい。

　こうしたことから，交通部門はエネルギー部門と比較すると，EPIに対する賛同者を増やし推進力を維持・拡大することに対する障壁は高いかもしれない。

　日本でこの障壁を克服するには，まず自動車へのアクセスが困難な交通弱者の交通権や移動の権利を保障する観点を組み込んだ交通基本法を制定することが不可欠である。その上で，これまで交通モード別に計画立案されてきた交通インフラ整備計画を，交通権保障と環境・気候変動への懸念を組み込んだ交通政策へと転換することが求められる。これらを実現するには，交通弱者の交通権に対する社会の認識を高め，その観点からの政策転換による経済的便益を具体的に示して政治的な推進力に変える必要がある。

これを具体的にどのように実現するのか。今後の課題として考えていきたい。

[付記] 2012年末の中央自動車道笹子トンネル事故は，交通インフラを含む日本の社会基盤の老朽化に警鐘を鳴らし，既存のインフラの維持管理や更新投資とその取捨選択，長期間の費用効率的な維持管理を見通したインフラの再設計の必要性を喚起した。同時期に政権復帰した自民党・公明党の連立政権は，国土強靱化計画を掲げ，大規模災害に対応するための強靱な社会基盤の整備や新規の全国的高速交通網の構築などに10年間で200兆円の予算を投じようとしている。この投資が，どれだけ環境や気候変動，そして将来の財政的な持続性への影響を評価して実施されるのか。この点に，自民党・公明党連立政権のEPIに対する政治的関与が象徴的に現れるように思われる。

注
(1) 「税金無駄遣い5290億円　検査院報告　昨年度，過去2番目」『日本経済新聞』2012年11月3日。
(2) 「復興予算　想定内の『流用』」『日本経済新聞』2012年11月4日。
(3) タイの事例ではあるが，さらに予算配分にも踏み込んで，首相が直轄する「中央予算」や「回転基金」の枠組みを活用して首相が主導する戦略（アジェンダ）を推進した事例もある。詳しくは，末廣（2008）を参照されたい。

参考文献
末廣昭「経済社会政策と予算制度改革――タックシン首相の『タイ王国の現代化計画』」玉田芳史・船津鶴代編『タイ政治・行政の変革　1991-2006年』IDE-JETROアジア経済研究所，2008年，237-285頁。

（森　晶寿）

索 引

あ 行

アムステルダム条約 2,64,65,98
EST モデル事業 235,249
インパクトアセスメント 12,48,50,66,91,98,105,107,108,110,118,143,257
────委員会（IAB） 46,48,99,103,116,143,258
────運営グループ 99,116,258
────ガイドライン 96,117,119
ABC 立地政策 148,149,151-156,162,259
エコカー減税・補助金 194,197,198
OEI 176
OEEI 176
欧州横断交通ネットワーク 133,136,137
欧州道路横断ネットワーク 139
欧州環境庁（EEA） 2
応用一般均衡モデル 125

か 行

カーディフ・プロセス（Cardiff process） 2,41,66,67,134
改定リスボン戦略 102,130,136
下院環境監査委員会 52,71,256
科学的な知見 160
確率的生命価値（the Value of Statistical Life, VSL） 215,216
課税の超過負担 220
環境影響評価 4,83,93,166,264
────指令 166
環境改善便益 216,227
環境基本計画 79
環境行動計画 11,211,212
環境的に持続的な交通（Environmentally Sustainable Transport,EST） 133,234,261
────モデル事業 11,13
環境テスト（e-test） 170
感度分析 220
機会費用 178
規制影響評価（regulatory impact assessment） 12,48,72,92,225,257
供給者便益 178
京都議定書目標達成計画 80
空間的応用一般均衡モデル 123
グリーン税制 196
グリーン内閣 42
顕示選好法 182
交通・環境報告メカニズム（TERM） 134,136,140
交通基本計画 151
交通基本法 266
────案 203,205,260
交通事故減少便益 215
交通需要管理（TDM） 261
交通白書 114
国土開発幹線自動車道建設会議（国幹会議） 205
国土空間戦略 153,154,156
国土政策文書 150-152
国幹会議 260
固定価格買取制度 51,80,265
コンセンサス方式 148

さ 行

再生可能エネルギーの固定価格買取制度 4,20
CO_2 削減便益 218,228

時間価値 214,220,222,229
事前評価 118
持続可能性 120
持続可能な交通 133
　——システム 7,8,10,13,134,204,255,259
　——政策 134
持続可能な発展戦略 31,39,41,53,55,67,70,71,77,79,91,256
持続性影響評価（sustainability impact assessment） 12,48,77,91,94,107,257,263,264
自動車関係諸税 196,198
自動車 NOX・PM 法 191
自動車排出ガス規制 188,192
シビタスイニシアティブ 232,235,241
社会経済評価 166
社会資本整備重点計画 202,203,211
集約型都市構造 149
重量貨物車両課金指令（ユーロビニエット指令） 138
償還主義 200
スクリーニング 173
スコーピング 173
スターン・レビュー 41,256
精神的損失額 215,216
政府機構改革 9,44
戦略的環境アセスメント（SEA） 4,13,49,64,83,93,143,166,172,264
　——指令 74
騒音改善便益 218
走行経費減少便益 215
走行時間短縮便益 214,220

た　行

大気汚染改善指令（Directive 2008/50 EC on Ambient Air Quality and Cleaner Air for Europe） 139,247,259
大気汚染改善便益 218

大気汚染戦略（Clean Air for Europe: CAFÉ） 104,195
大気汚染訴訟 189,190,191,204,260
対距離課金（キロメーター・プライス） 148,151,154,157,260
多基準分析 166,175,228,229
第 2 次交通基本計画（Sw2） 151,152
第 4 次国土政策文書補正版（VINEX, 1933 年） 150,152
地球温暖化対策税（環境税） 198
中間評価 118
ディーゼル車 NO 作戦 192
TDM 東京行動プラン 192,199
デカップリング 135
東京大気汚染公害訴訟 190
統合的意思決定 27,29,35,47,257,265
統合的環境政策手段 4,9,24,40,51,54,56,84,130,255,257,262,263,265
統合的交通政策 5,255
統合的意思決定 257
『道路審議会建議』 201,211
道路整備五箇年計画 200,202,210
道路特定財源（制度） 196,198-200,210,260
道路網 219,223,224
都市のコンパクト化 149,157
トップランナー方式 193

な　行

西淀川大気汚染公害訴訟 189
日本版マスキー法 188
認識枠組みの変化 161
燃費基準 194,195

は　行

パブリック・インボルブメント（PI）方式 201
PDCA 118
費用便益分析 167,175,212,213,224,225,228,229

索　引

費用便益分析マニュアル　*209*, *213*, *214*, *218*, *220*, *221*
　　　──（案）　*212*
表明選好法　*182*
複数交通手段の統合的活用（inter-modality）
　7, *130*, *133*, *135*, *259*
PROSPECTS　*233*

ま　行

マーストリヒト条約　*64*
マクロ経済効果　*122*
目標設定・達成期限・結果のモニタリング
　2, *9*, *31*, *79*, *134*, *259*, *263*, *264*
目標と結果による管理（MBOR）　*2*, *56*, *84*, *256*

や　行

有料道路　*199*, *200*
ヨーテボリ首脳会議　*66*
予防原則　*4*, *19*

ら・わ　行

リスボン戦略　*9*, *65*, *67*, *92*, *135*, *136*
　　　──改定　*104*, *110*
利用者便益　*178*
ロードプライシング　*199*
ロードマップ　*98*, *102*
割引率　*227*

271

執筆者紹介

森　晶寿（もり　あきひさ）執筆分担：はしがき，序章，1, 2, 3, 4, 6, 9章，終章
　編著者紹介参照

石川良文（いしかわ　よしふみ）執筆分担：5, 8, 9章
　1967年　生まれ
　岐阜大学工学部土木工学科卒業
　現　在　南山大学総合政策学部教授。博士（工学）
　主　著　『Excelで学ぶ地域・都市経済分析』（共著）コロナ社，2010年
　　　　　『環境情報科学』（共著）共立出版，2008年

稲澤　泉（いなさわ　いずみ）執筆分担：6, 7, 11章
　1960年　生まれ
　現　在　京都大学地球環境学舎博士後期課程在籍

兒山真也（こやま　しんや）執筆分担：7, 9, 10章
　1970年　生まれ
　京都大学大学院経済学研究科博士後期課程中退
　現　在　兵庫県立大学経済学部准教授。修士（経済学）
　主　著　「スタンダード・ギャンブルによる交通事故傷害の経済評価」（共著）『会計検査研究』第27号，2003年
　　　　　「日本における自動車交通の外部費用の概算」（共著）『運輸政策研究』第4巻第2号，2001年

《編著者紹介》
森　晶寿（もり・あきひさ）

1970年　生まれ
　　　　京都大学経済学研究科博士後期課程修了。博士（経済学・地球環境学）
現　在　京都大学大学院地球環境学堂准教授、東アジア環境資源経済学会理事・事務局長
主　著　『東アジアの環境政策』（編著）昭和堂、2012年
　　　　『環境援助論――持続可能な発展目標実現の論理・戦略・評価』有斐閣、2009年
　　　　『東アジアの経済発展と環境政策』（編著）ミネルヴァ書房、2009年

環境政策統合
――日欧政策決定過程の改革と交通部門の実践――

2013年3月25日　初版第1刷発行　　　　〈検印省略〉

定価はカバーに
表示しています

編著者	森　　晶　寿
発行者	杉　田　啓　三
印刷者	田　中　雅　博

発行所　株式会社　ミネルヴァ書房
607-8494　京都市山科区日ノ岡堤谷町1
　　　　　電話代表　（075）581-5191
　　　　　振替口座　01020-0-8076

©森　晶寿ほか、2013　　　創栄図書印刷・新生製本

ISBN978-4-623-06600-1
Printed in Japan

東アジアの経済発展と環境政策

森　晶寿 編著　Ａ５判　274頁　本体 3800 円

環境政策を進化させる，持続可能な発展の実践的内容，具体的方策とは。最新の環境ガバナンス像を提示する。

比較環境ガバナンス

長峯純一 編著　Ａ５判　282頁　本体 5500 円

●政策形成と制度改革の方向性　各国の環境問題と環境政策を比較検証し，ガバナンスの実態と今後を探る。

地域環境政策

環境政策研究会 編　Ａ５判　228頁　本体 3200 円

地域におけるホットな話題を取り上げ，アカデミックな理論に絡めて地域環境政策の体系として明らかにする。

環境経済学

細田衛士 編著　Ａ５判　328頁　本体 4000 円

理論的アプローチ，実証的アプローチのいずれにも役立つ，環境経済学を専門で学ぶ人のための本格派テキスト。

脱クルマ社会の交通政策

西村　弘 著　Ａ５判　336頁　本体 3500 円

●移動の自由から交通の自由へ　クルマへの過剰依存を再検証し，福祉としての交通の重要性を指摘する。

政策評価

山谷清志 著　Ａ５判　272頁　本体 3500 円

実務の視点から誤った理解に警鐘を鳴らし議論を根底から問い直すことで，今後の可能性を提示する。

―――― ミネルヴァ書房 ――――
http://www.minervashobo.co.jp/